U0218959

IRRESISTIBLE

THE RISE OF ADDICTIVE TECHNOLOGY AND
THE BUSINESS OF KEEPING US HOOKED

欲罢不能

刷屏时代如何摆脱行为上瘾

[美] 亚当·奥尔特（Adam Alter）著

闫佳 译

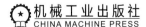

机械工业出版社
CHINA MACHINE PRESS

图书在版编目（CIP）数据

欲罢不能：刷屏时代如何摆脱行为上瘾 /（美）亚当·奥尔特（Adam Alter）著；
闫佳译 . —北京：机械工业出版社，2018.1（2024.4 重印）

书名原文：Irresistible: The Rise of Addictive Technology and the Business of
Keeping Us Hooked

ISBN 978-7-111-58751-4

I. 欲… II. ① 亚… ② 闫… III. 互联网络—影响—社会生活 IV. ① TP393.4 ② C913

中国版本图书馆 CIP 数据核字（2017）第 318076 号

北京市版权局著作权合同登记　图字：01-2017-4239 号。

欲罢不能：刷屏时代如何摆脱行为上瘾

出版发行：机械工业出版社（北京市西城区百万庄大街 22 号　邮政编码：100037）

责任编辑：朱婧琬　　　　　　　　　　　　　　责任校对：李秋荣

印　　刷：涿州市京南印刷厂　　　　　　　　　版　　次：2024 年 4 月第 1 版第 15 次印刷

开　　本：170mm×230mm　1/16　　　　　　　印　　张：17

书　　号：ISBN 978-7-111-58751-4　　　　　　定　　价：59.00 元

客服电话：（010）88361066　68326294

亚当·奥尔特找到了圣杯：他写出了一本有洞见力的重要作品，而且让人乐于阅读。他介绍了技术上瘾世界的前沿研究，为迷失在社交网络、智能手机、游戏、健身手表和其他电子设备里的我们提供了新颖的解决方案，为我们带来了宽慰。他还说明了相关的风险：这些技术正在阻止我们建立有意义的人际关系，培养孩子的同情心，把工作从睡眠与玩耍中分离开来。如果你曾想知道为什么有些体验的上瘾性那么强，怎样对时间、财务和人际关系重建控制，那么这本书不可不读。

——查尔斯·都希格（Charles Duhigg）
《纽约时报》畅销书《习惯的力量》(*The Power of Habit*) 作者

如果你停不下来地查邮件、点链接、浏览、点赞，那么，放下你的电子设备，读读亚当·奥尔特的这本书吧。这是一部重要的奠基之作，探讨我们为什么对技术上瘾，我们怎样来到这一步，接下来又该怎么做。

——阿里安娜·赫芬顿（Arianna Huffington）
《睡眠革命》(*The Sleep Recolution*) 和《从容的力量》(*Thrive*) 等书作者

你刚才玩过手机吗？我猜有。我们的电子设备变得比任何毒品都更容易上瘾，多亏有这本书，我们现在知道是为什么了。它深刻地洞察了技术怎样把我们吸进黑洞，指出我们该做些什么来抵挡它的拉扯力量。

——乔纳·伯杰（Jonah Berger）
《纽约时报》畅销书《疯传》(*Contagious*) 作者

仿佛是为了证明自己的观点，亚当·奥尔特针对上瘾问题的兴起，写了一本叫人真正上瘾的书。本书对当代最令人不安的现象之一，做了迫切需要又引人入胜的探索。

——马尔科姆·格拉德威尔（Malcolm Gladwell）
《纽约时报》畅销书《逆转：弱者如何找到优势反败为胜》
（*David and Goliath*）、《异类》（*Outliers*）等作者

这是我好久以来读过的最令人着迷、最重要的一本书了。奥尔特精辟阐释了控制我们生活的全新迷恋，并为我们提供了所需的工具，拯救我们的企业、家庭和理智。"

——亚当·格兰特（Adam Grant）
《纽约时报》畅销书《离经叛道》（*Originals*）、
《沃顿商学院最受欢迎的成功课》（*Give and Take*）等作者

在这本睿智而尖锐的书里，亚当·奥尔特为生活中一种无形的危险摆出了证据：行为上瘾。从跟踪社交媒体"点赞"数字到记录散步步数，我们行为不再受自己意愿的指引，而是更多地屈从于技术的架构。本书让人欲罢不能，醍醐灌顶并猛然惊醒。

——丹尼尔·平克（Daniel H. Pink）
《全新销售》（*To Sell Is Human*）、《驱动力》（*Drive*）等书作者

在很多人看来，社交媒体是一种理想的表达模式，但它也隐藏着行为上瘾的危险，一如亚当·奥尔特这本精彩的新书所述，它威胁着我们的心理健康和人际关系。在这个愈发受技术驱动的时代，本书揭示了我们在心理上怎样跟电子设备扭结在一起，并提供了我们迫切需要的解决途径，让我们过上丰富、有意义和健康的生活。"

——苏珊·凯恩（Susan Cain）
"寂静革命"（Quiet Revolution）联合创办人，《纽约时报》畅销书
《内向性格的竞争力》（*Quiet: The Power of Introverts in a World That Can't Stop Talking*）作者

蹒跚学步的孩子按下了电梯里的每一个按钮，外科患者索要止痛片，数百万人"粘"在了 Facebook 上……亚当·奥尔特在本书中介绍了这些现象之间存在的一种迷人也吓人的生理及心理联系。凡是看过广告、用智能手机查收过电子邮件、使用过互联网的人都知道，这些事儿可没那么轻易罢手。

——戴维·爱波斯坦（David Epstein）
《纽约时报》畅销书《运动基因》(*The Sports Gene*)作者

我最初是在模拟文字处理器（也就是纸）上写下这句话的。受亚当·奥尔特对行为上瘾的细致研究所影响，我越来越害怕计算机这台怪物。奥尔特不是个危言耸听的人，他对技术的态度公正而理性，出于这个原因，这本有趣诙谐的书更加值得人深思。在一个互联互通、屏幕无所不在的世界里，本书不可不读。但为了你自己好，还是买印刷实体版吧。

——玛利亚·康尼柯娃（Maria Konnikova）
《骗局》(*The Confidence Game*)和《大智之人》(*Mastermind*)等书作者

对身边日复一日从设计上就想让我们上瘾的技术环境，再也没有比亚当·奥尔特更合适的向导了。本书对钓我们上钩的技术（这些技术有时相当险恶）做了精彩的探索，还指导我们找到其中的焦点和人性联系。你的理智会感谢自己翻开了这本书。

——奥利弗·伯克曼（Oliver Burkeman）
《幸福解读指南》(*The Antidote: Happiness for People Who Can't Stand Positive Thinking*)一书作者

奥尔特审视的范围很广：不仅涉及了老虎机和电子游戏等显而易见的上瘾技术，还涵盖了社交媒体、约会软件、在线购物和其他让人无法罢手的程序。他论述了所有以'欲罢不能'为商业模式的东西（在今天，大多数商品都是如此）。

——《华盛顿邮报》(*The Washington Post*)

这本重要的书探讨了技术怎样让我们上钩，为什么它极具破坏性——以及，怎样夺回控制权。

——《人物》(People) 杂志

对网瘾的一流研究。

——《自然》(Nature)

《欲罢不能》对社交媒体软件、赌博网站和电脑游戏怎样通过工程设计钓上用户做了睿智而迷人的分析。

——《新政治家》(英国版)(New Statesman)

亚当·奥尔特提出了一个可怕的论点：当代社会的互联互通，不仅对孩子，也对所有人的健康造成了威胁……奥尔特阐明了设计师们对行为上瘾的蓄意设计……有趣极了。

——《卫报》(The Guardian)

楔子

令人上瘾的时代

2010 年 1 月，在苹果公司举办的一场活动上，史蒂夫·乔布斯推出了 iPad。[1]

> 这台设备能干的事情了不起……它是浏览网页的最佳途径；比笔记本电脑更好，也比智能手机更好……它的体验超出想象……用它写邮件，棒极了；用它输入文字，妙不可言。

乔布斯用了 90 分钟解释了为什么 iPad 是看照片、听音乐、上 iTunes U 课程、浏览 Facebook、玩游戏、使用数以千计应用程序的最佳方式。他认为人人都应该拥有一台 iPad。

但他从来不让自己的孩子用这台设备。

2010 年底，乔布斯对《纽约时报》（*New York Times*）的记者尼克·比尔顿（Nick Bilton）说，他的孩子从没用过 iPad。[2]"孩子们在家里能用多少技术，我们做了限制。"比尔顿发现，其他科技巨头也都设定了类似的限制举措。《连线》

（*Wired*）杂志的前主编克里斯·安德森（Chris Anderson）对家里每一台设备都设定了严格的时间限制，"因为我们最先见证了技术的危险性。"他的 5 个孩子从不准在卧室里使用屏幕。Blogger、Twitter 和 Medium 三大平台的创办人之一，埃文·威廉姆斯（Evan Williams）给两个年幼的儿子买了数百本书，却不给他们买 iPad。创办了一家分析公司的莱斯利·戈尔德（Lesley Gold）给孩子们订立了一套"本周不得使用屏幕"的严厉规矩。除非孩子们需要用电脑完成功课，她才会稍微放宽要求。沃尔特·艾萨克森（Walter Isaacson）在为乔布斯传记做调查期间，曾和乔布斯一家人共进晚餐。他告诉比尔顿说："没有谁拿出 iPad 或者电脑。孩子们对这些设备似乎完全没有瘾。"生产高科技产品的人，仿佛遵守着毒品交易的头号规则：自己绝不能上瘾。

这真叫人不安。为什么全世界最大的公共技术专家，私下里也最害怕技术？这就好比宗教领袖不让孩子参加宗教活动，你能想象吗？许多专家，不管他们是否来自科技领域，都跟我有着类似的看法。[3] 好几个电子游戏设计师对我说，他们对"魔兽世界"（World of Warcraft）这款上瘾性极强的游戏避之不及；一位专攻健身上瘾的心理学家说，运动手表很危险，"是全世界最愚蠢的东西"，她发誓说，自己绝不会买；一位网瘾诊所的创办人告诉我，她不会去碰那些问世不超过 3 年的新鲜电子玩意儿。她的手机总是处在静音模式，她还故意把手机"放错"地方，以免抵挡不了去检查电子邮件的诱惑。（一开始，我想用电子邮件联系她，可白白耗了两个月时间；后来是因为她偶然拿起了办公室的座机，我这才成功找到人。）她最喜欢的电脑游戏是 1993 年发布的"神秘岛"（Myst），当时的电脑还过于笨重，无法处理视频图像。她告诉我，她愿意玩儿"神秘岛"的唯一原因，是她的电脑每隔半个小时就会死机，重启一次简直像是要等上一辈子。

Instagram 的创始工程师之一，格雷格·哈奇马斯（Greg Hochmuth）察觉自己设计了一台上瘾发动机。[4]"总有新的热点标签可以点击，"他说，"很快，它就像有机体一样，有了生命，人们对它迷恋不已。"和其他各种社交媒体平台一样，Instagram 深不见底。Facebook 拥有无尽的消息源；Netflix 自动播放电视剧集的下一集；Tinder（国外版"陌陌"）鼓励用户不停浏览，寻找更合适人选。用户从这些应用程序和网站上受益，但为了保持适度使用时间，也得大费周章。按照"设计伦理学家"特里斯坦·哈里斯（Tristan Harris）的说法，问题并不出在人缺乏意志力上，而在于"屏幕那边有数千人在努力工作，为的就是破坏你的自律"。

———

这里有充分的理由重视这些技术专家的意见。在探索无尽可能的过程中，他们发现了两件事情。首先，人对上瘾的理解过于狭隘。我们往往以为，上瘾是特定人群（我们称之为"瘾君子"）的天生问题。废弃房屋里的海洛因瘾君子；一根烟接一根烟停不下来的老烟枪；把吃药当成吃饭的药物瘾君子。这些标签暗示，这些人跟其他人是不一样的。或许有一天，他们会摆脱自己的上瘾问题，但此刻，他们属于特定的这一类人。实际上，上瘾在很大程度上是环境和氛围促成的。史蒂夫·乔布斯很清楚这一点。他不让自己的孩子使用 iPad，因为尽管它有各种优点，跟毒品上瘾很不一样，但他知道，孩子们很容易屈服在 iPad 的魔力之下。这些企业家意识到，自己所推广的工具（其工程设计要达到的目的就是"无法抵挡"），随随便便就能把用户一网打尽。瘾君子和我们其他人之间并没有清晰的界限。只要出现合适的产品或体验，谁都有可能上瘾。其次，比尔顿采访的技术专家们发现，数字时代的环境和氛围比人类历史上的任何时代都更容易叫人上瘾。20 世纪 60 年代，在我们游泳的水域里，危险的东西可不太多：香烟、酒精和毒品都很昂贵，一般人根本接触不到。可到 21 世纪 20 年代，同一片水域里会到处都是诱饵：Facebook 在下钩，Instagram 在下钩，色情在下钩，电子邮件在下钩，网购在下钩，等等。上瘾之事的清单很长，超过了人类历史上的任何时期，而且我们才刚刚了解到这些"鱼钩"的力量。

比尔顿采访的专家们心存警惕，因为他们知道，自己就是在设计不可抵挡的技术。相较于 20 世纪 90 年代及 21 世纪之初的笨重技术，现代化高科技效率高，上瘾性强。数以亿计的人通过 Instagram 的帖子实时分享自己的生活，并同样迅速地得到评估（评论和点赞）。从前要花几个小时才下载好的歌曲，如今几秒钟就到了本地硬盘，打消人们第一时间下载欲望的时滞蒸发了。技术提供了方便、快捷和自动化，同时也叫人付出了很大的成本。[5] 人的行为部分受连续不断的条件反射式成本效益算计所驱动，这一算计决定了人会做某种行为一次、两次、一百次，还是完全不去做。一旦好处压倒成本，人就很难不反反复复地去做它，尤其是该行为又恰巧击中了人的神经乐符的时候。

Facebook 和 Instagram 上的点赞击中了人的某个神经音符，一如完成了"魔兽世界"里任务带来的奖励感，或是看到自己的推文得到了数百名用户的转发分享。设计并提炼此类技术、游戏和互动体验的人，是非常擅长自己所做之事的。他们对数百万的用户运行了上千次的检测，了解哪些手法管用、哪些不管用，比如什么样的背景颜色、字体、音调能最大化人们的参与，将挫败感限制在最低程度。随着技术体验的演进，它武装到了牙齿，变得无法抵挡。2004 年的 Facebook 很有趣；2016 年的 Facebook 让人上瘾。

成瘾行为存在很久了，但最近几十年，它们变得更常见，更难于抵挡，甚至更主流了。新一代上瘾跟摄入某种物质无关，[6] 不是直接把化学物质注入身体，但它们产生的效果相同——因为它们吸引力强，设计得当。有一些上瘾，比如赌博和运动，古已有之；通宵看剧和滥用智能手机则相对较新。总而言之，它们全都越来越难于抵挡了。

与此同时，我们太关注设定目标的好处，却忽视了它的缺点，让问题变得更加糟糕。过去，设定目标是一种有益的激励工具，因为大多数时候，人类总是喜欢少花时间少花精力。我们并非天生勤劳、善良、健康。可如今的潮流转向了。我们现在只顾着投入较少的时间完成更多的事情，却忘了引入紧急制动机制。

我采访了若干认为形势十分严峻的临床心理学家。[7] "我接待的每一个人，都至少存在一种行为上瘾，"一位心理学家告诉我，"我有些患者什么都上瘾：赌博、购物、社交媒体、电子邮件，等等。"她描述了几位患者，全都有着光鲜的职业，收入高达六位数，却因为上瘾，步履维艰。"有一位女士，她非常漂亮，非常聪明，很成功。她拥有两个硕士学位，是一名教师。但她沉迷于网上购物，竟然逐渐累积起了8万美元的债务。她想方设法地对所有熟人隐瞒自己的购物瘾。"几乎所有的患者都在隐瞒自己的问题。"和滥用药物比起来，行为成瘾很容易隐瞒。它们的危险之处也在这里，因为没人会注意到。"还有一位患者，在工作上成绩斐然，她Facebook上瘾，却一直瞒着朋友。"她经历了一场可怕的分手，结果就在网上跟踪了前男友好多年。有了Facebook，人变得更难跟前任一刀两断。"有一位男士，一天检查电子邮件几百次。"就连度假，他也不能放松，无法享受。但你永远不会知道。他充满焦虑，但他在现实世界里举止十分得体；他在医疗保健行业有着一份成功的事业，你永远不知道他承受着什么样的痛苦。"

"社交媒体的影响太大了，"第二位心理学家告诉我，"社交媒体彻底塑造了我诊疗的年轻一代人的大脑。在诊疗过程中，有一件事让我印象深刻：比方说吧，我跟一位年轻人谈了5～10分钟，全是在说他跟朋友或女朋友之间发生的争执。当我问起争执是发生在短信、电话、社交媒体上，还是面对面进行的，大多数时候，对方会回答说，'是短信或者社交媒体。'可在他们讲述的时候，我根本听不出来。在我听来，那就像是一场面对面的'真正'交谈。我总会停下来反省。我眼前的年轻人，并不像我这样区分沟通的不同模式……这就导致了充满脱节、成瘾的状况。"

本书追溯了上瘾行为的兴起，考察了它们始于何处，出自何人的设计，让它们吸引力如此之强的心理设计技巧，怎样最大限度地减少危险的行为成瘾，借助相同的科学原理驾驭它们的益处。如果应用程序设计师能哄着人们在手机游戏上花更多的时间、更多的钱，或许政策专家也能鼓励人们为退休多做储蓄，或是向更多慈善事业捐赠。

———

技术本身并不坏。1988 年，我和弟弟辞别了在南非的爷爷奶奶，随父母移民到了澳大利亚。我们一周一次给爷爷奶奶打昂贵的越洋电话，寄出的信件要用七天才能到。

到了 2004 年，我来到美国，几乎每天都通过电子邮件给爸妈和弟弟写信。我们常常打电话，还通过网络摄像头向彼此挥手。技术缩短了我们之间的距离。2016 年，科技记者约翰·帕特里克·普伦（John Patrick Pullen）在《时代》(*Time*) 杂志上描述了虚拟现实带来的情感冲击，让他涕泪交加。[8]

> ……我的玩伴艾琳用收缩射线朝我开了一枪。一下子，在我眼里，不光所有的玩具都成了庞然大物，就连艾琳的头像也像尊沉重的巨人一样俯视着我。她连声音都改变了，深沉缓慢的重低音透过耳机传进我脑袋里。有那么一刻，我重新变成了孩子，这个巨人亲切地和我玩耍。透过这个栩栩如生的视角，我意识到儿子跟我玩耍时是什么样的。这叫我禁不住在头盔里哭了起来。这是一场纯粹而美丽的经验，必将重塑儿子成长之路上我和他的关系。对我巨大的玩伴来说，我是那么弱小，轻轻一碰就会碎了，可我感觉十分安全。

技术在道德上没有好坏之分，除非企业按大众消费的方式来塑造它。应用程序和平台可以出于促进社会联系的目的来设计，也可以像香烟那样，出于让人上瘾的目的来设计。很遗憾，当今时代，太多技术开发都在推动上瘾。就连普伦，在狂热地记述自己虚拟现实体验的过程中，也说他"上了钩"。虚拟现实这类沉浸式技术激发了丰富的情感，企业过度使用得顺理成章。不过，它目前仍处于襁褓起步阶段，还无法判断企业会不会负责任地使用它。

从很多方面看，物质上瘾和行为上瘾非常相似。它们激活相同的大脑区域，受一些相同的基本人类需求所推动：社会参与和社会支持，精神刺激，见效的感觉。如果人的这些需求得不到满足，产生物质或行为上瘾的概率就会大大提升。

　　行为上瘾由 6 种要素构成：可望而不可即的诱人目标；无法抵挡、无法预知的积极反馈；渐进式进步和改善的感觉；随着时间的推移越来越困难的任务；需要解决却又暂未解决的紧张感；强大的社会联系。尽管行为成瘾多种多样，但都至少体现了这 6 种要素里的一种。举例来说，Instagram 让人上瘾，因为一些照片吸引了大量点赞，另一些却无人理会。用户一张接一张地发照片，追求下一轮点赞狂潮，还经常回到网站支持朋友。玩家玩某款游戏，一玩就是好几天，因为他们努力想要完成任务，也因为他们和其他玩家之间形成了强大的社会纽带。

　　那么，解决途径在哪里呢？对这些在生活里扮演着核心角色的上瘾体验，我们该怎样与之共存呢？数以百万计正在戒酒的人可以彻底避开酒吧，可正在戒除网瘾的人却不可能不使用电子邮件。没有电子邮件地址，你无法申请旅游签证，无法求职，甚至不能开展工作。当今的工作，能允许你完全不用电脑和智能手机的也越来越少。上瘾技术是主流生活的一部分，这一点，成瘾性物质永远做不到。节制虽然难以做到，但还有其他替代办法。你可以把上瘾体验控制在生活的一个角落，同时培养其他有助于健康行为的良好习惯。与此同时，如果你能理解行为上瘾的运作原理，或许可以减轻其危害，甚至驾驭它们的力量去做些好事。相同的原则，能推动孩子们玩游戏，大概也能推动他们在学校学习；相同的目标，能推动人们锻炼上瘾，大概也能推动他们为了退休生活多多储蓄。

———

　　行为上瘾的时代尚处在揭幕的阶段，早期迹象却透露出了危机的气息。上瘾具有破坏性，因为它们挤掉了工作、玩耍，进而包括基本的卫生和社会互动等其他基本追求。好消息是，我们与行为上瘾的关系并不是一成不变的。我们有许多办法可以恢复平衡，它们早在智能手机、电子邮件、可穿戴技术、社交网络和在线点播时代到来之前就存在了。关键是要理解为什么行为上瘾如此猖獗，它们怎样利用了人类的心理，我们怎样打败害人不浅的上瘾，同时驾驭那些能帮助我们的上瘾。

第一部分

行为上瘾是什么

第 1 章

行为上瘾的兴起

几年前，应用软件开发人员凯文·霍尔什（Kevin Holesh）感觉自己没有花足够的时间陪伴家人。技术是罪魁祸首，他的智能手机是主犯。霍尔什想知道自己每天有多少时间用在了自己的手机上，于是设计了一款名为"时刻"（Moment）的应用程序。"时刻"跟踪霍尔什每天的屏幕时间，把他用手机的时长给统计出来。我用了好几个月才联系到霍尔什，因为他是个出言必行、恪守承诺的人。他在"时刻"的网站上写道，他回复电子邮件可能会很慢，因为他正努力少上网。[1]最终，在我尝试到第三次时，霍尔什回了信。他礼貌地表示了歉意，答应跟我聊聊。"如果你只是在听音乐，或者真的是在打电话，这款应用会停止跟踪。"他告诉我，"可你看着屏幕的时候，也就是写邮件、浏览网页等，它就又开始计时了。"霍尔什每天粘在屏幕前 75 分钟，看起来挺多的。他的一些朋友也有类似的担忧，可同样不知道自己到底把多少时间投进了手机这个无底洞。所以霍尔什分享了这款程序。"我请人们猜测自己每天的使用情况，他们差不多有一半的机会估计得太低。"

　　几个月前，我下载了"时刻"。我猜自己每天最多用一个小时的手机，最多拿起来 10 次。我倒不是说为这些数字感到自豪，只不过它们听上去合理。过了一个月，"时刻"报告说，我每天平均使用电话 3 个小时，平均拿起电话 40 次。我目瞪口呆。我并没有几个小时几个小时地玩游戏、上网冲浪，但我竟然每个星期盯着自己的手机 20 个小时。

　　我问霍尔什，我的数字算不算典型。"当然算啦，"他说，"我们有几万的用户，平均使用时间略低于 3 个小时。他们平均每天拿起手机 39 次。"霍尔什提醒我，这可是一些对手机屏幕占用时间很关心的人，他们甚至会下跟踪软件呢。外面还有数百万智能手机用户根本不关心自己的使用情况，有理由相信，他们每天在手机上用掉的时间远超 3 个小时。

　　或许，是有小部分重度用户整天整天地对着手机，把平均使用时间给抬高了。但霍尔什分享了 8000 名"时刻"用户的使用数据，说明情况完全不是这样。

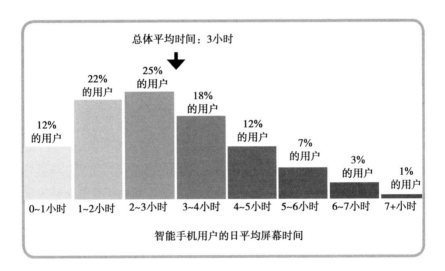

　　大多数人每天在手机上所用时间为 1～4 个小时——还有很多人更长。这不是少数人的问题。如果按常规建议里说的那样，我们每天使用手机的时间应该控制在 1 个小时以下，那么霍尔什 88% 的用户都超标了。他们把自己清醒时间的 1/4 都用在了手机上，多过其他任何日常活动（睡觉例外）。每个月几乎有 100 个小时迷失在检查电子邮件、发短信、玩游戏、浏览网页、阅读文章、检查银行余额等项目上。扩大到人的一辈子（按平均寿命算），这相当于整整 11 年。平均而言，人们每个小时大概要把手机拿起来 3 次。过度使用的情况太普遍了，研究人员甚至创造了"无手机恐惧症"（nomophobia）的说法，形容人害怕没了手机。[2]

智能手机抢夺我们的时间，但除此之外，光是有手机在场也很有害。[3] 2013 年，两位心理学家邀请成对的陌生人坐在小房间里，进行交谈。为了让整个过程顺畅起来，心理学家推荐了一个话题：为什么不聊聊过去一个月你们碰到过的有趣事情？一些受试者聊天时，手机放在旁边；另一些受试者身边放的是纸质笔记本。每组人都建立起了一定程度的纽带，但有智能手机在场的人，在建立联系上是磕磕绊绊的。他们所描述的双方关系，质量较低，对方共情少，信赖感低。光是手机的存在（哪怕并不主动去使用），也极具破坏性。它们叫人分心，因为它们提醒我们，外面有个超越眼前对话的世界。按研究人员的说法，唯一的解决办法就是彻底拿掉手机。

智能手机并非唯一的罪魁祸首。贝内特·福迪（Bennett Foddy）玩过数千款电子游戏，但始终拒玩"魔兽世界"（World of Warcraft）。福迪是个天才的思想家，兴趣爱好很广，少说也有十来种。他的工作是游戏开发，并在纽约大学游戏中心担任教授。福迪出生在澳大利亚，在当地，他曾是一支名叫"Cut Copy"的澳大利亚乐队的贝斯手（该乐队发行过好几首畅销单曲，还拿到过一大堆的澳大利亚音乐奖）。后来为了修读哲学，他先搬到了普林斯顿大学，后来又到了牛津大学。福迪对"魔兽世界"无比崇敬，但就是自己不玩。"玩各种有着文化影响力的游戏，我认为是我工作的一部分。但这一款我不玩，因为我负担不起时间上的损失。我对自己还算了解，我担心一旦玩起来，说不定就很难叫我的屁股挪窝了。"

"魔兽世界"恐怕是全球最容易让人行为上瘾的体验之一。[4] 这是一款大型多人在线角色扮演游戏，数百万来自世界各地的玩家创建虚拟化身，在数片大陆上漫游、打怪、完成任务，与其他玩家互动。全体玩家里有一半都认为自己"上瘾了"。《科技新时代》（*Popular Science*）杂志上的一篇文章说，要说全世界哪款游戏最让人上瘾，"魔兽世界"是"不二之选"。针对它的戒断支援小组有很多，组员上千；甚至还有 25 万多人接受过网上免费的"魔兽世界上瘾测试"（World of Warcraft Addiction Test）。10 年间，游戏吸金数百亿美元，[5] 吸引了上亿用户。如果全体玩家组建成一个国家，其人口规模可以跻身全球 12 强。魔兽玩家选择虚拟化身，让化身代表自己在一个名叫"艾泽拉斯"的虚拟世界里完成任务。许多玩家会联合起来组建公会（即虚拟玩家们结盟组的队），这是游戏上瘾魅力的一部分。如果你知道你公会里有三个小伙伴，分别来自哥本哈根、东京和孟买，一起去完成任务，却居然不带上你，你夜里是很难睡个好觉的。聊天当中，福迪对游戏的热情让我深为触动。他认为，毫无疑问，从总体上来说，游戏对这个世界有好处，可是因为担心一不小心就把几个月甚至几年时间投入其中，他始终拒绝一尝艾泽拉斯的魅力。

"魔兽世界"一类的游戏吸引到了数以百万计的青少年和小年轻，其中多达 40% 的人上了瘾。[6] 几年前，一位计算机程序员和一位临床心理学家联手在西雅图附近的森林里开办了游戏及网络上瘾中心。该中心命名为"重启"（reSTART）[7]，住进了十来个沉迷于"魔兽世界"（或是其他数十款游戏中的某一种）的男青年。（"重启"本来也想接纳少量女性，但许多网瘾人士同时也有性瘾，所以男女混住会带来许多不便。）

此前的电脑从来没有足够内存运行像"魔兽世界"这种游戏。和 20 世纪的游戏相比，"魔兽世界"速度更快，身临其境感更强，游戏本身却更加轻盈。这类游戏能让你与他人实时互动，这也是它们上瘾性极强的部分原因。

技术还改变了我们的锻炼方式。15 年前，我买过一款早期型号的佳明（Garmin）运动手表，那是一台硕大的长方形设备，重量介乎于手表到手腕配重沙袋之间。它真是太重了，为了保持手部平衡，我只好用另一只手拿一瓶水。每隔几分钟，它就会丢失 GPS 信号，电池寿命特别短，跑步稍微跑远些就用光了。今天，又便宜又小巧的穿戴式设备能捕捉你迈出的每一步。这是个奇迹，却也是陷入痴迷的法门。运动上瘾已经成为一种专门的精神病，因为有了设备不断提醒运动员的活动，更麻烦的是，设备还不断提醒运动员们的倦怠不活动。戴着运动手表的人陷入了一步步升级的恶性循环中。10 000 步或许是上个星期的黄金标准看，可这个星期是 11 000 步了。下个星期是 12 000 步，再接着，是 14 000 步。这种趋势不可能一直持续下去，但很多人为了追求几个月前舒缓运动就能提供的同等内啡肽嗨，一路"逼得"自己出现了应力性骨折等重大伤害。

侵入性技术还让购物、工作和色情变得难以回避了。以前，深夜和凌晨之间几乎没办法购物，可现在，你能上网买东西，在一天里的任何时间连线访问工作事务。从报摊上偷偷摸摸买一本《花花公子》(Playboy) 的时代也一去不复返了；你只需要有无线网络和浏览器。生活的确比从前更方便，但方便也让各种诱惑变得如虎添翼。

那么，我们是怎样走上这条路的呢？

行为上瘾是什么

第一批"行为瘾君子"是一群两个月大的婴儿。[8]1968 年 12 月，41 名研究人类视觉的心理学家到纽约参加神经和精神疾病研究协会举办的年会，讨论为什么人的能力有时候会失效。这是一场星光熠熠（虽然是学术明星）的大会。13 年后，罗杰·斯佩里（Roger Sperry）获得诺贝尔医学奖。神经学家怀尔德·彭菲尔德（Wilder Penfield）一度成为"在世最伟大的加拿大人"，斯坦福大学的威廉·德门特（William Dement）加冕"睡眠医学之父"。

心理学家杰罗姆·凯根（Jerome Kagan）也参加了这次会议，他于 10 年前加入哈佛大学，创建第一个人类发育项目。等到半个世纪后他退休时，他已经跻身 22 位最杰出心理学家的榜单，而且位置在卡尔·荣格、巴甫洛夫和诺姆·乔姆斯基等巨人之上。

在会上，凯根讨论了婴儿的视觉关注力问题。他问道，两个月大的婴儿怎么知道要去看什么，不看什么呢？婴儿不断发育的大脑正经受着视觉信息的轰炸，可不知怎么回事，他们学会了关注某些画面，跳过另一些画面。凯根注意到，非常小的婴儿会受移动的、边缘锐利的物体吸引。事实上，当研究人员在他们面前扔出一块积木，他们会看得目不转睛。按凯根的说法，这些婴儿均表现出"对轮廓和运动的行为上瘾。"

当然，按照现代的标准，把这些婴儿叫成行为上瘾太夸张了。但婴儿们看得目不转睛，在这一点上凯根说得没错；只不过我们今天对行为上瘾的认识有了很大的不同。看得目不转睛不过是一种我们没法克制的本能罢了，因为归根结底，我们总得呼吸，总得眨眼。（你可以使劲屏住呼吸，但不管你能憋多久，大脑最终还是会逼得你再次呼吸的。我们不由自主地呼吸，意味着我们因为忘记呼吸把自己憋死的可能性很低。）现代定义认为上瘾在本质上来说是件坏事。只有当一种行为此刻带来的奖励最终因为其破坏性后果而抵消，才叫行为上瘾。呼吸和盯着积木不是上瘾，因为哪怕它们难于抵挡，也没有坏处。上瘾是对难于戒除的有害体验的深度依恋。行为上瘾与吃、喝、注射或摄入特定物质无关。如果人无法抵挡一种短期内可解决深刻心理需求，长期而言却会造成严重伤害的行为，这才是行为上瘾。

痴迷（obsession）和强迫（compulsion，不是被迫）是行为上瘾的近亲。痴迷指的是人产生了情不自禁、停不下来的想法，强迫指的是人停不下来的行为。不过，上瘾、痴迷和强迫又有关键的区别。上瘾许诺带来即刻的奖励，或正向强化。相比之下，痴迷和强迫是人不乐意追求的强烈不快。它们许诺带来的是缓解（relief，也叫作负强化），而非完美上瘾提供的诱人奖励。（因为三者关系十分密切，本书将对它们展开逐一探讨。）

行为上瘾也是强迫激情（obsessive passion）的三代表亲。[9] 2003 年，以研究员罗伯特·范罗兰（Robert Vallerand）为首的 7 位加拿大心理学家撰写了一篇论文，把激情概念分为两种。他们说："激情（passion），按照定义指的是对一种人们喜欢、认为重要的活动有着强烈的倾向，愿意投入时间和精力。"和谐激情（harmonious passions）是人们选择从事的非常健康的活动，没有附加条件——比如一位老人从年轻时就喜欢安装模型火车，或是一位中年女士在空闲时间画了一系列的抽象画。"人们不是强迫性地要做这些活动，"研究人员说，"他们是自由选择去做的。与这一类激情相关的活动，在当事人的个人身份认同里占据了一块很重要的位置，但并不是压倒性的，它与此人生活的其他方面和谐共存。"

然而，强迫激情就不健康了，有时甚至很危险。它们受到超出单纯享受的需求所驱使，很可能产生行为上瘾。按照研究人员的定义，人会"情不自禁地投入到激情活动当中。这种激情控制着当事人，它必须走完全程。由于人不受控制地非要参与该活动，最终，该活动会在人的身份认同中占据不成比例的首要位置，并与人生活里的其他活动产生冲突。"青少年整夜玩电子游戏，不睡觉也不做作业，这就是强迫激情。还有一位跑步爱好者，一开始是为了乐趣而跑，后来却感觉每天非跑至少 10 千米不可，哪怕已经出现应力性损伤。直到卧病在床、没法走路之前，她都坚持每天跑步，因为身份认同和幸福感紧紧束缚住了她，挣脱不掉。和谐激情"会使生活变得有意义"，强迫激情却会使人深受折磨。

我们离危险越来越近

当然，有人不认同上瘾可以是纯粹行为性的这一点。"上瘾物质在哪里？"他们问，"如果你能对电子游戏和智能手机上瘾，为什么你不会闻鲜花、倒着走上瘾？"理论上，你其实可以闻鲜花、倒着走上瘾。如果它们满足了深层次的需求，你没了它们就不行，你忽视生活的其他方面，不顾一切地去追求它们，那么你就对闻鲜花和往后走的行为上瘾了。或许的确没有那么多人有这两种瘾，但它们也不是完全不可想象。与此同时，当你把智能手机、精彩的电子游戏或电子邮件的概念介绍给别人，很多人都表现出了上述症状。

还有人说，用"上瘾"这个词形容大多数人口不合适。"这岂非贬低了'上瘾'？岂非让它失去了意义？"他们问。1918 年，一场特大流感夺走了 7500 万人的性命，没有一个人提出，流感诊断因为患者太多就失去了意义。这个问题之所以要求得到重视，恰恰是因为它影响了太多的人，行为上瘾同样如此。智能手机和电子邮件难以抗拒（因为它们成了社会构造的一部分，促成了呈强迫心理的体验），未来岁月，还会出现其他各种上瘾体验。我们不应该用温暾的说法来形容它们；我们应该承认它们的严肃性，它们对我们集体福祉造成了多大的伤害，它们值得我们投入多大的重视。迄今为止的证据令人担忧，趋势则暗示我们正朝着危险水域越走越深。

尽管如此，慎用"行为上瘾"一词仍大有必要。[10] 有了标签，人就情不自禁地要从各种地方看出此种疾病。"阿斯伯格综合征患者"一词流行起来的时候，害羞的孩子突然就被贴上了这个标签；同样道理，情绪爱波动的人成了"躁狂症"。心理医生兼成瘾问题专家艾伦·弗朗西斯（Allen Frances）对"行为上瘾"一词深表关注。"如果 35% 的人都患有某种疾病，那么这就无非是人性的一部分。"他说，"治疗行为上瘾是个错误。我们应该采用中国台湾地区和韩国的做法。他们把行为上瘾看成社会问题，而非医学问题。"我同意这种认识。不是所有每天使用智能手机 90 分钟以上的人都应该接受治疗。但智能手机这么让人着迷，到底是什么原因呢？对于它们在我们集体生活里发挥的作用越来越大，我们应该引入结构性制衡吗？一种症状影响了这么多人，并不会因为成了新的规范，就变得不再真切，或者更能为人接受；我们要理解这种症状，才能判断它是不是应该加以处理，怎样处理。

近一半人都有行为上瘾

行为上瘾到底有多常见呢？[11] 最严重的上瘾（让人住院治疗，或者让人无法独立地正常生活）十分罕见，只影响总人口的百分之几。但中度行为上瘾就常见多了。这些瘾头减损了我们生活的意义，让我们在工作和玩耍里丧失效力，削弱了我们与他人的互动。和严重上瘾相比，它们带来的心理创伤轻微得多，但哪怕是轻微的创伤，日积月累地也会拖累人的福祉。

要弄清到底有多少人行为上瘾很困难，因为大多数上瘾的人都没有报告。有数十项研究都调查了这个问题，覆盖面最广的研究来自英国心理学教授马克·格里菲斯（Mark Griffiths），他研究行为上瘾已经20多年了。他的职业生涯才走了一半，就已经发表了500多篇论文，可想而知，他说话速度很快，充满热情。格里菲斯是个早熟的学生，23岁就读完了博士学位——比互联网热潮爆发要早几年。"那是1994年，"他说，"我在英国心理学会的一次年会上提交了论述技术和上瘾问题的论文，讲演之后，还召开了一场新闻发布会。当时，人们谈的都是老虎机、电子游戏、电视上瘾。有人问我是否听说过一种叫作互联网的新生事物，它是否可能会导致新类型的上瘾。"起初，格里菲斯拿不准互联网是怎么回事，但很好奇它会不会变成一条上瘾路径。他申请了政府资金，开始研究这个主题。

记者经常问格里菲斯，行为上瘾有多常见，但他迟迟疑疑地给不出明确的答案。根本没有可用的数据。于是，他与南加州大学的两位研究人员联手，想要改变这一局面。2011年，他们公布了一篇彻底的综述性长论文，考察了数十项研究，并在纳入论文之前逐一做了精心审核。只有符合特定标准的研究，才会收入他们的考察范围：受访者至少达到500人次、有男有女、年龄为16～65岁；所用的测量方法可靠，有细致的调查作为支持。结果令人印象深刻：他们找到了来自四大洲总计包括150万受访者的83项研究。这些研究的内容涉及赌博、爱情、性、购物、上网、锻炼和工作上瘾，以及酒精、尼古丁、毒品和其他药物上瘾。

他们得出的基本概况是：在过去12个月里，总人口的41%都至少存在一种行为上瘾。这些可不是什么不值一提的小毛病；格里菲斯和同事们说，这近半数的人口都曾体验过以下症状。

丧失了继续还是停止相关行为的自由选择能力（失控），体验到了与行为相关的不良后果。换句话说，当事人无法可靠地预测相关行为什么时候会发生，一旦发生，将持续多久，什么时候停止，以及其他什么行为可能与该上瘾行为有关系。于是，当事人放弃了其他活动，就算继续，也不再像从前那么享受。上瘾行为更进一步的消极后果可能包括：扰乱生活角色的绩效（如工作、社会活动或爱好），损害社会关系，造成犯罪活动或法律问题，卷入危险局面，人身伤害或损害，经济损失，或情绪创伤。

伴随着技术创新和社会变革，一些上瘾也继续发展。最近的一项研究表明，美国总人口中高达 40% 的人存在某种形式的互联网上瘾（电子邮件、电子游戏或网络色情等）。[12] 另一项研究发现，48% 的受访美国大学生是"网络瘾君子，"另外 40% 处在临界线上，或是潜在的瘾君子。研究者请大学生们讨论自己跟互联网的互动，大多数人说的都是消极后果，并解释说，因为花了太多时间上网，他们的工作、关系和家庭生活更糟糕了。

看到这里，你或许想知道自己或者你深爱的某个人从技术上来说是否"网络上瘾"。以下是从网瘾测试 20 题（Internet Addiction Test，这是一种广泛使用的网瘾测量方法）里选出来的 5 道题。[13] 请花点时间回答以下问题。

网 瘾 测 试

请按如下分值，选出你在每一种行为上最具代表性的频率：

0＝不适用

1＝很少

2＝偶尔

3＝屡次

4＝经常

5＝总是

你是否发现自己上网时间比预计要长？

你生活里的其他人是否抱怨过你的上网时间？

你是否有事没事地检查自己的电子邮件？

你是否因为深夜上网而缺觉？

你是否发现自己上网时爱说"就上几分钟？"

得分在 7 分以下，说明你没有网络上瘾的迹象。8～12 分说明有轻度网瘾，你可能有时上网太久，但一般而言，你控制着自己的使用状况。13～20 分表示中度上瘾，也就是说，你跟互联网的关系"偶尔或屡次"给你造成过问题。21～25 分表示重度网瘾，暗示互联网"在你的生活里造成了严重的问题"。（在本书第三部分，我会回过头说明怎样解决测试得分太高的问题。）

除了网络上瘾,46% 的人 [14] 表示，他们无法忍受没有智能手机的生活（有人甚至宁可自己受点儿伤，也不愿手机受损伤），80% 的青少年 [15] 一个小时至少看一次手机。2008 年，成年人平均每天花 18 分钟在手机上；到 2015 年，他们每天花在手机上的时间已经成了 2 小时 48 分钟。[16] 这一朝向移动设备的转变十分危险，因为一部能跟着你到处走的设备，必然是更好的成瘾载体。在一项研究中，60% 的受试者报告说，虽然自己也想早点结束，可就是忍不住一口气连续看了好几十集电视剧。多达 59% 的人说自己依赖社交媒体网站，而且对这些网站的依赖性，最终让他们变得不快活起来。在这群人里，有半数说自己需要每小时登录一次网站。要是超过一个小时不上网查看，他们就会变得焦虑、不安，不能集中精神。与此同时，2015 年出现了 2.8 亿智能手机瘾君子。如果让这些人组建一个"无手机恐惧症合众国"，这个国家的人口会是世界第四，仅次于中国、印度和美国。

2000 年，微软加拿大分公司报告说，普通人的注意力幅度仅为 12 秒；到 2013 年，这个数字下降到了 8 秒。[17]（据微软称，比较而言，金鱼的平均注意力幅度是 9 秒。) 报告称, "人类的注意力在萎缩。" 77% 的 18～24 岁年轻人声称, 自己做任何事之前都会伸手去拿手机。87% 的人表示, 他们经常因为连续看剧看得头昏脑涨。更令人担忧的是, 微软让 2000 名年轻人把注意力放在计算机屏幕上出现的一连串数字和字母组成的字符串上, 在社交媒体上耗费时间较少的人能更好地完成这项任务。

药物上瘾由来已久

瘾原本的意思是一种与众不同的强烈连接: 在古罗马, 上瘾 (being addicted) 意味着你被判处了苦役。[18] 如果你欠了别人的钱, 无法偿还债务, 法官会判你 "上瘾"。你会被强迫做奴隶苦役, 直到偿还完债务。这是 "上瘾" 一词的最初用法, 但后来, 它的意思发生了演变, 用来形容一切难以打破的纽带。如果你喜欢喝酒, 你是喝酒上瘾; 如果你喜欢读书, 你是读书上瘾。上瘾没什么根本性的错误; 许多瘾君子不过是真心喜欢吃、喜欢喝、喜欢打牌、喜欢阅读的人。做个瘾君子, 就是对某种东西充满激情, 随着数百年岁月的推移, "上瘾" 这个词的意思被稀释了。

到了 19 世纪, 医学界为这个词赋予了新生。尤其是 19 世纪末, 医生们对化学家学会合成可卡因一事尤为关注, 因为要戒断这种药物越来越困难。最初, 可卡因似乎是一种神奇的药物, 能让老人走上几千米, 能让精疲力竭的人重新获得清晰的思维。不过到了最后, 大多数用户都上瘾了, 许多人还送了命。

我马上就会说回行为上瘾, 但为了理解它的兴起, 我需要先把重点放到药物上瘾上。"瘾" (addiction) 这个字, 仅在最近两个世纪里指涉滥用药物, 但原始人药物上瘾的历史有几千年。DNA 证据表明, 早在 4 万年以前, 尼安德特人就携带一种名为 DRD4-7R 的基因。[19] DRD4-7R 基因令尼安德特人具备一系列与其他早期原始人有别的行为, 包括爱冒险、追求新奇、寻求感官刺激等。

尼安德特人之前的原始人胆小、规避风险，尼安德特人则不断探索，难以满足。DRD4-7R 的变体 DRD4-4R，至今仍存在于 10% 的人身上，这些人比其他人更为蛮勇，成为连环瘾君子的概率也要大得多。

如今要想锁定第一个人类瘾君子已不可能，但记录表明，这个人[20]生活在 13 000 多年前。当时的世界跟现在非常不同。尼安德特人早就灭绝了，但地球仍然覆盖在冰川之下，猛犸象还将继续存在 2000 年，人类刚刚开始驯养绵羊、山羊、猪和奶牛。耕种和农业几千年后才出现，但在东南亚的东帝汶海岛上，有人偶然发现了槟榔[21]。

槟榔是现代卷烟的古代表亲，未经提炼。槟榔含有一种名为槟榔碱的无嗅油状液体，作用跟尼古丁差不多。人在嚼槟榔的时候，血管会舒张，让呼吸更轻松，血液泵动速度更快，心情也轻快起来。人们经常说，嚼槟榔之后能更清晰地思考，所以，在南亚和东南亚的部分地区，槟榔仍然是一种流行的药品。

不过，槟榔有个讨厌的副作用。如果你经常嚼槟榔，牙齿会变得又黑又烂，随时可能脱落。尽管有这么明显的外貌代价，许多爱好者却还是不断咀嚼，连牙齿都没了也不愿停。2000 年前，有个中国人去越南，他问招待他的当地人，为什么他们的牙齿是黑色的。当地人解释说："咀嚼槟榔能保持良好的口腔卫生，所以牙齿变黑了。"这套逻辑真是够呛。如果你身体的一部分变得黑乎乎，你的思路要何等开放，才能得出结论说，这种变化是健康的啊。

在古代"嗑药"上瘾的，并非只有东南亚人士。其他文明也在本地出产的作物里寻寻觅觅。千百年来，阿拉伯半岛和非洲之角的居民一直咀嚼一种叶子，这种刺激品的作用有点像兴奋剂（也叫脱氧麻黄碱）。阿拉伯茶的用户们就像是喝了好几倍浓咖啡一样，变得健谈、欣快、好动，他们的心率也会提升。大约在同一时期，澳大利亚原住民偶然发现了皮特尤里树，北美洲的原住民则发现了烟草。这两种植物既可以吸，也可以嚼，两者都含有大剂量的尼古丁。大概 7000 年前，安第斯山脉的南美洲人开始在大型公共聚会上咀嚼古柯植物的叶子。而地球的对面，苏美尔人学会了调配鸦片，这可把他们乐坏了，赶紧把用法说明刻在了小泥板上。

迷住弗洛伊德的可卡因

如我们所知，毒品成瘾相对较新，因为它依赖复杂的化学知识和昂贵的设备。在电视剧《绝命毒师》（*Breaking Bad*）里，化学教师出身的大毒枭"老白"为自己产品的纯度心醉神迷。他制造出来的"蓝天"，纯度高达99.1%，赢得了世界范围内的尊重（也靠制毒赚了成千上百万美元）。但实际上，冰毒瘾君子找得到什么就买什么，所以毒贩会在原产品里加入填料，降低其纯度。姑且不看纯度，制造冰毒的过程也非常复杂，技术含量高。其他许多毒品也一样，它们在化学性质上与提取其主要成分的植物原料有着非常大的不同。

早在毒品变成大买卖之前，医生和化学家在偶然的试错过程里发现了它们的作用。1875 年，英国医学会选举 78 岁的罗伯特·克里斯蒂森爵士（Sir Robert Christison）担任第 44 任主席。[22] 克里斯蒂森身材高大，为人严厉而偏执。他 50 年前开始行医，当时，英国上下正掀起一阵互相下毒的风潮，人们学会了使用砷、士的宁和氰化物。克里斯蒂森想知道，这些（以及其他的）有毒物质会在人体内造成怎样的影响。这样的实验自然很难找到志愿者，于是数十年里，他自己吞咽、反刍这些危险的毒药，趁着还没失去知觉，实时记录其效果。

这些毒物中有一种，是一片小小的绿色叶子，吃下去嘴唇发麻，却带给克里斯蒂森一轮持久的能量爆发，让 80 岁的他感觉年轻了几十岁。克里斯蒂森兴致勃勃，决定出门去散步。他走了 9 个小时，一共 24 千米，回家后，他写道，自己既不饿也不渴。第二天一早，他元气昂然地醒来，觉得完全能应付新的一天。克里斯蒂森后来一直咀嚼古柯叶——可卡因就是它著名的兴奋剂表亲。

与此同时，东南方千里之外的维也纳，一位年轻的神经学家也正在用可卡因做实验。很多人都记得弗洛伊德的人格、性欲和梦境理论，但在那个年代，他还以宣传可卡因出名。化学家们首次合成这种毒品是在 30 年前，弗洛伊德饶有兴致地读到了克里斯蒂森神奇地步行 24 千米的故事。弗洛伊德发现的可卡因不仅让自己精力充沛，还平复了他反复发作的抑郁症和消化不良。在一封写给未婚妻玛莎·贝尔奈斯（Martha Bernays，弗洛伊德给她写过 900 多封信）的信里，弗洛伊德说：

> 如果一切顺利，我会写一篇（有关可卡因的）文章，我希望它在治疗中获
> 得一席之地，跟吗啡平起平坐，甚至比那更好……我定期服用小剂量来治
> 疗抑郁症和消化不良，效果妙不可言。

弗洛伊德的生活一直起起伏伏，但写给玛莎这封信之后的 10 年尤其动荡。它始于一次高点：1884 年，他发表文章《古柯颂歌》（*Über Coca*）。[23] 用弗洛伊德的话说，《古柯颂歌》是"对这种神奇药物的一首赞美歌"。弗洛伊德扮演了《古柯颂歌》每一幕里的所有角色：他是实验者，他是研究的受试者，他是活泼愉快的写作者。

> 服用可卡因几分钟之后，人体验到一轮突如其来的兴奋和轻松感。人的嘴
> 唇和上颚感到一阵特殊的酥麻，随后，相同的部分涌起温暖感……（可卡
> 因的）心理影响……由兴奋和持久的欣快构成，这种感觉和健康人通过正
> 常渠道所得的欣快没有任何不同。

《古柯颂歌》也暗示了可卡因的阴暗面，但弗洛伊德似乎并不怎么担心，相反，他很着迷：

> 在第一次尝试期间，我体验到了一阵短期的毒性作用……呼吸变得更慢更
> 深，我感到疲倦、发困；我频频打哈欠，感觉迟钝……如果人在古柯的影

> 响下全力以赴地工作，那么过上 3～5 小时，幸福感会走低，为削弱疲劳，有必要再来一剂。

许多心理学家批评弗洛伊德，因为他最有名的理论根本无法验证（梦到洞穴的男性真的迷恋子宫吗），但他主张对可卡因精心实验。弗洛伊德的信件表明，他发现可卡因和所有上瘾性刺激一样，随着时间的推移，效力会消逝减弱。重建最初高点的唯一办法是反复使用，逐渐增大剂量。他至少服用了十来次大剂量，最终上了瘾。没了可卡因，他思考和工作都很困难，而且相信自己最好的想法都是药物影响下开出来的花朵。1895 年，他的鼻子遭到感染，接受了修复垮塌鼻孔的手术。他写信给自己的朋友、耳鼻喉科专家威廉·弗里斯（Wilhelm Fliess），详尽地描述了可卡因的效果。讽刺的是，缓解鼻子问题的唯一东西，是又来了一剂可卡因。疼痛特别剧烈的时候，他把水溶可卡因涂到鼻孔里。一年之后，他闷闷不乐地得出结论：可卡因害处大，好处少。1896 年，时隔弗洛伊德最初遇到可卡因的 12 年之后，他被迫彻底放弃该药物。

弗洛伊德怎么竟然只看到了可卡因的好处，却忽视了它惊人的不利方面呢？他迷上这种毒品的初期，认为这是解决吗啡上瘾的办法。他描述一位使用冷火鸡法⊖戒断吗啡的患者，"突然停药"后不停发抖，饱受抑郁折磨。可此人开始摄入可卡因之后，就完全康复了，并在每日摄入大剂量可卡因的帮助下正常运作。弗洛伊德最大的错误就是认为这种效果可以持久：

> 10 天，他完全不需要继续接受古柯治疗了。故此，用古柯治疗吗啡上瘾不会导致毒瘾的互换……使用古柯只是暂时性的。

弗洛伊德受到可卡因诱惑的部分原因在于，他生活在一个认为只有身心羸弱的人才会上瘾的时代。天才和上瘾是不相容的，他（和罗伯特·克里斯蒂森

⊖ 亦称"硬性脱毒"，即不用任何药物和其他治疗，强制病人不吸毒，让戒断症状自行消除。——译者注

一样）在自己智力的高峰期发现了可卡因。弗洛伊德对这种毒品的误解深到误以为靠它能戒断并消除吗啡上瘾。他不是唯一持有这种信念的人。早在弗洛伊德撰写《古柯颂歌》的 20 年前，一位邦联陆军上校在美国内战的最后一役中受伤，后来吗啡上瘾。此人同样相信能靠可卡因酊剂（cocaine-laced tincture）克服自己的吗啡瘾。他错了，但他用的这种药品，最终成了地球上消费最为广泛的物质之一。

可卡因与可口可乐

1865 年 4 月 16 日复活节的晚上，一场短暂但血腥的战斗之后，美国内战结束了。北方的联邦军和南方的邦联军，在乔治亚州哥伦布市附近查塔胡奇河的两座桥附近展开了激烈的战斗。不幸的邦联士兵约翰·彭伯顿（John Pemberto）在想要阻断通往哥伦布市心脏地区的桥时，遭遇了联邦军的大部队。彭伯顿挥舞着马刀，可还没来得及冲上前去，就吃了枪子儿。他痛苦地往后撤，一名联邦士兵又朝着彭伯顿的胸和腹部狠狠地斜砍了一刀。他颓然倒下，差点死掉，幸好一位朋友把他拖到了安全地带。

彭伯顿活了下来，但军刀伤口好几个月都没愈合。和其他数千受伤士兵一样，他用吗啡替自己镇痛。起初，军医给他注射小剂量，就能让疼痛消停好几个小时，但彭伯顿的药物耐受性越来越强。他越来越频繁地要求更大剂量，最终彻底上了瘾。医生极力劝他断药，但完全没用——内战之前，彭伯顿是药剂师，军队给他断了药之后，他从前的老供应商接了手。他的朋友也渐渐对此事表示担忧，彭伯顿最终被迫承认，吗啡对自己的身体有害无益。

像所有优秀的科学工作者一样（也跟他之后的弗洛伊德一样），彭伯顿做起实验来。[24] 他的目标是找一种不上瘾的药物替代吗啡，以缓解慢性疼痛。到 19 世纪 80 年代，经过了若干错误的尝试，彭伯顿成功地发明了一种"彭伯顿法国葡萄酒可乐"：这是葡萄酒、古柯叶、可乐果和芳香灌木达米阿那的混合品。

当时没有美国食品药物监督管理局，所以彭伯顿自由自在地对这种补药的治疗性质大肆吹嘘——虽说他根本拿不准这玩意儿是否管用。1885 年，他花钱在报纸上打了一则文理不通的广告：

> 法国葡萄酒可乐得到了全世界 2 万多位知识渊博的科学医疗人士认可……
>
> ……美国人是全世界最紧张的人……针对所有遭受神经系统疾病折磨的人士，我们推荐使用这美妙而愉快的药剂——法国葡萄酒可乐。它能治疗各种神经疾病、消化不良、身心疲惫、一切慢性消耗性疾病、肠胃过敏、便秘、头痛、神经痛……见效快，效果好……
>
> ……（法国葡萄酒）可乐是性器官最绝妙的补药，能治疗久治不愈的精子虚弱、阳痿，等等。……
>
> 对那些吗啡或鸦片上瘾、滥用酒精兴奋剂的人士，法国葡萄酒是经过检验的良药佳品，数千人赞美它是最可靠的补品，能戒断所有长期的堕落恶习。

和弗洛伊德一样，彭伯顿认为，咖啡因和古柯叶合在一起能战胜吗啡成瘾，但又不会引入新的瘾。1886 年当地政府出台禁令后，彭伯顿把葡萄酒从配方里去掉了，将之改名为"可口可乐"。

故事在这里分成了两条线。对可口可乐这一产品来说，它一飞冲天。可口可乐越来越强，先卖给了商业大亨阿萨·坎德勒（Asa Candler），接着又卖给了营销天才欧内斯特·伍德拉夫（Ernest Woodruff）和 W.C. 布拉德利（W. C. Bradley）。伍德拉夫和布拉德利设计出了瓶装卖可乐的绝妙点子，这样它能更方便地从商店里搬回家，一时间，两人富可敌国。可对约翰·彭伯顿这个人来说，他一步步走向了深渊。可口可乐并不能替代吗啡，他的毒瘾越来越深。可卡因非但没有代替吗啡，反而让问题更加复杂，彭伯顿的健康继续恶化，1888 年，他贫困交加地离开了人世。

回过头去，我们很容易带着一丝优越感，认为弗洛伊德和彭伯顿对可卡因的认识是多么少。我们教育孩子可卡因很危险，很难相信仅仅一个世纪以前，专家们竟以为这是一种灵丹妙药。但或许我们的优越感放错了地方。一如可卡因迷住了弗洛伊德和彭伯顿，如今的我们迷上了技术。为了那些叫人闪瞎眼睛的好处，我们宁可忽视它的代价：按需点播的娱乐门户、汽车服务和保洁公司；Facebook 和 Twitter；Instagram 和 Snapchat；Reddit 和 Imgur；Buzzfeed 和 Mashable；Gawker 和 Gizmodo；在线赌博网站、网络视频平台和流媒体音乐中心；每周工作 100 个小时，日间小睡，4 分钟健身；这些 20 世纪还不存在的全新强迫行为、强迫着迷和上瘾，一波接一波地兴起。

此外，还有现代青少年的社交世界。

社交媒体对孩子的伤害

2013 年，一位叫凯瑟琳·斯坦纳 – 阿黛尔（Catherine Steiner-Adair）的心理学家解释说，许多美国孩子跟数字世界的第一次相遇，始于注意到家长"在战斗中失了踪"。[25]"我妈妈晚饭时总是捧着 iPad。"7 岁的孩子柯林告诉斯坦纳 – 阿黛尔，"她总是在'查看'。"同样 7 岁的潘妮说："我不停地跟她说，我们来玩吧，来玩吧，可她却总是在手机上发短信。"13 岁的安吉拉希望父母理解"技术不是整个世界……这真烦人，就好像你还有一个家似的！我们多花些时间聚聚怎么样？他们会说，'等等，我只想看看手机上的什么东西。我要给公司打电话，看看进展如何。'"如果孩子年纪更小，家长不停检查手机和平板电脑的危害性更大。研究人员借助头戴式摄像头表明，婴儿本能地会追随父母的眼睛。[26]分心的家长会培养出分心的孩子，因为如果家长都不能集中注意力，就会把相同的关注模式教给孩子。用该论文首席研究员的话来说："孩子维持注意力的能力，是在语言习得、问题解决和其他关键认知发展里程碑领域取得成功的公认重要指标。如果在孩子玩耍的过程中，照料的人总是分心，或是眼睛爱漂移，会给婴儿关键发育期当中刚刚萌芽的注意力幅度造成消极影响。"[27]

孩子并非天生渴求技术，但他们逐渐认为它必不可少。等他们进入中学的时候，社交生活就从现实世界转移到了数字世界。所有的日子，他们整天整天地在 Instagram 分享照片（数亿张），不停地发短信（数十亿条）。他们不休息，因为这成了他们寻求认可和友谊的地方。

在线互动跟现实世界的互动没有什么不同；只不过测量起来，前者更糟糕而已。人类通过观察他人的行为，学习共情和体谅。没有直接反馈，共情得不到发展，而这又是一项发育极为缓慢的技能。有人分析了 72 项研究发现，1979~2009 年，美国大学生的共情能力在走低。他们不太可能站到别人的角度去，对别人表现出来的关心也越来越少。男孩子们的问题更严重，姑娘们的情况也在恶化。据一项调查显示，1/3 的小姑娘说，和自己同龄的人在社交网络上对彼此最不友善。对 12~13 岁的男孩，1/11 的人是这样；14~17 岁的男孩，1/6 是这样。

许多青少年拒绝在电话或当面沟通，而是通过短信展开战斗。"当着人多尴尬啊，"一个女孩对斯坦纳 – 阿黛尔说，"我跟别人吵架，我给他们发短信，我问，'我能打电话吗？视频也行？'他们会说，'不。'"另一个女孩说："你可以想得更彻底，盘算好自己想说什么，用不着当面跟他们打交道，也不用看他们的反应。"这显然是学习沟通的一种可怕方法，因为它让人打消了直截了当进行互动的念头。斯坦纳 – 阿黛尔说："任何人，如果他渴望建立起成熟、关爱、敏锐的人际关系，短信都是最糟糕的训练场。"与此同时，青少年们却死守着这种载体。他们要么钻进网络世界，要么就选择不跟朋友"多花时间"。

和斯坦纳·阿黛尔一样，记者南希·乔·塞尔斯（Nancy Jo Sales）采访了13~19 岁的女孩子，想要理解她们怎样跟社交媒体互动。[28]她用了两年半时间走遍美国，拜访了 10 个州，跟数百名少女聊天。她同样得出结论，小姑娘们被网络世界给缠住了，她们在那里遭遇了残酷、过度性化（oversexualize）和社交混乱。有时候，社交媒体仅仅是一种沟通方式，可对许多女孩来说，它是一条直通伤痛的道路。放到上瘾这一背景当中，社交媒体可谓是一场完美风暴：几乎每一个处在青春期的少女都使用一个或多个社交媒体平台，她们只有两条路可选——遭到社会孤立，或是强迫性地使用过度。难怪这么多少女每天上学之后花几个小时发短信，上传 Instagram 帖子；从方方面面来看，这都是合乎理性的必做之事。杰西卡·康特雷拉（Jessica Contrera）为《华盛顿邮报》写了一篇文章，和塞尔斯的报告互为呼应，[29] 名为《此刻 13 岁》（*13, Right Now*）。康特雷拉按时间顺序记录了 13 岁姑娘凯瑟琳·波梅宁（Katherine Pommerening）若干天的生活。这是一名普普通通的 8 年级学生，承受着无数"点赞和哈哈"的重压。文章末尾引用了波梅宁自己所说最哀伤的一句话："我感觉自己不再像个小孩了，我不再做任何孩子气的事情了。6 年级上完之后，"——她所有的朋友都有了手机，下载了 Snapchat、Instagram 和 Twitter——"我放弃了平常做的一切。课间做游戏，玩玩具，这一切，全没了。"

游戏的超强上瘾性

男孩子花在破坏性网络互动上的时间较少，但许多人又上了游戏的贼船。问题太严峻了，连一些游戏开发商都把自己的游戏撤出了市场。他们开始感到后悔，不是因为游戏表现色情或暴力，而是因为上瘾性太强了。依靠期待与反馈的恰当组合，游戏鼓励我们一连玩上几个小时、几天、几个星期、几个月，甚至成年累月地玩。2013 年 5 月，低调的越南电子游戏开发人员阮东因（Dong Nguyen，音译）发布了一款名叫"笨鸟"（Flappy Bird）的游戏。[30] 这是一款简单的智能手机游戏，要求玩家不停地点击屏幕，操纵小鸟飞过各种障碍。有一段时间，大多数玩家并没有注意到"笨鸟"，评论员批评游戏太难，跟任天堂的"超级马里奥"太相似。"笨鸟"在应用程序下载排行榜的榜底待了 8 个月。

但 2014 年 1 月，阮的好运来了。"笨鸟"一夜之间吸引了数千次下载，到该月月底，游戏成了苹果在线商店里下载次数最多的免费应用程序。在游戏的巅峰时期，阮的设计工作室每天光是靠广告就能收入 50 000 美元。

对一名兼职游戏设计师来说，这相当于拿下了圣杯。阮本应欣喜若狂，但他却辗转反侧。数十名评论员和粉丝抱怨说，自己无可救药地玩"笨鸟"上瘾。苹果商店网站上的用户"Jasoom 79"说："它毁了我的生活。它的副作用比可卡因／冰毒都要大。"用户"Walter19230"给自己的评论起名为"末日天启"（The Apocalypse），并在文章开头说："我的人生毁了"。用户"Mxndlsnsk"提醒潜在玩家切莫下载此游戏："'笨鸟'会害死我的。我一定要先说出来，不要下载"笨鸟"……别人警告过我，但我没听……我不睡觉，我不吃饭。我失去了朋友。"

就算这些评论形容得太夸张，这款游戏的所作所为似乎也弊大于利。数百名玩家将游戏比喻成冰毒和可卡因，让阮显得像是个毒贩子。对阮来说，制作这款游戏，一开始是出于理想主义的热爱，如今它却在毁掉人们的生活，这让他良心难安。2014 年 2 月 8 日，他发表推文：

> 我很抱歉，"笨鸟"的各位用户们，22 小时之后，我会把"笨鸟"下架。
> 我再也受不了了。

有些 Twitter 用户认为，阮是在回应知识产权主张，但他很快反驳了这一假设：

> 这跟任何法律问题无关。我只是没法再忍受下去了。

游戏消失了，阮避开了聚光灯。数百款模仿"笨鸟"的游戏竞相上线，但阮已经把重点放在自己的下一个项目上了——那将是一款更复杂、专门设计好不会上瘾的游戏。

"笨鸟"让人上瘾，一部分原因在于游戏里的所有东西都在快速运动：手指头的点击、关卡之间相隔的时间、新障碍物的一轮轮猛攻。"笨鸟"之外的世界同样也在快速运动。惰性是上瘾的敌人，因为对行为与结果之间的快速链接，人的反应会更敏锐。当今世界缓慢运动的东西很少了（不管是技术还是交通还是商业），所以我们的大脑更为狂热地做出了响应。

───────

　　人们如今对上瘾的认识超过了 19 世纪，但上瘾本身也在随着时间演变。化学家们危险地炮制出了上瘾物质，设计体验的创业家们也在炮制令人同等上瘾的行为。过去二三十年里，这种演变的速度有增无减，毫无放缓迹象。就在最近，医生确认了第一个戴谷歌眼镜上瘾的病例——这是一位现役海军军官，他摘掉这一设备时表现出明显的戒断症状。[31] 他每天使用谷歌眼镜 18 个小时，在梦境里也感觉自己像是戴着设备往外看似的。他对医生说，自己设法克服了酒精上瘾，但这一回的情况更糟糕。到了晚上他想放松一下的时候，右手食指会不断地往脸颊一侧推。它是在寻找谷歌眼镜的电源按钮——虽说眼镜已经摘了下来。

第 2 章

我们所有人的心瘾

大多数战争片都会忽略掉一场场作战行动当中漫长的无聊乏味间隔期。[1]在越南，成千上万的美国大兵一等就是几个星期、几个月，甚至好几年。一些人在等着上级的命令，另一些人在等着行动正式开始。越战老兵休·宾（Hugh Penn）回忆说，大兵们靠打触身式橄榄球和喝 1.85 美元一罐的啤酒来消磨时间。但无聊是行为检点的天敌，不是所有人都投入了健康的纯美式消遣当中。

越南与东南亚金三角地区隔得不远。[2]该地区为缅甸、老挝和泰国三国接壤之地，越南战争期间，供应了全世界大部分的海洛因。海洛因分为不同的档次，当时金三角的大多数制毒工厂生产一种纯度不高的低档产品，名叫"3 号海洛因"。1971 年，事情起了变化。制毒工厂邀请了一连串的制药高手，完善了"醚沉淀"这一危险的提炼过程。他们开始转为生产纯度高达 99% 的"4 号海洛因"。海洛因的价格从每公斤 1240 美元涨到 1780 美元，并在挤满了无聊美国大兵的南部越南扎下了脚跟，大兵们只想给自己找点乐子。

突然之间，遍地冒出了 4 号海洛因。顺着西贡到隆平美军基地的公路，十来岁的小姑娘在路边摊上贩卖瓶装海洛因。在西贡，街头小贩们争先恐后地朝路过大兵们的口袋里塞样品小瓶，期待他们之后回来再要第二剂。打扫军营的保姆阿姨们趁工作便利出售小瓶。在采访中，85%的回国大兵说有人向自己出售海洛因。一名士兵刚到越南，一下飞机，就有人向他拉生意。卖家是个海洛因上瘾的士兵，正要回国，他只想要新兵给他一管尿液样品，好蒙骗美国当局，说自己没染毒瘾。

士兵当中很少有人在参军之前这么靠近过海洛因。他们到越南的时候健健康康，战斗意志坚定，但现在，他们对地球上药力最强劲的一种东西成了瘾。到战争结束时，35%应征入伍的人说自己曾经尝试过海洛因，19%的人说自己上了瘾。海洛因的纯度太高了，54%的服食者都会上瘾。相比之下，安非他命、巴比妥类药物用户上瘾的比例仅为5%～10%。

美国大兵大范围毒品上瘾的消息辗转传回华盛顿，政府官员被迫采取行动。1971年初，尼克松总统派了两名国会议员到越南评估上瘾情况的严重程度。共和党议员罗伯特·斯蒂尔（Robert Steele）和民主党议员摩根·墨菲（Morgan Murphy）原本互相看不上眼，可在这事上，他们一致认为这是一场灾难。他们发现，1970年，90名士兵因服用海洛因过量死亡，到1971年结束，这个数字还有可能上涨。在西贡短暂停留期间，两人都遭海洛因毒贩接近过，两人都相信海洛因恐怕会流传回美国本土。"越南战争真的会在国内反咬我们一口，"斯蒂尔和摩根在一份报告中说，"第一波海洛因兴许已经上路去找我们还在读高中的孩子了。"《纽约时报》刊登了斯蒂尔手拿小瓶海洛因的大幅照片，说明士兵们要接触到毒品有多容易。报上的一篇社论主张把所有美国军人撤出越南，"免得美国也落在这叫人虚弱的毒品瘟疫里。"

1971年6月17日，总统尼克松召开新闻发布会上，宣布要对毒品发起战争。他意志坚决地看着摄像机说："美国的头号公敌是毒品泛滥。"

只有 5% 的士兵毒瘾复发

尼克松和助手们感到担心，不仅仅是因为士兵们在越南吸食海洛因上瘾，更是因为不知道这些瘾君子回国之后会干出些什么。突然冒出 10 万名海洛因瘾君子，你该怎么对付？更麻烦的是，海洛因是市场上效力最强劲的毒品。

英国研究人员评估了各种毒品的危害性，海洛因排名榜首，大幅领先。[3] 他们根据毒品带来身体伤害、导致上瘾和引发社会危害的概率这三项指标进行评估，海洛因在这三项上得分都是最高。它是当时世界上最危险的、上瘾性最强的毒品。

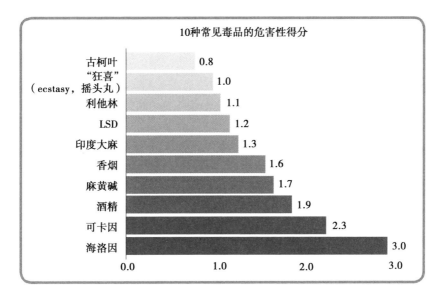

让海洛因瘾君子戒断毒品很难，但就算已经去了瘾，95% 的人也会至少复发一次。几乎没有人能完全放弃这一恶习。尼克松担心得很有道理。他组建了一支专家团队，后者把所有清醒时间都投入到迎接 10 万名康复患者造成的冲击上。

政府决定双管齐下，在越南和美国国内增强资源。在越南，约翰·库什曼（John Cushman）少将负责控制军人使用海洛因的状况。[4] 问题实在太严重了，就连漫步在军营，库什曼都能看到有人在吸毒。医生证实，有数百甚至上千名士兵上瘾。库什曼对此事的严重程度大吃一惊，决定强行取缔。一天早晨，他出人意料地在凌晨 5:30 发布命令，吩咐未来 24 小时所有军人不得出军营。所有人都搜了身，还设立了紧急戒毒医疗所。这一下，因为海洛因没法运进军营，绝望的瘾君子们被迫花 40 美元买一瓶（一天之前才 3 美元）。起初，库什曼似乎掌握了上风，300 名士兵主动坦白，接受治疗。但几天后，他一放松了外出禁令，使用率就再次飙升。一个星期之内，海洛因的价格就降回了 4 美元，戒毒的人里有一半多复吸。

在美国国内，政府任命研究员李·罗宾斯（Lee Robins）监控回国士兵的进展。[5]罗宾斯是圣路易斯州华盛顿大学精神病学和社会学教授，研究精神性流行病的根本成因。罗宾斯出名是因为她有一种神奇的能力，总能在合适的时间提出合适的采访问题。人们信任她，她似乎很容易发现受访对象通常不愿意分享的敏感信息。政府认为，罗宾斯是个完美人选，由她来采访和跟踪数千名毒品上瘾的回国士兵的康复状况再合适不过了。

对罗宾斯来说，这是一个难得的机会。"（研究）一群受到高度曝光的正常人对海洛因的使用情况，这太独特了。"2010 年，她回忆说，"因为全世界没有任何地方会如此平常地使用海洛因。"

> 美国本土使用海洛因是很少见的，在一项涉及 2400 名成年人的全国性调查中，上一年度仅有 12 人用过海洛因。由于不管是全世界还是美国，海洛因使用者都很少，所以我们有关海洛因的大部分信息均来自接受治疗的在押犯。

但等罗宾斯开始跟进回国老兵之后，她大感困惑。她发现的结果完全不合理。

正常来说，只有 5% 的海洛因瘾君子能彻底摆脱毒瘾，但罗宾斯发现，只有 5% 的戒毒士兵复发。不知怎么回事，95% 的退伍军人再也不碰海洛因了。在尼克松的高调新闻发布会之后，公众本来等着一场大难的降临，现在自然以为罗宾斯隐瞒了真相。罗宾斯花了数年时间捍卫自己的研究。她撰写了名为《为什么本次研究在技术上是成功的》（*Why the study was a technical success*）以及《这次研究带来的价值》（*The study's assets*）的论文。批评者反反复复地问她，她怎么能肯定这些结果是准确的；如果结果真的准确，为什么士兵们回美国后再次吸毒的人这么少。这种怀疑态度很容易理解。任命罗宾斯的是一位焦头烂额、宣布要对毒品展开战争的总统，她交出的报告则说总统占了上风。就算她自己能超越政治，这样的结果也好得叫人难以置信。在公共卫生领域，能小幅减少（比方说这儿减少 3%，那儿减少 5% 什么的）就算是胜利了。毒瘾复发率下降了 90%，太不同寻常了。但罗宾斯并没有动手脚，她做的每件事都是合乎学术规范的。她的实验是可靠的，结果是真实的。问题是要解释为什么受试士兵中只有 5% 的人毒瘾复发。

答案，竟然来自十多年前远在 1.2 万千米之外的一所美国神经科学实验室。

任何人都能成为瘾君子

伟大科学家们的发明发现，来自两种截然不同的方法：修修补补和彻底革新。修修补补缓慢地把问题给耗干，就像流水侵蚀岩石那样；彻底革新则是伟大的思想家看到了其他所有人都没能看到的东西。如果说，工程师彼得·米尔纳（Peter Milner）是个修补匠，那么心理学家詹姆斯·奥尔兹（James Olds）就是位革新家。[6] 两人一起组成了一支杰出的团队。20 世纪 50 年代初，在加拿大蒙特利尔的麦吉尔大学，一所塞满笼装大鼠和电气设备的实验室里，奥尔兹和米尔纳在地下室进行了历史上最著名的一项上瘾实验。实验最值得注意的地方是，它的本意并不是要重塑我们对上瘾的认识。

事实上，如果奥尔兹真的恰如其分地完成了工作，说不定实验早就湮没无闻了。

20 世纪 50 年代初，在蒙特利尔的麦吉尔大学，奥尔兹和米尔纳相会了。从很多方面来看，他俩属于恰恰相反的人。一方面米尔纳最大的优势在于精通技术。他知道有关老鼠大脑和电流的一切。另一方面，奥尔兹缺乏经验，但总能冒出各种各样的绝妙构思。在奥尔兹的实验室，年轻的研究人员来来去去，他们受他的天赋和才华吸引，也都想着参与重大的科学新发现。鲍勃·乌尔茨（Bob Wurtz）是 50 年代末奥尔兹的第一个研究生，对奥尔兹和米尔纳都很熟悉。按乌尔茨的说法，"奥尔兹连大鼠的正面和背面都分不清，所以米尔纳的首要任务是教奥尔兹掌握大鼠生理学。"可虽说奥尔兹缺乏技术能力，但他靠远见卓识弥补了这一缺点。"詹姆斯是个很有干劲的科学家，"乌尔茨说，"他相信缘分——如果你看到某件有意思的事情，你会放下其他的一切。每当他和米尔纳碰到什么有新闻价值的东西，詹姆斯会去跟媒体打交道，米尔纳则继续在实验室里工作。"

同样追随过奥尔兹搞研究的加里·阿斯顿-琼斯（Gary Aston-Jones），说起他时态度也一样。"奥尔兹关注的是大问题。他总是更多地受概念驱动，不怎么关注技术上的细枝末节。有一回，我们想搞清楚果蝇怎样了解世界，奥尔兹用手和膝盖着地，在地板上爬来爬去，假装是一只果蝇。"米尔纳绝不会以这种方式对待问题。第三位跟奥尔兹共过事的学生阿耶·鲁登伯格（Aryeh Routtenberg）解释说："米尔纳有点像是奥尔兹的反面。奥尔兹到处宣传'我们有大发现啦'的时候，米尔纳却安静、谦逊又低调。"

几十年来，专家们认为毒品瘾君子（沉迷在鸦片酊、罂粟茶和鸦片里的人）天生容易上瘾，大脑接线有问题。奥尔兹和米尔纳属于第一批否定这一观点的研究人员，他们提出，只要碰到合适的情况，任何人恐怕都能成为瘾君子。

快感中枢的强大力量

他们最大的发现，一开始来得并不激烈。奥尔兹和米尔纳想要揭示，每当电流刺激大鼠小小的大脑，它们就会跑到笼子最远的那一头去。研究人员植入一根小探针，大鼠压下金属棒，探针就会朝它的大脑传送一道电流。让他们吃惊的是，34 号大鼠非但没有退开，反倒在笼子里蹦蹦跳跳，一次又一次地去压金属棒。它跟此前的许多只大鼠不同，不害怕电击，还主动追求电击。实验人员看到 34 号大鼠在 12 个小时里压了 7000 次金属棒：每 5 秒压一次，压根不休息。它就像是狂喜中的超级马拉松选手，甚至不肯停下来吃食物——它拒绝了小水槽和装有饲料的小托盘，它的眼里只有金属棒了。实验开始 12 个小时后，34 号大鼠力竭而死。

起初，奥尔兹和米尔纳很困惑。其他所有大鼠都在躲避电击，为什么 34 号大鼠反其道而行之呢？或许，它的大脑有什么问题。米尔纳正准备换一只大鼠继续实验，奥尔兹却提出一个大胆的建议。奥尔兹以前曾四脚着地，想象自己是只果蝇，此刻他想要读取大鼠的思想。他对 34 号大鼠的行为做了仔细的思考，逐渐认为这只大鼠是在享受电击。这不是说它追求疼痛，而是说电击让它感觉舒服。"奥尔兹的天才之处在于他思想够开放，人也够疯狂，他想到了大鼠喜欢接受电击。"阿斯顿－琼斯说，"当时，没有人想象得出对大脑施加电刺激有可能是愉悦的，但奥尔兹太疯了，他认为这只小动物是在享受。"

于是奥尔兹着手调查。他从 34 号大鼠大脑里取出探针，注意到探针弯曲了。"奥尔兹本来对准的是中脑，但探针弯曲后接触到了大鼠的隔膜。"阿斯顿－琼斯说。就是这一点点的小弯曲，造就了喜悦与不适的差异。奥尔兹把大脑的这一部分称为"快感中枢"，也就是说，当这一部分受到刺激，大鼠（以及狗、山羊、猴子，甚至人）会产生快感。几年后，神经学家罗伯特·希斯（Robert Heath）朝一位抑郁女士的快感中枢插入电击，她咯咯地笑起来。希斯问她为什么笑，对方无法解释，只是说，有记忆以来，她头一次感到了快乐。可等希斯一拿掉电极，患者的笑容就消失了。她又抑郁了，更糟糕的是，她现在知道快乐是什么感觉了。她千方百计地想要植入探针，像起搏器那样提供定期电击可为她带来快乐。和此前的奥尔兹和米尔纳一样，希斯揭示了上瘾般的快感是怎么一回事。

34 号大鼠死后，奥尔兹和米尔纳刺激其他大鼠的快感中枢，发现了同样的成瘾行为。这些大鼠同样无视食物和水，一遍又一遍地去压金属棒。阿耶·鲁登伯格参与了一部分后续实验，他回忆说，大鼠们的行为就像瘾君子。压金属棒的大鼠，跟那些大脑直接注射了成瘾药物的大鼠没有不同。"我们朝大鼠注射了各种'感觉良好'的药物，安非他命、氯丙嗪、单胺氧化酶抑制剂等，它们的表现就和那些自找刺激的大鼠一样。"鲁登伯格回忆了一项揭示快感中枢力量的实验。

> 当教授的好处之一是，你想研究什么都行。我想看看如果把压金属棒的大鼠灌醉会是个什么情形。我给几只大鼠注射了相当于3杯马提尼餐酒的酒精量，它们摇摇晃晃跌倒了。我们把它们抬起来，就像你把酒鬼从酒吧里拖出来那样，放到小金属棒跟前。我们让它们躺下来，脑袋贴着金属棒，这样一来，金属棒就能对它们的大脑进行电击。结果，这些大鼠马上开始一遍一遍地压金属棒。一分钟前，它们还晕头转向的，可现在，它们看起来绝对正常。过了10～15分钟，我们停止了电击，大鼠们跌倒在地，昏迷了。

这并不是研究人员把大鼠看成小小瘾君子的唯一原因。当毒瘾袭来，它们表现出跟人类瘾君子同样的躁动不安。如果研究人员不让大鼠每隔几分钟就给自己来上几次电击，它们会大量喝水熬过这段时间。"奖励刚一停下的那一分钟，它们便疯了一样地喝水，"鲁登伯格回忆说，"实验间隔期我走回来，发现它们坐在那儿，完全被水涨肿了！那就像是它们在找事儿熬时间一样——什么事儿都行。奖励太棒了，它们需要找办法打发时间，等下一轮奖励来临。"

实验的消息传了出去，科学家们听到了风言风语。"我们听说，军队正在训练山羊，"鲍勃·乌尔茨回忆说，"他们指导山羊为士兵们运送弹药，甚至携带炸弹冲向敌军。"士兵们通过电击山羊的愉悦中心（或者让山羊上瘾后停止电击），鼓励山羊朝着特定的方向走。这项研究影响了乌尔茨、阿斯顿－琼斯和鲁登伯格等专家对上瘾的认识。奥尔兹和米尔纳原本认为，34号大鼠有成为瘾君子的天生倾向。他们认为，它的内部接线有问题，驱使它把电刺激放到高于一切的地位，高于食物、水，乃至性命。但奥尔兹的突发奇想让大家意识到，34号大鼠没什么问题，它并非天生就是瘾君子，它只是一只不幸的大鼠，在错误的时间，出现在了错误的地点。

诱使人们上瘾的是环境

这是奥尔兹和米尔纳的实验带来的重要经验教训之一。34 号大鼠表现得像是个无可救药的瘾君子，但这并不意味着它的大脑有什么问题。和越南的美国大兵一样，它是环境的受害者。当探针朝它的快感中枢传导电击，它做出了任何大鼠都会做出的反应。

鲁登伯格想知道这能不能对人类成瘾性有所揭示。但或许任何人都会像 34 号大鼠那样湮灭在记忆当中，"我们开始把上瘾视为一种学习的形式。你可以把上瘾看成是记忆的一部分。"鲁登伯格说。瘾君子们只是学会把一种特定的行为与诱人的结果挂上了钩。对 34 号大鼠来说，诱人的结果指的是刺激自己的快感中枢；对海洛因瘾君子来说，诱人的结果指的是来上一剂带来的飘飘欲仙感。

为了测量上瘾和记忆之间的关联，鲁登伯格拜访了当地一家宠物店，买下了一只名叫"埃及艳后"的松鼠猴。20 世纪 50 年代末，伦理委员会不像现在这么严格。"我有自己的实验室，所以我想干什么都可以。我给它动了手术，把电极植入了它大脑的奖励系统。之前从来没人对猴子这样做过。"鲁登伯格把"埃及艳后"放在笼子里，笼子里有两根金属棒。第一根金属棒朝它的快感中枢发送电流，第二根金属棒投放新鲜的食物。起初，"埃及艳后"随机按压金属棒，但很快，它变得跟 34 号大鼠一样，无视食物金属棒，光是反反复复地按下电击棒。奥尔兹看到鲁登伯格做的事情，高兴极了。"他跟一个朋友来到实验室，那朋友是约翰·霍普金斯大学有头有脸的研究员，奥尔兹给他看了'埃及艳后'的行为。"鲁登伯格说，"那是我一辈子最自豪的一件事。"不久之后，鲁登伯格把"埃及艳后"从笼子里带出来，放在其他地方几个小时或者几天。一出了笼子，她就没了瘾，变得跟第一天来到实验室时同样健康。但只要鲁登伯格一把它放回笼子，她就会发疯似的再次按压金属棒。就算把金属棒从笼子里取掉，它也会站在金属棒原本在的地方跟前。鲁登伯格猜测，"埃及艳后"的瘾在它的长期记忆里留下了强烈的印记。

詹姆斯·奥尔兹的实验室里藏着解开李·罗宾斯之谜的答案。退伍越南老兵们摆脱了海洛因毒瘾的原因在于，他们脱离了诱使自己上瘾的环境。阿耶·鲁登伯格的松鼠猴"埃及艳后"就属于这种情况，它关在笼子里时是个彻彻底底的瘾君子。它一遍又一遍地按下金属棒，朝自己的快感中心发送电击。它连食物和水都不要了。这口笼子之于"埃及艳后"，就如同越南之于因为无聊而吸起了海洛因的美国士兵。没进实验室之前，"埃及艳后"是健康的。鲁登伯格把它从笼子里拿出来之后，它又变得健康了。可只要它坐在笼子里面，瘾头就报复性地袭来。

"埃及艳后"回到了笼子里，可归国士兵们却没几个回到越南的。他们回国之后过上了完全不同的生活。再没有丛林小径；再没有西贡潮湿的夏天；再没有弹火硝烟，直升机桨叶的旋转轰鸣。相反，他们去超市购物，去上班，住在单调的郊区，享受家常饭菜之乐。"埃及艳后"和士兵们的经历表明鲁登伯格是对的：瘾头嵌在记忆里。对"埃及艳后"来说，笼子就是触发因素。笼子把它带回了上瘾的时候，它情不自禁地恢复了原有习惯。幸运的越南老兵们无须再面对那些记忆，因为一离开越南，他们就摆脱了与吸毒行为相关的线索。

这也是为什么大多数服用海洛因的人难于彻底戒毒的原因。和"埃及艳后"一样，他们反反复复地重回犯罪现场。他们看到提醒自己是个瘾君子的朋友；他们住在原来的家里；他们走在相同的街区。他们的确断了瘾，但身边的一切没有任何改变，所以他们每天都要竭力抵挡毒瘾。毒瘾的诱惑就在于此。既然每一条视觉、嗅觉和听觉线索都在重新点燃嗑药之后的愉悦瞬间，他们还能怎么做呢？

重回犯罪现场的危险性

前游戏瘾君子艾萨克·韦斯伯格（Isaac Vaisberg）深知重回犯罪现场的危

险性。没有任何迹象表明艾萨克天生容易上瘾。[7]1992 年，他出生于委内瑞拉，妈妈全心全意地照顾他，爸爸工作很忙，但也不乏父爱。艾萨克还小的时候，父母离了婚，他和妈妈搬到了迈阿密。他爸爸留在委内瑞拉，但两人经常聊天，艾萨克不上学时也会去看爸爸。他的成绩出色，经常拿 A。高三最后一学期，他的 SAT 总成绩是 2200（满分是 2400），属于全美 1% 最顶尖的学生。他考进了伍斯特学院，这是全美最具竞争力的寄宿学校之一，离波士顿不远，他接着又升入华盛顿特区的美利坚大学（American University）。艾萨克不光成绩好，还是个运动健将。伍斯特学院给他发了橄榄球奖学金，因为他长得非常魁梧，有望成为一流中后卫。

遗憾的是，这只是故事的一半。艾萨克很孤独。"我很小的时候，父母就离了婚，我在美国和委内瑞拉两头跑来跑去。这样一来，我很善于结交新朋友，但不善于建立深刻的友谊。"于是，他到网上找朋友。

14 岁时，艾萨克开始打"魔兽世界"。"魔兽世界"上瘾性强的原因很多，但艾萨克认为，游戏的社交层面让人无法抵挡。和许多玩家一样，他加入了公会，跟一小群玩家共享资源，还经常在公会专用聊天室里闲聊。公会的伙伴们成了他最亲密的朋友，他在线下世界缺乏的有意义的人际关系，却最终在这里找到了替代品。

到了高三，艾萨克开始了第一轮危险的狂欢。"我捡起又放下'魔兽世界'好多次，可这一次，它成了我唯一的社交途径，也成了我唯一的消遣。每天晚上，我都会达到一小阵多巴胺高潮，它帮助我克服了焦虑症。"他不再睡觉，成绩一落千丈，如果母亲坚持要他去上学，他的身体就会发病。"我会抓狂，惊恐发作。早晨一上车我就感到恶心。我一明白不用去学校了，这些症状立刻就消失。"艾萨克最终从这轮狂欢里恢复过来，该学年底，他进展顺利，SAT 考试还得了 A。

艾萨克的第二轮狂欢始于升入伍斯特学院之后的几个月。因为现在他住宿舍，没人管，他重新加入了原先的公会，跟一年前结识的老网友们重新搭上了线。没过多久，他就再次陷进去了。"我刚进伍斯特学院的时候，体重大概是

88 千克。我体格匀称，打橄榄球。可到第一学期结束，我的体重变成了 106 千克。我严重脱发，只好退出了橄榄球队，我所有科目统统只能勉勉强强达到及格线。"不过，艾萨克又一次恢复过来。他努力完成了高年级的学业，被美利坚大学录取。到了这时候，他仍然相信自己疯狂上网只是意外。他没想过网瘾会跟着自己升入大学。

他在美利坚大学的第一个学期学得很好，成绩在全班名列前茅，身体健康匀称。可第二个学期他压力很大，决定稍微"玩一点点""魔兽世界"轻松一下，结果这葬送了他的第二个学期。艾萨克的成绩在 A 和 F 之间起伏不定，他妈妈很担心，没通知他就赶到学校来，给他看了西雅图郊外"重启"网瘾恢复中心的宣传册。艾萨克答应住院去戒网瘾，但要先登录魔兽账号，告诉公会队友自己会离线一阵子。

"重启"是全世界第一家游戏和网瘾治疗中心。创办人认识到，使用互联网和药物成瘾不同，因为人几乎不可能回到正常社会又不上网。不靠酒精、不靠毒品，你能保住工作，偿付账单，进行人际沟通，但不靠互联网，这些事你都做不到。为与绿色运动相呼应，该中心以教导患者怎样"可持续地"使用互联网为目的，并不鼓励他们完全不上网。

艾萨克带着饱满的热情开始了自己为期 6 周的戒网瘾项目，他结交朋友，绘画，在网瘾中心周边景色秀美的小径徒步，还在健身房做力量恢复训练。他和部分指导员建立了紧密的纽带关系，后者告诉他，"魔兽世界"给了他控制生活的幻觉。而在游戏之外，他的世界继续崩溃，可随着他完成"魔兽世界"里一轮又一轮的任务，外面的世界似乎没什么重要的了。尽管进展不错，艾萨克偶尔还是会感觉沮丧。虽然"重启"确实大有帮助，可艾萨克觉得待在这里妨碍了自己完成大学学业，没法过渡到自给自足的健康生活阶段。除非在现实世界里安顿下来，否则他没办法真正"好转"。他甚至上网买了回华盛顿的机票，不过最终他还是在网瘾中心待足了 6 个星期。

接下来，艾萨克犯了一个最大的错误。"我通过了剩下的戒网瘾项目，有点飘飘然，也对自己正在做的事情有了更多的信心。可等项目结束时，我拿出自己的生活平衡方案，人人都批评我要回到华盛顿的决定。"艾萨克用资深游戏玩家的说法形容说："我觉得没什么东西是我征服不了的。我总不能学位都没拿到就离开美利坚大学吧——我做不到。我不顾医生们的建议，决定回去。"

艾萨克的经历跟李·罗宾斯调查的越战老兵变得不一样了。他非但没有永远地离开自己的上瘾环境，反而回到了华盛顿。开头的两三个月，事情进展顺利。他找到了一份工作，干起了数学家教，收入不错，他的辅导老师还接受他重回美利坚大学。一切充满期待——直到噩梦重演。

艾萨克告诉我，瘾君子最危险的关头，就是一切进展顺利，你相信自己已经把上瘾永远抛在身后的那个瞬间。"你确信自己已经痊愈了，可以回去做之前的事情了。我放松了警惕，正好有个朋友发短信对我说，'嘿，你想上来跟我们玩一会儿吗？'我顺口就说，'当然了！'"

那一天是 2013 年 2 月 21 日。艾萨克对这个日子记得很牢，因为这在他的记忆中留下了不可磨灭的印象。两天后，他本来安排好给一个孩子辅导代数考试，但他错过了约定。星期一他也没去上课，他接着又一个人在公寓里连续待了 5 个星期。他一天也没出去过，也没洗澡。他电话点餐，然后拿钱请室友给带进来。他住的地方变得臭烘烘的，桌子上摆满了各种空盒子。他一天玩 20 个小时，躺上床打个盹儿，睡几个小时，醒来以后上线又打。他完成了一个又一个任务，跟公会队友聊天，却跟外界失去了联系。5 个星期转眼就过去了。他错过了 142 通电话（艾萨克说这是另一个自己永远忘不了的数字），但出于某个他现在也不肯说的原因，他决定接起第 143 通电话来。来电话的是他妈妈，她说自己两天内要来探望。

打完了最后一轮狂欢之后，艾萨克决定收拾房间，洗个澡。这是他的"谷底时刻"。镜子里的自己让他简直反胃。他长了整整 27 千克肥肉，头发油腻，衣服脏兮兮的。他描述了一个反复出现在脑海的场面，即便事隔 18 个月，也几乎叫他流下眼泪。

> 小时候，我爸钱不多。他办了一家公司，早晨5点就去上班，晚上9点才回家。每当回到家，他总是很开心。他会把我抱起来，拿起一小杯苏格兰威士忌，坐进靠窗的椅子里，吹吹微风。每一天，他都这么做。
>
> 我想到他这样走进我的房间，拿着一小杯苏格兰威士忌，坐进椅子，哭了起来。我从来没有见过我爸哭。他总是昂首挺胸，很强壮的样子。我想到他在椅子里哭着，不知道自己对我做错了些什么。光是说出来就叫我很难受。我的心火辣辣地疼，我想，他对我的沉沦堕落就是感到这么痛。

艾萨克带着妈妈去吃饭，在那里，他崩溃了，坦言自己又掉队了。他对妈妈说，自己必须再去"重启"，但这一次他会有更好的态度。他不会再回华盛顿，6个星期的寄宿治疗项目结束后，他又报名参加了为期7个月的门诊护理流程。

艾萨克信守诺言。他接受了寄宿治疗，从中心出来独立生活和工作时，门诊护理项目会为他提供额外的支持。护理项目很管用。和其他门诊病人一样，艾萨克每个星期在中心待十二三个小时，此外还找了一份兼职工作。他跟一些从前的住院病友住在一起，相互支持，彼此监督，保证室友们不再复发。

艾萨克决定留在"重启"中心附近的西雅图地区。他常常回中心拜访，但现在，他把大部分时间用来经营一家叫CrossFit的健身房。2015年4月，他从原先的业主手里买下这家健身房，运营4个月之后，会员翻了3倍。健身房带给他一种健康的方式，满足了他自己的心理需求：他有很多的朋友，他能保持积极和健康，并通过业务目标来维持动力。

和罗宾斯、米尔纳、奥尔兹及其学生一样，艾萨克·韦斯伯格向世界讲述了有关上瘾和瘾君子们的一个深刻教训：导致上瘾的原因很多，但并不存在什么爱上瘾的性格。和正常人比起来，瘾君子并非意志虚弱、道德败坏。相反，许多甚至大多数瘾君子只不过是不走运。环境不是影响你变成瘾君子的唯一因素，但它扮演着比科学家们想象中更重要的角色。遗传学和生物学当然重要，但我们几十年前就知道它们的作用了。20世纪六七十年代，我们得到了一点新的认识：上瘾跟环境也有关系。就算是最顽强的人（比如离开越南时戒掉了毒瘾的年轻美国军人），处在错误的环境下也虚弱不堪。就算是痊愈期间意志力最坚定的人，重新接触与毒品有关的人和地方，也会再度落进毒品的魔爪。

———

时间愚弄了那些曾经以为只有少数堕落之人才会上瘾的专家，因为在当今发达国家，数千万像艾萨克·韦斯伯格那样的人表现出一种甚至多种行为上瘾。对于 20 世纪 50 年代的奥尔兹和米尔纳，或者对于 20 世纪 70 年代的罗宾斯来说，这种情形闻所未闻。人们对物质（毒品）上瘾，而不是对行为上瘾。人从行为得到的反馈强度不足以上升到注射海洛因带来的那种喜悦强度。但一如毒品的药效随着时间越变越强，行为反馈带来的快感也一样。产品设计师比从前更聪明了。他们知道怎样按下我们的按钮，怎样鼓励我们一次又一次地使用他们的产品。职场高悬的胡萝卜，似乎永远差那么一点点够不着。第二轮的推广迫在眉睫；下一轮的销售奖金就在一轮销售之外。

和在笼子里狂热地按着电击棒的 34 号大鼠一样，当我们参与上瘾行为的时候，大脑里发生着各种各样的电活动。几十年来，研究人员认为，这些活动就是上瘾的根源：模仿右脑模式，你就能"制造出"瘾君子。但上瘾的生物学基础比刺激神经元丛复杂得多。对艾萨克·韦斯伯格、越战士兵和 34 号大鼠来说，上瘾是学习，是得知上瘾线索（一款游戏、一个充斥着海洛因的地方、一根小小的金属棒）能治疗孤独、不满和沮丧。

第 3 章

行为上瘾的生物学机制

有一种现代病，2/3 的成年人都受它影响。[1]它的症状包括心脏疾病、肺部疾病、肾脏疾病、食欲不振、体重控制困难、免疫功能不良、对疾病的抵抗力降低、疼痛敏感性提高、反应变慢、情绪波动、大脑机能受抑制、抑郁症、肥胖症、糖尿病，外加某些类型的癌症。

这种现代病就是长期睡眠不足，它随着智能电话、电子阅读器和其他发光装置的出现而越发严重。睡眠不足与行为上瘾息息相关，也就是说，它是长期过度投入带来的后果。这是一个全球性的问题，最近吸引了大量关注，包括创业家兼作家阿里安娜·赫芬顿（Arianna Huffington）。2016 年达沃斯世界经济论坛上，赫芬顿讨论了自己即将出版的新书《睡眠革命》(The Sleep Revolution)。

> 两个小时前，我从达沃斯主办方处收到一封电子邮件，这是一份全世界睡眠状况调查。调查指出，人们如今花在电子设备上的时间比睡眠时间更长……我觉得，看一看技术与人的自我照料之间的关系，真是挺有意思。

> 因为我们显然都技术上瘾了。你怎么才能把这些电子设备放在它该搁置的
> 位置上呢？显然不能放在你的床头柜上。伙计们，这就是关键——不要在
> 床边给手机充电。

赫芬顿明智地注意到了手机充电的问题。95% 的成年人在上床之前使用发光的电子设备，超过一半的人半夜醒来检查电子邮件。68% 年龄为 18～64 岁的成年人睡觉时把手机放在身边，这或许能解释为什么接近 50% 的成年人说，因为总是跟技术太接近，自己睡不好觉。过去半个世纪，尤其是最近 20 年，人们的睡眠质量大幅下降，元凶之一就是这些电子设备散发出来的幽兰光芒。

数千年来，只有白天才会有蓝光。蜡烛和木柴点燃产生的是红黄色的光，夜间也没有人工照明。火光不是问题，因为大脑会把红色光阐释为就寝时间。蓝光就完全不同了，因为它是早晨的标志。因此，我们 95% 的人上床睡觉前玩手机，其实就是在告诉身体"新的一天开始了"，从而诱发时差感。

通常，大脑深处的松果体会在晚上产生名为褪黑素的激素。褪黑素会让你困倦，这就是为什么倒时差的人上床之前要服用褪黑素补剂。当蓝光进入你眼睛后面，松果体停止产生褪黑素，你的身体开始为白天做准备。2013 年，一群科学家测量了 13 名志愿者，看他们在晚上使用两个小时 iPad 后会产生多少褪黑素。当这些志愿者穿着橙色护目镜模拟夜晚的亮光，他们会产生大量褪黑素，身体自己就准备上床了。当他们穿着蓝色护目镜（之后再使用 iPad 不戴护目镜），身体产生的褪黑素明显减少。研究人员敦促"厂商设计对睡眠周期友好的电子设备"，夜间逐渐变为偏橙色的背光。第二次研究也发现了相同的效应：如果人们上床之前使用 iPad，产生的褪黑素会减少，睡眠质量更糟糕，感觉更疲倦。长远来看，对技术的沉迷会损害我们的健康。

和蓝色光妨碍人睡觉一样，我们清醒时痴迷地摆弄笔记本电脑、平板电脑、健身跟踪器和智能手机，也会碰到行为上瘾带来的实际损害。

游戏上瘾的大脑模式与吸毒相同

人类大脑针对不同的体验表现出了不同的活动模式。[2] 你想象母亲的脸时，一束神经元点火启动；你想象自己小时候住过的房子时，另一束神经元点火启动。这些模式很模糊，但观察一个人的大脑，你可以判断她是在想妈妈还是想自己的第一个家。

有一种模式描述了吸毒瘾君子注射海洛因时的大脑，另一种模式描述的是游戏瘾君子完成了新一轮"魔兽世界"。[3] 两者几乎是一模一样的。海洛因的作用更直接，它比游戏产生更强的响应，但整个大脑神经元点火启动的模式差不多是一样的。"毒品和上瘾行为激活的是相同的大脑奖励中心。"研究强迫及重复行为的神经学家克莱尔·吉兰（Claire Gillan）说，"只要行为是奖励，跟过去的奖励结果相搭配，大脑对它的处理方式就跟毒品一样。"海洛因和可卡因在短期而言更危险的地方在于，它们比行为更强烈地刺激着奖励中心。"可卡因对你大脑里的神经递质，有着比赌博更直接的影响，但两者的运行机制相同，而且也是在同一套机制里运作。不同的地方仅仅是幅度和强度。"

这种观点相当新。几十年来，神经科学家认为，只有毒品和酒精可以刺激上瘾，人对行为的反应是各有不同的。他们认为，行为或许能让人感到愉快，但那种愉快永远不可能上升成与毒品及酗酒相关的破坏性急切感。但近年来的研究表明，上瘾行为生成的大脑反应与吸毒后的大脑反应是相同的。在这两种情况下，大脑深处的若干区域释放化学物质多巴胺，经贯穿整个大脑的多巴胺受体吸附，反过来产生强烈的快感。大多数时候，大脑仅仅释放少量多巴胺，但某些药物和上瘾体验能让多巴胺大量喷涌。在寒冷的冬夜就着壁炉烤手，口渴时喝一口水，都让人感觉舒服，但对瘾君子来说，注射海洛因，或是在"魔兽世界"里开始新一轮的任务（比注射海洛因的程度略低），带来的感受要强烈得多。

大脑把多巴胺喷涌转换成愉悦感，初期的有利方面明显大于不利方面。但很快，大脑会把这种喷涌解释为错误，产生的多巴胺越来越少。要达到最初的高峰，唯一方法是增大毒品或体验的剂量，比如用更多的钱赌博，吸更多的可卡因，花更多时间玩更投入的电子游戏。随着大脑产生耐受性，多巴胺生成区域开始进入静待状态，每一轮高峰之间的低谷变得更低。这些区域由于不再对小幅快感引发的满足感做出反应，从而不再生成健康剂量的多巴胺，而是转入休眠状态，静待下一轮过度刺激的降临。上瘾让人太愉悦了，大脑做了两件事：首先，它产生较少的多巴胺应对快感的洪流；接着，当快感的来源消失，面对如今产生的多巴胺远少于过去的事实，它会挣扎着对付。只要瘾君子继续拼命去获取上瘾源，这样的循环就会持续下去，每一轮刺激过后，大脑产生的多巴胺也越来越少。

上瘾的根源是心理痛苦

小时候，我对毒品十分恐惧。我总是做噩梦，梦见自己在阴冷的治疗中心口吐白沫。随着时间的推移，我意识到，毒贩不会在一个神经质的 7 岁小孩身上浪费时间，但这噩梦里有一部分始终叫我恐慌：人有可能不情愿地上瘾；如果你不小心接触了上瘾物质，你就上了瘾。如果上瘾只是单纯的大脑功能障碍，那么 7 岁的我就想得没错：让大脑充斥着多巴胺，你就成了瘾君子。但上瘾不是这么运作的。面对任何愉悦事件，大脑的应对方式都基本相同，故此，上瘾必定还有另一个重要成分，要不然为什么我们每个人小时候都会吃冰激凌上瘾。（回想一下，蹒跚学步的小孩第一口尝到冰激凌味道时，多巴胺的冲击是多么强烈。）

这一缺失的成分是多巴胺增多时周围的环境。如果我们不是因为自己的心理痛苦而变成了药物或行为的奴隶，它们是不会使人上瘾的。比方说，如果你焦虑或抑郁，你或许会发现海洛因、食品或赌博能缓解痛苦。如果你很孤独，你可能会投入到一款鼓励你建立全新社交网络的沉浸式电子游戏里。

"人类有着专门的养育和关爱系统，这些系统推动我们不顾消极后果，继续坚持下去，"关注上瘾的作家马娅·萨拉维茨（Maia Szalavitz）解释说，"旨在开展这类行为的系统，就是上瘾的模板。一旦这一系统搭配错误，你就上瘾了。"萨拉维茨所指的系统，每一种都是本能生存行为的集合，比如照顾孩子、寻找爱侣的冲动。这种让我们面对艰难险阻也坚持下去的本能，同样推动着狂热和破坏性的上瘾行为。

在一篇文章中，萨拉维茨解释说，其他任何人都不可能把你变成瘾君子。[4]"疼痛患者不可能被医生'弄上瘾'，"他说，"要上瘾，你必须反复服用药物缓解情绪，直到感觉没了它就活不了似的……只有当你开始因为想需要解决疼痛之外的问题而摄入药物，这种情形才会出现。除非大脑得知药物对你的情绪稳定至关重要，否则就不可能成瘾。"上瘾不仅仅是身体上的反应；它是你对相关身体体验的心理反应。为了强调这一点，萨拉维茨以最容易上瘾、最危险的海洛因为例。"说得大胆一些，如果我绑架了你，把你捆起来，给你连续注射两个月的海洛因，我会让你产生身体上的依赖性和戒断症状——可只有让你获得自由，出去以后自己继续注射海洛因，你才真正变成了瘾君子。"

"上瘾不是'打破'你的大脑，不是'劫持'你的大脑，甚至也不是'破坏'它。"萨拉维茨说，"人们是可以行为上瘾的，就连爱情的体验也一样。上瘾实际上是关于人与体验的关系。"光是不停地给人提供毒品或某种行为还不够——当事人还必须学习到，该体验是对自己心理痛苦的可行治疗途径。

人刚成年的时候上瘾风险最高。如果人在青春期不曾上瘾，在后面的人生里上瘾的概率是极小的。导致这种状况的主要原因之一是，在人生的这一时期，年轻人遭遇了大量自己力有不及、无法应对的责任的碰撞。为了缓解长时间辛苦煎熬带来的难受刺痛，他们学会了求助于毒品或某些活动。到25岁上下，很多人都掌握了青春期缺乏的应对技巧，建立起了相应的社会网络。"如果你十来岁时没有吸毒，大概也在学习用其他方法来解决自己的烦恼。"萨拉维茨说。所以，等你熬过青春期的大战，也就发展出了一定程度的顺应能力。

最叫我惊讶的是，萨拉维茨告诉我，上瘾是一种受了误导的爱。这种爱是痴迷之爱，而非情感上的支持。这个想法听起来很空泛，却得到了科学的支持。

任何体验都可能导致上瘾

2005 年，人类学家海伦·费舍尔（Helen Fisher）和同事们把浓情蜜意的情侣们放进了大脑扫描仪。[5] 她在《爱情就像可卡因》（*Love Is Like Cocaine*）一文中介绍了他们的发现。

> 我感觉就像跳上了天。我眼前的扫描图表明腹侧被盖区（ventral tegmental area，VTA）出现一连串的活动，这个区域是大脑底部的一家小型工厂，负责制造多巴胺，并将这一天然刺激品送往多个脑区……这家工厂就是大脑的奖赏系统，即产生渴求、追求、渴望、能量、关注和动机的大脑网络。难怪情侣们整晚清醒，聊天、爱抚。难怪他们变得心不在焉、头晕目眩，乐观、合群，充满活力。他们靠着天然的"嗨药"嗨起来了……此外，我的同事在中国重新做了这一大脑扫描实验，中国参与者的腹侧被盖区和其他多巴胺通路（即渴求的神经化学通路）里显示出同样多的活动。地球上的所有人几乎都曾感受过这种激情。

20 世纪 70 年代，心理学家斯坦顿·皮尔（Stanton Peele）出版《爱情与上瘾》（*Love and Addiction*）一书，解释了我们对所爱之人产生的非常健康的依恋，同样可能具有破坏性。[6] 这种依恋可以指向一瓶伏特加、一针海洛因，或是在赌场耗掉的一个晚上。它们是假冒货，因为就像社会支持能缓和艰难一样，它们能抚慰心理不适，但过不了多久，漫长的痛苦就会取代短期愉悦。爱的能力是数千年进化带来的结果。它让人小心翼翼地抚养后代，把基因散布到下一代，可它也同样容易上瘾。

破坏性是上瘾的重要组成部分。上瘾的定义很多，但最广义的定义又走得太远，把一些事关健康的、事关生存基本的行为都包括在内了。1990 年，心理学家艾萨克·马克斯（Isaac Marks）《不列颠上瘾期刊》（*British Journal of Addiction*）的社论里宣称，"生活就是一连串的上瘾，没有它们，我们会死。"[7]

马克斯将社论起名为《行为（非化学）上瘾》[*Behavioral (Non-Chemical)*
Addictions]。他使用这么挑逗的名称，原因很充分。当时，行为上瘾尚是相对
较新的精神病学领域。

> 每隔一小会儿，我们吸入空气。如果没了空气，几秒钟之内我们就会挣扎
> 着呼吸，如能成功，便带来巨大的如释重负感。剥夺空气更长时间，会加
> 剧人的紧张，几分钟之内就出现窒息和死亡等严重的戒断症状。放到较长
> 的时间尺度来看，吃、喝、拉、撒和性，同样涉及采取行动的昂扬欲望；
> 行动过后可断绝欲望，但过上几个小时或者几天，欲望会卷土重来。

马克斯是对的：呼吸似乎反映了其他上瘾的特点。但如果用上瘾来形容每
一种对我们生存至关重要的行动，那就没有意思，也没有用处了。把癌症患者
称为瘾君子不合情理，因为患者需要化疗药物。就最低限度而言，上瘾应该和
我们的生存概率无关；一旦它们反映出维持生命的呼吸、进食和化疗药物的特
点，就不再是"瘾"了。

20世纪70年代，斯坦顿·皮尔把爱情和上瘾联系到一起，认为如果爱情
受到误导，转向危险的目标，便会驱动上瘾。和15年后的马克斯一样，皮尔
同样认为，上瘾不仅仅限于违禁药品的范畴。科学家们数十年来都秉持相反的
立场，很少有人愿意接受"尼古丁也具有上瘾性"的看法。按照他们的逻辑，
既然吸烟是合法的，那么它的组成部分就不可能有什么成瘾性。"上瘾"一词
成了污名，仅为极少的几种物质（范围十分有限）所保留。但这个词并没有把
皮尔吓唬住。他指出，虽说海洛因在短期内危害性明显更大，可许多吸烟者对
尼古丁的依赖，就跟海洛因瘾君子把海洛因当成心理拐杖一样。皮尔的观点在
20世纪70年代是异端，可到了80年代和90年代，医学界也赶了上来。皮尔
还认识到，任何破坏性的拐杖都可能成为一种上瘾的源头。如果无聊的白领人
士借助赌博寻求现实世界里没有的快感，那么他就会赌博上瘾。

为本书做研究期间，我采访了皮尔，但我提到行为上瘾，他大为光火。

"（谈一谈）当然可以，"他对我说，暗示他很乐意跟我探讨，"只不过，我一辈子从来没用过'行为上瘾'这个说法。"在皮尔看来，这个说法离经叛道，因为它暗示行为上瘾和毒品上瘾之间存在有意义的区别，但他认为并不存在这样的区别，因为上瘾和毒品、和行为，甚或大脑的反应都没关系。对皮尔来说，上瘾是"对一种极度有害于人的体验产生极端的、不正常的依恋，但这种体验又是人生态的根本部分，人无法放弃它"。数十年前，他就这样定义上瘾，·如今仍然持这样的看法。而有着来龙去脉的每一件事，都是"体验"：对事情的预期，小心翼翼拿出针具、烧焦的勺子和打火机的行为。就连上瘾性最强的毒品海洛因，也是通过一连串的行为才进入身体的。而这一连串的行为，本身也构成了上瘾的一部分。如果说就连海洛因上瘾在一定程度上也属于"行为上瘾"，那么你应该看得出为什么皮尔要彻底放弃"行为上瘾"这个说法了。

皮尔或许并未使用"行为上瘾"这个说法，但几十年来，他在自己的书里区分了上瘾行为和上瘾毒品。例如，1991 年，皮尔和精神病学家阿奇·布罗德斯基（Archie Brodsky）合著了《有关上瘾和恢复的真相》（*The Truth About Addiction and Recovery*），第 6 章就名为"赌博、购物和锻炼上瘾"。皮尔和布罗德斯基问："我们能否对赌博、购物、锻炼、性或爱情上瘾，一如对酒精和毒品上瘾那样呢？"他们做出了肯定的回答："人参与足够多的任何活动、参与或感觉，都可以上瘾……必须要从上瘾带给人的整体体验……以及它们怎样融入了这个人的生活环境和需求这个角度来理解'上瘾'一词。"皮尔和布罗德斯基还指出，内啡肽带来的愉悦活动并不是上瘾。"内啡肽不会让人跑步跑得满脚是血，也不会让人吃东西吃到吐。"他们说。跑步爱好者体验到了"嗨"感，但光是这种感觉并不会使跑步爱好者成为瘾君子。他们不愿把赌博、购物、运动强迫症称为"疾病"，但他们认为，这些活动的确能够激发上瘾行为。

几十年来，皮尔一直遭到边缘化。他反对禁欲，反对"匿名戒酒会"，他一次又一次地写道，上瘾不是病。相反，上瘾是未能得到满足的心理需求和一组短期内可安抚该需求（但长期而言有害）的行为相结合的。皮尔经常很激动，爱挑衅，但他的中心思想始终没变：只要能缓解心理困扰，任何体验都可能会上瘾。皮尔的观点逐渐变成了主流。虽然美国精神病学会（APA）仍然认为上瘾是病，但在皮尔最先把爱情和上瘾挂钩的 40 年以后，该学会承认，上瘾并不仅限于滥用毒品。

帕金森病患者的上瘾行为

每隔 15 年左右，美国精神病学会就会发布新一版的《精神障碍诊断与统计手册》（*Diagnostic and Statistical Manual of Mental Disorders*，简称 DSM），它的地位相当于整个精神病学行业的圣经。[8] 手册将数十种精神疾病（抑郁症、焦虑症、精神分裂症，甚至恐慌发作等）的迹象和症状做了编目分类。2013 年，协会发布了手册第 5 版，在官方诊断中加入了行为上瘾，放弃了药物滥用和依赖症，改为上瘾和相关疾病。精神科医生已经治疗行为上瘾好些年了，现在，精神病学会终于跟上了潮流。

学会还明确指出，光是依赖药物或行为并不足以确诊上瘾。例如，很多住院病患都依赖阿片类药物，但这些患者并不全都成了鸦片鬼。上瘾还包括来自对瘾头的渴望感，以及上瘾者必须知道这是在败坏自己的长期福祉。住院病患在手术痊愈期间依赖吗啡，不管是长期还是短期而言，这对他都是件好事；吗啡瘾君子则明白，自己的瘾，短期"爽"一时，长期很有害。大量从前和现在的行为瘾君子也对我说过同样的事：满足自己的瘾总是苦乐参半的。哪怕正在享受满足的第一轮冲击，他们也不会忘记：自己正在牺牲长远的幸福。

美国精神病学会直到现在才认可毒品上瘾和行为上瘾之间的联系，但个别研究人员提出类似观点已经几十年了。20 世纪 60 年代，就连皮尔也尚未公布自己的观点，瑞典心理医生戈斯塔·赖兰德（Gosta Rylander）就注意到，数十名备受煎熬的吸毒者表现得就像是紧张的野生动物。[9] 关在狭小的空间里，动物们会一遍又一遍地重复同样行为，进行自我宽抚。海豚和鲸鱼绕着圈游泳，鸟类扑打翅膀，熊和狮子会在笼子里踱步几个小时。还有人报告说，关在笼子里的大象，40% 会绕圈行走，前后来回摇晃，拼命地想让自己舒服点。

这些都是紧张的普遍症状，所以看到经常服用安非他命的用户身上出现类似行为，赖兰德很担心。一名患者收集了数百块岩石，按形状和大小排列好，接着再把它们混到一起，从头开始整个过程。一群安非他命用户里有十来号摩托党，他们围着郊外的同一街区骑行了 200 圈。一名男子不停地扯头发，一名女性用锉刀挫指甲，连挫三天，直到手指流出血来。赖兰德让这些患者解释自己在干什么，他们很难拿出什么合理的答案。这些人知道自己行为异常，却感觉非这么做不可。他们中有些人受强烈的病理性好奇心驱使，另一些人则发现重复行为具有舒缓作用。赖兰德在一份期刊文章中报告了自己观察到的现象，将这些行为称作"庞丁"（punding），这是个瑞典语单词，意思是笨蛋或者白痴。不过，赖兰德认为最有趣的地方是，对这些患者来说，药物上瘾和行为上瘾之间并不存在界限。两者相辅相成，同样有害，同样具有舒缓作用，也同样无法抵挡。

赖兰德 1979 年去世，留下了一笔重要的遗产。越来越多的医生和研究人员报告说在可卡因瘾君子和其他吸毒者身上发现了"庞丁"症状，赖兰德的论文被引用了数百次。庞丁行为大多稀奇古怪，但受其影响的正是专家们预料到的那群人：重度吸毒者。情况一直如此，直到 21 世纪初，一小群神经科学家在最没可能受怀疑的人身上看到了"庞丁"和其他古怪的重复行为。

21 世纪初，我在卡迪夫大学认识的神经学教授安德鲁·劳伦斯（Andrew Lawrence）和一些同事们注意到，患有帕金森病的人会出现一系列奇怪的上瘾行为。重度吸毒者和帕金森病患者的典型性格截然不同。吸毒者年轻冲动，帕金森病患者大多是老年人，沉静稳重。最重要的是，帕金森病患者希望享受自己最后十来年的生活，不希望老是出现肌肉震颤（这是帕金森病的典型症状）。事实上，两者唯一相似的地方就是这些帕金森病患者会服用非常强效的药物来治疗震颤。"帕金森病是多巴胺匮乏所致，所以我们用这些药物来代替多巴胺。"劳伦斯说。多巴胺由多个大脑区域产生，能产生各种各样的影响。它控制运动（所以帕金森病患者才会出现震颤），并在人怎样响应奖励和快感方面扮演着重要的塑造作用。多巴胺对准的是帕金森震颤，但碰巧也会带来某种形式的愉悦或奖励。许多患者会对多巴胺替代药物上瘾，故此神经科医生会非常紧密地监控患者服用剂量。不过，这并不是劳伦斯最感兴趣，也最感到困惑的地方。

"患者会囤积药物，而我们凑巧发现，其中一部分人也表现出行为上瘾，"劳伦斯说，"所以，他们报告了问题性赌博、问题性购物、暴饮暴食、性欲亢进。"2004 年，劳伦斯在一篇综述性论文里归纳了部分症状。有一个人，当了50 多年的会计，生活克勤克俭，很节约，开始治疗后却养成了赌博的恶习。他以前从不赌博，但突然之间受到这一危险快感的吸引。一开始，他赌得很保守，但很快，他每个星期都要赌上几次，接着每天都要赌。他辛辛苦苦存下来的退休储蓄先是慢慢缩水，而后越来越快，最终他彻底扛上了债务。男人的妻子慌乱起来，找儿子要钱，但儿子给的钱反而助长了患者的赌博瘾。一天，妻子发现患者在翻捡垃圾，指望找回她前一天撕得粉碎的彩票。更糟糕的是，此人无法解释自己性格的变化。他并不想赌博，也不愿把自己一辈子的积蓄挥霍掉，可他就是克制不了自己。每当他与赌博倾向对抗的时候，这事儿就会占据他的每一个想法。似乎只有赌博能让他松弛下来。

另一些老年患者发展出了性瘾，整天缠着伴侣求欢。有一个男的，一辈子循规蹈矩，突然打扮得像个妓女似的。还有些人沉迷于网络色情。一辈子追求健康的人猛吃糖果和巧克力，几个月里就胖得像座山。最奇怪的还要数一个情不自禁要散财的人。银行账户清空了，他又开始放弃名下的物业。著名苏格兰喜剧演员比伊·康诺利（Billy Connolly）快 70 岁时染上了帕金森病，开始服用多巴胺替代药物。[10] 他同样倒在了行为上瘾问题下，被迫中断治疗。"医生给我停了药，因为副作用比药效还强。"在一场晚间娱乐节目里，康诺利告诉主持人柯南·奥布莱恩（Conan O'Brien），"我问副作用是什么，他们说，'对性和赌博克制不住地想要。'"在电视上，康诺利对这件趣事表现出满不在乎的样子，可中断治疗后，他的震颤也日趋严重。可惜治疗药物的效果太强了，一半多的患者都受到了部分副作用的影响。

劳伦斯说，这些患者只不过是做了他们最自然而然想到的行为。这些行为也叫"刻板症"(stereotypies)，取决于"个人生活史"。劳伦斯写道："举例来说，办公室白领反复整理纸张，裁缝收集整理纽扣。"一位 65 岁的商人把钢笔多次拆开又装上，整理本就已经一尘不染的办公桌。一名 58 岁的建筑师一次又一次地把自己的家庭办公室拆掉又重新装修。一名 50 多岁的木匠收集五金工具，把院子里的一棵树毫无必要地砍倒了。这些熟悉的动作成了安慰，因为它们来得自然流畅，无须多想。

劳伦斯和他之前的赖兰德见证了药物上瘾和行为上瘾之间模糊的界限。和毒品、酒精一样，刻板症提供了另一条舒缓心理折磨的途径。劳伦斯还注意到，许多卡在行为循环里的患者，都过量服用了促多巴胺生成药物。重度帕金森病患者大多在体内植入了一台上药的小泵。虽然医生告诉他们必须按照服药规范来，但碰到症状发作，他们可以按下按钮，给自己来上一剂药。很多人一开始是按照用药日程来的，但他们很快发现，药物还会让人感觉良好。一些药物上瘾的患者也出现了行为上瘾，他们在两者之间跳来跳去。他们有可能今天服用了额外剂量的药物，明天一大早就整理几个小时的纸张，下午收集摆弄花园里捡回来的石头。有时候，他们同时进行两者，自己服药，做能让心理舒缓的行为。两条上瘾路线并无实质性差异；在本质上，它们是同一恶意程序的两个版本。

上瘾不是喜欢，而是渴望

20 世纪 90 年代，密歇根大学神经学家肯特·贝里奇（Kent Berridge）想了解为什么瘾君子生活恶化之后仍然继续服用毒品。最明显的一种回答是，瘾君子从毒瘾里获得了太强烈的快感，他们愿意牺牲长期幸福，换取短暂爽快感——就好像落入了一段伴侣要毁了他们的不正常的爱情中。"20 年前，我们在寻找快感的机制，"贝里奇说，"多巴胺是当时最好的快感机制，人人都知道它与上瘾有关。于是我们着手收集更多能表明多巴胺是快感机制的证据。"在贝里奇和其他许多研究人员看来，两者的联系非常明显，他以为很快就能弄清究竟，好去解答更新、更有趣的问题。

但结果竟然叫人难以捉摸。在一项实验中，贝里奇给大鼠好吃的糖水，观察到它们愉快地舔着自己的嘴唇。"和人类婴儿一样，大鼠吃到甜食时会有节奏地舔嘴唇。"贝里奇说。研究人员学会了阐释大鼠不同的表情，而舔舐嘴唇是愉悦的黄金标准。根据自己对多巴胺的认识，贝里奇假设每只大鼠一吃到糖水，它小小的大脑里就会充斥多巴胺，多巴胺的提升驱使大鼠舔舐嘴唇。从逻辑上讲，如果贝里奇阻止大鼠生成多巴胺，大鼠就应该停止舔舐嘴唇。于是，贝里奇对大鼠做了脑外科手术，阻止它们产生多巴胺，并再次给它们喂糖水。

手术后，大鼠做了两件事，其中之一在贝里奇意料之中，另一件事则让他吃了一惊。如他所料，大鼠不再主动去喝糖水了。手术让大鼠的大脑不再产生多巴胺，搞掉了它们的胃口。但如果他直接给大鼠喂糖水，大鼠仍然会舔舐嘴唇。它们似乎不再想要糖水——可一旦尝到，又似乎享受着跟手术之前一样多的愉悦。没了多巴胺，它们失去了对糖水的胃口，但喝到糖水仍然很喜欢。

"我们花了大约10年时间让这一点得到神经科学界的普遍接受。这一发现与神经学家一贯以来的认识相矛盾。"很多年来，神经科学界的人们告诉我们，'不，我们知道多巴胺驱动快感；肯定是你们错了。'但随后，对人类所做的研究也逐渐得到了证据，现在怀疑我们研究成果的业内人士已经很少了。在这些研究中，研究人员会给人可卡因或海洛因，以及旨在阻断多巴胺生成的另一种药物。阻断多巴胺并未减少受试者得到的快感，但的确降低了他们的毒品摄入量。"

贝里奇和同事们指出，喜欢毒品和想要毒品之间有着很大的区别。上瘾不仅仅是喜欢。瘾君子不是那些碰巧喜欢摄入毒品的人——他们是迫切想要毒品，哪怕他们讨厌毒品毁了自己生活的人。上瘾难以治疗的原因在于，渴望远比喜欢更难于打败。"人们做决定的时候，对渴望看得比喜欢更重。"贝里奇说，"渴望更生猛、更强烈、更宽泛、更有力。从解剖学上看，喜欢微小而脆弱——它很容易遭到破坏，仅占大脑极小的一部分。反过来说，要扰乱强烈的渴望感不容易。一旦人们渴望毒品，就几乎变成了永久性的——对大多数人而言至少要持续一年，甚至持续终生。"贝里奇的观点解释了瘾君子复发的情况为什么这么普遍。哪怕你已经痛恨毒品毁了你的生活，你的大脑仍然渴望毒品。它记得毒品过去是用来宽抚心理需求的，故此这种渴望保留了下来。行为上瘾也是一样：就算讨厌 Facebook 或 Instagram 耗费了太多时间，可你仍然想频繁地上这些网站，就像从前它们还让你感到开心的时候一样。最近的一项研究表明，欲擒故纵、若即若离的手法也有同样的效果：冷漠的恋人不怎么讨人喜欢，但人们就是更想要——这可以解释为什么一些人总觉得情感上不合拍的伴侣更诱人。[11]

　　喜欢和渴望大多数时候是重叠的，这掩盖了它们之间的差异。我们往往渴望自己喜欢的东西，也喜欢自己渴望的东西，这是因为大多数愉快的东西对我们都是好的，大多数不愉快的东西对我们则有害。贝里奇研究中的幼鼠，在进化中变得直觉地喜欢糖水的味道，因为甜味物质往往既无害，又富含热量。它们受甜食吸引的祖辈往往寿命更长，并与其他大鼠交配过，所以它们喜欢甜食的倾向代代相传下来。吃了苦味食物的大鼠更容易因中毒或营养不良而死亡。真正苦味的食物，富含营养物质的极少，从小我们就不喜欢吃许多味道苦还碰巧有毒的蔬菜和根茎植物。贝里奇指出，虽然两者常常联系在一起，但喜欢和渴望在上瘾过程中走的是不同路径。深度上瘾毫无乐趣可言，这也就是说，瘾君子渴望"嗨"上一回，但并不喜欢这一体验。斯坦顿·皮尔喜欢把上瘾比喻成受了误导的爱，爱上错误的人，就是"渴望但不喜欢"的经典例子。爱错了人的情况太常见了，我们甚至对"渣男""渣女"都有了成见。我们知道他们不适合自己，但我们情不自禁地想要他们。

　　虽然贝里奇在毒品上瘾上投入了更多时间，但和斯坦顿·皮尔及安德鲁·劳伦斯一样，他认为自己的设想也适用于行为上瘾。"我们知道毒品对这些大脑系统有影响，但我们不知道行为是否也一样。过去的 15 年，我们逐渐了解到，行为以及它对整个大脑机制产生作用的过程，都是一回事。"游戏瘾君子一打开笔记本电脑，多巴胺水平就飙升；锻炼瘾君子一穿上跑鞋，多巴胺水平就飙升。从这些方面看，行为瘾君子和吸毒者很像。上瘾的动力不是药物或行为，而是长久以来学习到的观念：行为或药物保护瘾君子们不受心理困扰。

　　有关上瘾的真相，挑战了我们的许多直觉。它不是身体不求回报地爱上了危险毒品，而是思想学会了把药物或行为与心理疼痛的缓解挂上钩。实际上，上瘾和爱无关；肯特·贝里奇指出，所有的瘾君子都渴望那种让自己上了瘾的东西，但许多人并不喜欢它。对艾萨克·韦斯伯格、安德鲁·劳伦斯的帕金森病患者和 34 号大鼠来说，哪怕吸引力减弱，瘾头仍然存在：快感早就没有了，可他们打游戏的渴望、疯狂整理的渴望、给自己来上一剂药的渴望，却一点儿也没减少。

第二部分

上瘾体验是如何
设计出来的

第 4 章

诱人的目标

1987 年，澳大利亚有三名神经学家碰巧找到了一种日后改善了数千名帕金森病患者生活的简单技术。[1] 帕金森病让许多患者无法行走，因为震颤会令他们冻结在原地。神经学家们在报告最开头描述了一次偶然的发现。一位患病 11 年的帕金森病患者能够从坐姿站起身，却再也走不了路了。一天早上，他在床沿晃动自己的腿，把它们稳稳地杵在地上。他站起来，看到自己的鞋就整整齐齐地摆在脚前头，就像两道小小的障碍物。出乎他的意料，他不再纠结地动弹不得，而是试探性地把一只脚迈过了一只鞋，接着把另一只脚迈过了另一只鞋。鞋子现在变到他身后了。依靠"迈过鞋子"这一小目标的帮助，他多年来第一次成功地完成了走路，不再是拖着脚往前挪。

这位患者很有进取心。他使用不同的技术进行尝试。一开始，他随身携带小物件，朝自己身子跟前扔出几厘米远的距离。没过多久，他就可以顺着摆放好的家用物品小径，绕着房子走了。接着，因为地板上摆的东西太过凌乱不堪，他发现自己可以重复使用拐杖来当障碍物。他翻转拐杖，让拐杖的手柄杵在自己右脚前的地面上。他以手柄作为障碍，迈出第一步，接着对左脚重复上述过程。迈出若干步之后，他便有了一定的势头，能确立起常规步态，不靠拐杖缓缓地走动了。

此人去拜访了自己的神经医生（也是三位执笔撰写前述里程碑式论文的神经学家之一），展示了自己的新戏法。神经学家大受震动。障碍物怎么竟然能改善患者的步态呢？答案是，如果你想驱使人们采取行动，要把宏大的目标切割成便于管理的具体小目标。人受进步感的带动，如果终点就在眼前，进步也更容易察觉。患者用拐杖制造了一连串便于消化的小目标。等神经学家和两位同事证实这种方法也适用于其他帕金森病患者，他们便在论文中介绍了这种治疗帕金森最恼人症状之一的新工具。

一如帕金森病患者眼前的小障碍，目标能激发行动，往往是因为它们成了凝视的焦点。为了让你更好地理解，让我们来看一看数百万名受目标驱动的马拉松选手的结束时间吧。

跑步选手们完成 26.2 英里（约 42.195 公里）的全程马拉松，平均用时大约为 4 个半小时。最精英的男选手能用两个多小时就跑完，而跑得最慢、基本靠走的业余人士，大概要花 10 个小时以上。你大概以为，全体选手的结束时间介于这两个极端之间，并且平均分布。如下图，每一竖条的高度表示有多少选手在该时间内跑完全程。

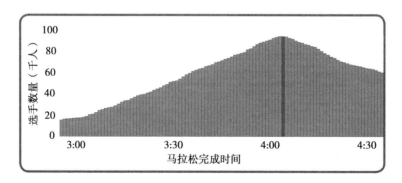

一小群选手用不到 3 个小时完成，时间逐渐变长，人数逐渐增多，到 4 小时零 3 分钟时达到峰值（在此时间上完成的人最多）。分布图中没有明显的高峰或低谷，这种情况很常见，人类做许多体力活动都是这样的。

　　但实际的分布图并不像这样，因为某些里程碑时间要比其他时间更有意义。[2] 我是凭借个人经验了解到这一点的。2010 年，我参加了纽约马拉松赛。许多运动员都跟在举着大型计时器的领跑员后头跑，计时器上显示着诸如"3:00""3:30"或"4:00"。举着计时器的领跑员是经验丰富的选手，他们的目标就是卡着这些里程碑时间完成比赛，而且他们通常都能成功。我尽量跟着"3:30"的领跑员跑，但随着比赛的推进，我的速度慢了下来。等"3:30"的领跑员跑得太远，我根本读不到他举的计时器了，"4:00"领跑员来到了我身边。我放弃了先前的比赛计划，设定了坚定的新目标：这或许是我会参加的唯一一次马拉松，我一定要在 4 小时之内完成。此刻距离比赛结束只有几千米，我彻底力竭了。我记得自己把好心观众递过来的几根香蕉狼吞虎咽地吃下了肚。有个朋友跳进跑道，对我喊道："好样的！你的步速很好，你能在 4 小时零 5 分完成比赛的！"他的话成了一个隐形的能量圆圈，在剩下的赛段里，我跑得稍微快了一点儿。我完成比赛的时间是 3 小时 57 分 55 秒。比赛结束后，我找到了这位朋友，他对我说，他开头说了假话。"你当时应该能在 4 个小时内完成的，但我担心你可能会放慢速度。"他说，"可要是我告诉你，你的速度在 4 小时零 5 分，你一定会再加把劲的。"2010 年纽约马拉松赛是我参加的第一次也是最后一次马拉松比赛，但如果我当时的结束时间超过了 4 小时，2011 年我会重新跑一次全程马拉松。

　　有类似看法的人不止我一个。2014 年，4 名行为科学家在同一幅图里绘测了近 1000 万名马拉松选手的完成时间。

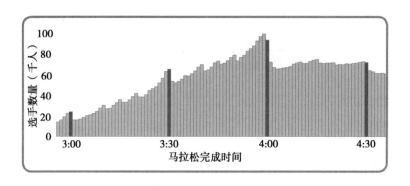

如果你把焦点放在相隔半小时的里程碑时间上，一定能更清楚地理解我的意思。深色竖条表示恰好踩着里程碑完成比赛的时间（如 2:59、3:29、3:59 和 4:29），可以看到，与略长于里程碑的完赛时间（即深色竖条右边的两三根短竖条）比起来，前者要常见得多。为了力争达到意义重大的里程碑，选手们找到了深层的能量储备，用 3 小时 58 分或者 3 小时 59 分完赛的人比 4 小时零 1 分或 4 小时零 2 分完赛的人更多。纽约马拉松赛有近 5 万名选手参加，有大约 500 人能在 3 小时 59 分完赛，而在 4 小时 01 分完赛的人却只有 390 人。这一差异规模，可以说明马拉松选手们想要在 4 小时之内完成比赛的心愿是多么迫切。而这也是目标的说服力量：就算马上就要瘫倒在地（如果没吃到那两根香蕉，我可能真的就倒地了），你也会找到意志力跑下去。那么，当你完成了目标，会发生些什么呢？

并不兴奋的世界冠军

第二次世界大战刚结束，罗伯特·比蒙（Robert Beamon）出生在纽约皇后区一个贫困家庭里。[3] 他的父亲爱滥用暴力，母亲因为担心罗伯特，就把他送到了祖母家里。上到高中的时候，罗伯特身材高大结实，爱好运动。他喜欢跑和跳，在跳远跑道上的表现吸引了球探的注意。他逐渐拿到了全美高中生各类比赛的奖牌，毕业时成了全美最优秀的前三名跳远选手之一。比蒙接受了奖学金，升入得克萨斯州立大学埃尔帕索分校，给自己立下了优秀运动员的终极目标：赢取奥运金牌。

1968 年的墨西哥奥运会，比蒙的机会来了。他在抵达墨西哥城之前参加的 23 项比赛里拿到了 22 块金牌，是大众眼里拿金牌的热门人选。但是比蒙惊慌失措。资格赛期间，他感觉不对劲。多年来他第一次因为紧张而出师不利。因为不舒服，比蒙在助跑阶段做出了错误的判断，前两跳都失误了。一切只能看他的第三跳了，这是他出线的最后机会。现任世界纪录保持者，比蒙的队友拉尔夫·波斯敦（Ralph Boston）把比蒙拉到一边，让他跳得保守些。比蒙回忆道："他告诉我，'倒退 1 米，如果你起跳时没踩在板子上，那就踩在后头跳。'"在第三跳也是最后一跳里，比蒙隔着起跳板老远就起跳了，但仍然拿下了复赛资格。决赛在第二天上午举行。40 多年后，比蒙在采访中回忆赛事，说感觉"很镇定，平和"。他还告诉记者，前一天晚上，他灌了自己几杯龙舌兰，临时放弃了原本安排好的训练计划。3 名运动员排在比蒙前面，但三人的第一跳全部犯规，于是比蒙踏上跑道时没有目标距离。他的第一跳从头到尾只用了 7 秒钟。他冲上跑道，又高又远地跳起来，远远地在沙坑另一头落下。比蒙跳出的成绩，当时的电子测量系统都没法计算距离。你今天仍然可以看到当时的画面：热心的裁判们把电子测量设备挪到固定栏杆的末尾，比蒙意识到自己的成绩没法量，露出了一抹短暂的微笑。裁判们意识到赛场上找不到合适的卷尺，很快放弃了。其中一人出去找卷尺，比赛暂停。过了 45 分钟，人们拿来了卷尺，裁判量了又量，最终宣布了比蒙跳出的惊人距离：890 厘米。比蒙这一跳，比历史上的最好成绩多了将近 55 厘米。他兴奋地倒在跑道上，波斯敦想帮他站起身，可他的两条腿支撑不了自己的体重，再次倒下。镜头里，一名医生诊断比蒙因为比赛成绩带来的强烈情绪冲击而猝倒症发作。这一跳给世人留下了深刻的印象，甚至出现了"比蒙障碍"（Beamonesque）这样的新词，形容成就超凡脱俗，让前行者相形见绌。

比蒙颠覆了自己的运动目标。他成了奥运金牌得主和世界纪录保持者。沮丧的卫冕奥运跳远冠军林恩·戴维斯（Lynn Davies）问："还有什么意义？比蒙这一跳，比赛全完了。"在俄罗斯冠军伊戈尔·特-奥万西恩（Igor Ter-Ovanesyan）看来，比恩的对手们"全是小孩儿"。这一纪录保持了近 23 年，后来由美国运动员迈克·鲍威尔（Mike Powell）超了 5 厘米（这一纪录保持至今）。

按理说，比蒙应该心花怒放。在摇摇晃晃的资格赛之后，他创造出了有史以来 5 项最伟大的运动壮举之一。那一天接下来的时光，应该是比蒙人生中最激动的时刻。但实情不是这样。2008 年，他回忆说，自己的庆祝只持续了几分钟。"站上领奖台的时候，我说，'我以后要做什么呀？我站上了最高领奖台，我这一辈子下一次的巅峰体验会是什么？'"

比赛过后一个星期，他选修了社会学课程，朝着艾德菲大学的硕士学位奋斗。他几乎放弃了田径，就算到了今天，他听别人问起那次壮举，似乎也并没显得有多兴高采烈。他会稍微点点头，平静地承认那一跳是很叫人印象深刻（他的确是个很谦虚的人），接着回过头去讨论他如今从事的慈善工作，或是自己奥运队友们的好品德。

比蒙的冷淡或许不太寻常，但就算是那些在制订目标上甚为浮夸的人，碰到远超期待的成功也很纠结。电视游戏节目界传奇人物迈克尔·拉森（Michael Larson）的情况就是这样。

一生落魄的大奖获得者

拉森是个出了名的爱追求目标的人。[4] 他始终追求着或大或小的目标。这些目标里许多与赚钱相关，因为他出生于俄亥俄州小镇莱巴嫩一个收入菲薄的家庭，那是在 1949 年。他的行为有时候甚至不怎么合乎道德。为了赚钱，他悄悄卖糖给中学同学，用不同的名字开多个银行账户，申领银行给新开户客户的 500 美元奖金。拉森一般会一个目标接一个目标地去完成，很少在当前项目还没结束之前就着手对付新目标。他没有目标的时候很少，要是地平线上看不到新目标，他会焦躁不安。正是这种追求目标的狂热方式，让他走上了毁灭之路。

1983 年夏天，拉森 34 岁，是个失业人士，偶尔做些散活儿，开卡车运送冰激凌，干干空调修理。他组装了一面巨大的电视墙，痴迷地在电视网里观察赚钱的机会。终于，他在一种新形式的游戏节目里找到了机会。1983 年 9 月，《押上你的运气》（*Press Your Luck*）在 CBS 电视台首播。该节目的前提很简单：参赛者回答小问题，积累"旋转"，接着在一台巨大的游戏转盘上使用这些"旋转"，赢取现金和奖品，同时要躲开把奖金清零的"晦气方格"。参赛者看到游戏转盘 18 个方格周围的灯开始闪，觉得时间合适了就按下红色按钮关掉灯。

每个方格的内容随时都在变化，很难预测所选方格里是现金、奖品还是晦气。节目的名字就是这么来的：参赛者可以把自己剩下的"旋转"送给下一名玩家，或是继续"押运气"，再按一轮按钮。游戏故意设计得让灯每转五六轮就中一轮"晦气，"以免玩家连赢次数太多。

拉森怀着极大的兴趣观看了游戏。在大多数人眼里，转盘似乎是随机的，可拉森跟大多数人不一样。他日复一日地坐着，记录每次旋转的模式，直至自己面前展现出了一连串的模式。他跟妻子分享了发现的结果：闪光遵循 5 种不同模式，但无论是哪种模式，18 个方格里有两个从来不曾显示"晦气"。比方说，有一种模式是，闪光连续落在 4 个危险方格之后落在了一个安全方格。通过实践，任何人都可以摆布这一系统。拉森有了一个新目标。

拉森用 6 个月时间记住了 5 种中奖模式，跟参赛者们一起玩，他连吃饭、睡觉和呼吸时都在研究这一神奇序列。他给每个方格编了号，排练灯光在转盘上跳动的路线。"2。12。1。9。安全！2。12。1。9。安全！"毫无疑问，拉森的行为古怪，但他竭尽全力地想要实现自己潜在的赚大钱目标。

有一天，拉森告诉妻子，自己准备好了。他带上了所有的钱，从俄亥俄前往《押上你的运气》节目组设在洛杉矶的摄影棚。他穿着在飞机上弄得皱巴巴的灰色西装，连续好几天，每天两次跟其他 50 名候选人一起试镜，不管是上午还是下午，他都穿着同一套衣服。他乐观的精神迷住了摄制组成员，他们邀请他 1984 年 5 月 19 日上节目。

节目一如往常地开始了。和蔼可亲的主持人彼得·托马肯（Peter Tomarken）问迈克尔是做什么为生的，他打趣说，作为运送冰激凌的卡车司机，大概对冰激凌是"服用过量"的，但他希望迈克尔别对钱也"服用过量"。预选回合开始，拉森的表现明显跟另外两位对手不一样。两名对手是用一只手随随便便地按红色蜂鸣器的，拉森却是双手按压，把蜂鸣器当成响尾蛇那样狠狠地打击。他可是个身怀绝技、花了好几个月做规划的人。

但拉森的投标并未按计划展开。他第一转就转到了"晦气"。很明显，游戏转盘对蜂鸣器的反应存在一点点的延迟（一秒的几分之一）。拉森茫然了一会儿，但很快就找准了步伐，现金和奖品逐渐堆积如山。该节目的副导演里克·斯特恩（Rick Stern）认出了拉森脸上坚定的表情。"我 15 岁的儿子玩电子游戏，打得顺手了就是这个表情。拉森在寻找模式，他有很多工作要做。"制片助理阿德里安娜·佩蒂约恩（Adrienne Pettijohn）半开玩笑地说："这家伙能把整个电视网都赢下来。"

每次成功地旋转转盘，拉森都会高兴地大叫一声。4000 美元加再转一次。5000 美元加再转一次。考艾岛的一轮度假。1000 美元加再转一次。一艘帆船。如此累积。拉森左边的选手埃德·隆恩（Ed Long）也为拉森连胜的惊人手气打动，开始为他欢呼。拉森右边的贾妮·里特拉斯（Janie Litras）却为这一轮一轮的旋转越来越火大。20 年后，她回忆当时的失利说："我很不喜欢。我越来越气愤。胜利者本该是我。"

随着奖金的飙升，拉森对隆恩和里特拉斯视若无睹。1 万美元。2 万美元。等到了 2.6 万美元时，托马肯叫喊起来："难以置信！这里发生了些什么？"幕后的节目工作人员开始恐慌。一年前设计游戏时，有人曾提出，一些大胆的选手可能会掌握转盘的 5 种预设模式，可他们对此嗤之以鼻。与此同时，拉森并未放弃自己剩余的旋转次数，反而更加激进：他手里的奖金超过了 3 万美元，接着超过了 4 万美元，接着是 4.4 万美元，这是节目迄今为止最高的单日奖金。再接着是 5 万美元、6 万美元、7 万美元——超过了以往美国所有游戏节目冠军拿到手的单日奖金总额。

按理性的算计，拉森应该停下来。一次"晦气"就足以终结他的连胜，让他一无所有——损失数万美元的巨款。可拉森罔顾托马肯好心的劝告，对奖金总额入了迷。"我要拿到 10 万美元！"第 30 次旋转获胜后不久，他喊出了心声。等他达到了 10 万美元，记分牌把美元符号都给取消了；因为按照设计，它最多能显示 99 999 美元。

这时，转盘都转得快要脱落了。拉森离最终胜利还有两次旋转机会时，专注度有所降低。灯没有停在安全方格，而是落在了一个危险方格。拉森让指示灯多走了一格。在他第一次旋转时，这个方格曾显示过"晦气"，可这一次，天神在微笑：750 美元外加再转一次。拉森有点动摇，但他按下按钮，完成了最后一轮旋转：结果是一趟巴哈马旅游。最终，他拿到了总计 110 237 美元的奖金，直到今天这都是全美游戏节目最高的单日奖金。

拉森大获全胜之后，《押上你的运气》节目组的工作人员调整了游戏机制，转盘上交替出现 32 种不同序列，不再是最初的 5 种。与此同时，他们取消了安全方格——任何一个方格都可能出现"晦气"。这下参赛选手几乎没办法预测灯接下来会跳到什么地方，它亮起时会带来些什么了。

胜利之后的迈克尔·拉森接下来的命运如何呢？ CBS 的团队试图辩称拉森作弊，但事实上，拉森没有做任何不对的事情。电视台不情不愿地全额支付了奖金，拉森带着巨款回到了俄亥俄州。从各方面来看，他超额完成了前往洛杉矶那天给自己设定的每一个目标：其他任何游戏节目的选手都不曾在一天里赢到这么大一笔钱；他赢了 10 万美元。但一如在节目里不肯放弃旋转机会，他回到家里也不肯躺在功劳簿上睡大觉。

拉森并不满足，还迷上了一个日后毁了自己婚姻、还叫他落得身无分文的目标。当地一家电台设计了这样一个环节：电台每天随机报出一个数字，如果哪位幸运听众手里 1 美元纸钞的序列号与此相同，能得到电台送出的 3 万美元。纸钞的序列号有 8 位数，故此获胜概率微乎其微——大概仅为一亿分之一。拉森误以为，如果他把自己从"押下你的运气"中赢来的剩余的 5 万美元全换成 1 元纸钞，那么赢下这笔奖金无非就是个时间问题——他可一共有 5 万次机会呢。每天，电台播报中奖序列号的时候，拉森就和妻子特蕾莎坐上几个小时翻检钞票序列号。特蕾莎逐渐开始鄙视拉森。他太专注于博彩了，整个人变得疏远又刻薄。

一天晚上，夫妻俩去参加圣诞聚会，一群盗贼破门而入，把拉森的奖金全偷走了，只剩下 5000 美元。特蕾莎气急了，带着这 5000 美元走掉了，再也没见过拉森。这件事过了不久，拉森搬到了佛罗里达，余生 15 年里追逐着愈发不靠谱的发财宏图。拉森是个悲剧人物，也是世界各地目标瘾君子（哪怕面临死亡，也拒不放弃攀登新高峰的登山客；就算生活崩溃，也不肯停止投注的赌徒；即便已经无事可做，也不肯回家休息的工作狂）的象征。

　　罗伯特·比蒙和迈克尔·拉森在很多方面截然不同。比蒙功成名就，拉森却是个屡屡失败的丧家犬。比蒙谦虚内敛，拉尔森浮夸，说话直白得过火。但他们都指望实现长期的成功，牺牲了眼前的幸福；而实现巨大成就之后，他们又都惊讶地发现，这并没有带来多大的喜悦。就像受了诅咒的西西弗斯要永远地朝着山上滚巨石，我们很难不去猜想：重大的人生目标是否在本质上也是挫折的主要来源。你要么忍受成功之后的失落，要么忍受失败带来的沮丧。这一切如今变得比以前更加重要，因为有充分的理由相信，我们正经历着空前浓厚的目标文化，也就是说，我们生活的这个时代，过分强调上瘾般的完美、自我评估，多工作、少玩耍。

　　尽管设定目标存在上述缺陷，这种做法在过去几十年却越发盛行。当今世界有些什么特点，让追求目标变得这么吸引人了呢？

追求目标的文化

　　自从地球有了生命，目标就出现了。不过，我们的生活有多少为追求目标所占据，却发生了变化。曾几何时，目标主要是生存。我们寻觅食物，为了吸引伴侣而精心打扮，这些活动对人类物种的生存至关重要。目标是生物的必需品，它不是奢侈品，也不是可选项。如果我们的祖先把时间用在追求那些没什么道理的目标上，人类是没法存活下来的。在食物和能量稀缺的时代，光是为了好玩就爬上最近的山峰，光是为了看看自己能不能做到就跑上 160 千米，这样的家伙是没法活太久的。今天，在世界的许多地方，食物和能量充裕，你可以选择类似登山和超级马拉松一类不必要的艰苦活动，同时生活得长久而幸福。一旦你攀登完了一座山、跑完了一场赛事，就可以为了下一轮目标做准备，因为在今天，目标不仅仅是目的地，我们着迷于旅程，很多时候，达到目标这一行为本身反倒成了附带产物，会令人扫兴。

如果找对了地方，你会发现，目标文化的崛起有着充分的证据。[5] 你可以去看看"追求目标"这个词组的出现：在 20 世纪 50 年代之前，英文书籍里根本没有它的身影。

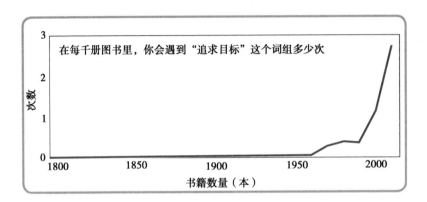

一个接一个设定目标的概念，同样很新。19 世纪初，"完美主义"（perfectionism）这个词还几乎不存在，可现在它似乎无所不在。1900 年，这个词在每本书里的出现概率仅为 0.1%（也就是说，你要看 1000 多本书才能看到它出现一次）。今天，大约有 5%（或 1/20）的图书会提到"完美主义"。

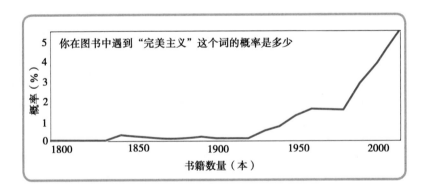

这有可能仅仅是语言变化的问题；或许 19 世纪初的人有其他的说法来表示"完美主义"和"追求目标"，而那些词语现在已经弃之不用了。如果的确如此，你会指望这些短语随着时间的推移变得不那么常见，可字典里"完美主义"和"追求目标"的同义词无一遭到淘汰。事实上，它们大多数反而变得更加常见了，比方说"求索"（quest）、"计划"（plan）、"目标"（target）、"目的"（objective）和"力争"（striving）这一类的词。

就算跳出书籍的世界，"目标"也避无可避。互联网向人们介绍了他们之前几乎不知道的目标，可穿戴技术设备则让跟踪目标变得毫不费力，自动得无须人费神。以前，你要主动去寻找新目标，可如今，它们常常会不请自来地落进你的收件箱，从你的屏幕上弹出来。如果我们在几个小时甚至几天里不去打开这些邮件，或许能逃过去；可我们就是情不自禁地一看到新邮件就想回复，哪怕这对人的生产效率和福祉全没好处。

目标和记录无处不在

不妨猜猜看，办公邮件保持"未读"状态的平均时间会是多久？ [6] 我猜的是 10 分钟。实际上仅为 6 秒。在现实当中，70% 的办公邮件到达后 6 秒就变成"已读"了。6 秒，比你读这一段文字的时间还少，但已经足够普通员工中断自己正在做的任何事情，打开自己的电子邮件程序，点击收到的信件了。这么做有着极强的破坏力：据估计，任务一旦被打乱，人要花足足 25 分钟才能再次投入其中。如果你在一天按均匀的间隔时段打开 25 封电子邮件，那么你就没有任何时候处在工作效率最高的阶段了。

解决办法是禁用新电子邮件通知，检查电子邮信箱别太频繁，可大多数人并不这么做。许多人以"零未读邮件"为目标，这就要求你尽快处理每一封未读电子邮件。而且一如查克·克斯特曼（Chuck Klosterman）在《纽约时报》上所写，电子邮件就像是僵尸：你不停地杀，它们则不停地来。"零未读邮件"还解释了员工为什么要把一天的 1/4 拿出来处理电子邮件，他们为什么平均每小时检查邮箱 36 次。在一项研究中，研究人员发现，45% 的受访者都把"失控"与电子邮件联系在一起。这来自一种 21 世纪之前几乎不存在的沟通模式，实在令人咋舌。

　　2012 年，3 位研究人员想研究一下，如果在若干天内，你不让办公室员工使用电子邮件，会发生什么样的情形。但他们找志愿者找得很辛苦。他们接触了东海岸美国陆军设施基地的数十名办公室员工，但只有 13 人愿意参与此项研究。绝大多数人解释说，他们不参加是因为受不了研究结束之后整理数百封未读邮件带来的痛苦。"零未读邮件"永远不死；如果你想忽略它，它只会愈发愤怒。

　　研究人员总共监测了这 13 名志愿者 8 天时间：照常使用电子邮件，为期 3 天；接着彻底禁用电子邮件，为期 5 天。[7] 起初，志愿者觉得跟同事们"脱离了联系"，但很快他们就喜欢上了在办公室里走来走去，以及使用座机。他们还更频繁地离开办公室，禁用电子邮件期间，他们待在室外的时间比平常多 3 倍。很明显，电子邮件把他们困在了自己的办公桌边。他们的工作表现也变得更好了，他们切换任务的频率仅为通常的一半，在每项任务上专心工作的时间也更长了。不过，最重要的还在于，他们更健康了。检查电子邮件让他们持续处在高度戒备状态；没有了电子邮件，他们的心跳速率变化更大，面对短暂的压力，他们的心跳启动得更快，压力一旦过去，心跳速度又会跌落。电子邮件让他们不停地拉响红色警报。

　　除了"零未读邮件"，互联网还让人更容易遇上新目标。就算 25 年前，目标也比如今更遥远。我 7 岁的时候，全家人从南非的约翰内斯堡搬到澳大利亚的悉尼。两个月后，我的奶奶从南非过来帮我们定居。一如往常，她带来了礼物，其中之一是一本 1988 年版《吉尼斯世界纪录大全》。我拆开包装，她让我去看名为"最高的人"那一节。在左边的页面上有一幅罗伯特·珀欣·瓦德罗（Robert Pershing Wadlow）的照片，他是有史以来个子最高的人。在巅峰时，瓦德罗身高 2.72 米。"他到访南非时，我见过这个人。"奶奶告诉我，"我当时还是个孩子，我记得站在他身边，他低下头来微微一笑。"我一下子被吸引了。我把这本书读了一遍又一遍。我记得瓦德罗的鞋子尺码（37AA），世界最胖者的体重（1400 磅），一个人被闪电击中但又活下来的最多次数（7 次，创造这一记录的是公园巡山管理员罗伊·沙利文）。这些纪录充满遥远的异国情调，而这也正是它们让人着迷的地方。

今天，纪录和目标无处不在，任何人都能参与创纪录行为——这是信息时代的症状。吉尼斯世界纪录首页有个标有"创造纪录"的按钮。点击链接，你能看到最近创造纪录的人们的一张张笑脸，还有他们佩戴着奖章的胸膛。贡纳尔·加福斯（Gunnar Garfors）和阿德里安·巴特沃思（Adrian Butterworth）用一个日历日访问了五大洲。吉田博之（Hiroyuki Yoshida，音译）和桑德拉·史密斯（Sandra Smith）在水下 130 米举行婚礼。史蒂夫·乔克（Steve Chalke）靠跑马拉松筹集了数百万英镑的善款，超过了历史上的所有人。诸如此类。炮制一个目标变得再容易不过了——对我们更有害的是，受那些旨在让生活变得更轻松便利的设备的哄诱，我们走上了一条错综复杂的道路。

可穿戴设备导致锻炼上瘾

凯瑟琳·施雷伯（Katherine Schreiber）和莱斯利·辛姆（Leslie Sim）是锻炼上瘾专家，她们认为技术进步鼓励人们对目标进行强迫式的监控。[8] 施雷伯和辛姆厌恶可穿戴技术。"这糟糕透顶，"施雷伯说，"这是世界上最愚蠢的事情。"辛姆说。施雷伯写了许多关于对锻炼上瘾的文章，辛姆则是梅奥诊所少儿心理学临床专家。辛姆的许多青少年患者都有着运动及饮食紊乱双重症状，两者大多是纠缠在一起的。

可穿戴技术是个广义术语，指的是具备计算机基本电子功能的衣物及饰品。吉尼斯世界纪录的网站固然让目标变得更为突出，但和可穿戴技术倒是没什么关系。施雷伯和辛姆最为反感的是向佩戴者即时显示健身数据的手表和跟踪软件。不少此类设备不是给你指定目标，就是要你随意设一个。步伐里程碑，或是佩戴者每天所走的步数，成了黄金标准。达到目标（比方说 1 万步），设备就发出强烈的哔哔声。我看到朋友和家人对那种哔哔声的反应，很难不联想到巴甫洛夫的狗。

　　施雷伯和辛姆两人都意识到，智能手表和健身跟踪设备兴许能激发久坐的人参与锻炼，也鼓励那些不太积极的人更持久地参与锻炼。但身为上瘾专家，他们相信这些设备的危险性也相当强。施雷伯解释说："专注于数字，会让你罔顾身体的真实感受。锻炼变得盲目，这就是上瘾的'目标。'"她对"目标"二字打了引号，因为这是一种盲目的自动行为，把决定权外包给了设备。最近，她的脚出现了应力性骨折，因为她不去倾听身体发出的过度劳累信号，而是按照随便设定的锻炼目标继续奔跑。锻炼上瘾倾向让施雷伯吃到了苦头，她发誓以后锻炼再也不使用可穿戴技术了。

　　我在户外跑步时会戴一块表跟踪进度，除非我完成了预先确定好的整数里程，否则我很不愿意停下来。偶尔，手表无法正常运作，而这些不受数字所限的奔跑，永远是我最喜欢的。幽默作家戴维·塞达里斯（David Sedaris）在《纽约客》杂志上讲了一个故事，说的是一块 Fitbit 智能手表改变了他的生活。

> 拥有这块表的最初几个星期，我会在一天结束的时候回到酒店，可要是我发现这一天只走了 12 000 步，我会出门再走上 3000 步。
>
> "可为什么要这样呀？"我告诉（我丈夫）休之后，他问道，"12 000 步难道不够吗？"
>
> "因为，"我告诉他，"Fitbit 认为我可以做得更好。"
>
> 回首那时，我忍不住笑起来！ 15 000 步，哈！ 才区区 11 千米！如果你正在出差，或者刚习惯你的新假肢，这个数字也不算太差。

数字引发了痴迷

　　数字为痴迷铺平了道路。"说到锻炼，什么东西都可以测量。"辛姆说，"你燃烧了多少卡路里；你跑了多少圈；你走得有多快；你做了多少次重复；你迈了多少步。如果你昨天走了 3.2 千米，今天就不想比这个数少。它的强迫性变得相当强。"辛姆的许多患者都体验到了这种持续打卡的需求。她在明尼阿波利斯市的诊所接待了一个 10 岁的男孩，他跑得很快，并把自己的速度视为荣誉的象征。他最关心的事就是自己可能会慢下来，所以他随时随地都在动、在检查。"他把父母都快逼疯了。他们到明尼阿波利斯进行评估期间，男孩让整家酒店都彻夜难眠。住客投诉说，他在房间里跑个不停。"

　　这位小患者明显处在心理困扰当中，但大多数人会因为专注于数字而变得痴迷。"计算步数和卡路里其实并不会帮我们减肥；它让我们变得更加情不自禁。我们对自己的身体活动和饮食没了直觉。"就算你累了，觉得该休息了，也会继续走、继续跑，直到你达到随意设定的数字目标。施雷伯对此表示认同。对她来说，她没锻炼身体时产生的阵痛感，就跟谈恋爱差不多。"你没跟自己的爱人在一起，就特别牵挂那个人。"这里的寓意是：让目标变得难以测量对你的健康有好处，而让设备监控你的一切（从心跳速度到今天走了多少步），这就太危险了。

　　施雷伯对跑步的爱恋很不寻常。2000 年，马里兰德斯·唐恩（Marylanders Dawn）和约翰·斯特兰斯基（John Strumsky）创办了美国连续奔跑协会（United States Running Streak Association）。[9]该协会向多年来没错过一天跑步的爱好者表示庆贺（这里的"奔跑"指的是不用拐杖或手杖，出行 1.6 千米或以上）。这是一支规模庞大的支持团体，是靠社区意识运营的典型组织。连续奔跑协会欢迎各种各样的跑步爱好者——年轻的、年长的、男的、女的、职业的、业余的……"每一天都跑"的动力把他们团结在了一起。协会每季度发布公告，庆贺里程碑。连续跑 35 年，你就是"大师"；连续跑 40 年，你是"传奇"。如果达到了 45 年，那么你叫"科弗特"；这个称号来自马克·科弗特（Mark Covert），2013 年，他成为连续跑步 45 年的第一人，此后退隐。

　　可以想象，协会里的许多跑步爱好者都在近乎不可能的条件下坚持着。几年前，盖比·科恩（Gaby Cohen）发现自己马上需要做剖腹产手术，她找了一家私人医院，用 12 分钟跑了过去。2014 年 11 月，科恩完成了连续奔跑 22 年的里程碑。(科恩的故事留给人很深的印象，但 63 岁的加利福尼亚人乔恩·萨瑟兰保持着连续奔跑 46 年的全美纪录，而且目前仍在继续跑。) 2004 年，飓风弗朗西斯径直穿过了大卫·沃尔伯格 (David Walberg) 的家乡，他等到平静的风眼来临，然后抢着时间出门跑了 2 千米。沃尔伯格连续奔跑的纪录是 31 年。还有的跑步爱好者碰到航班取消，就在机场的走廊里跑；也有人拖着虚弱的伤病之躯持之以恒。只要能连续跑下去，他们什么都不管不顾。

可连续跑步有着潜藏的害处。因为需要不间断地进行重复活动，随着时间的推移，这种纪录会越发珍贵。连续跑步两个星期没什么大不了的，可就算是悠闲的跑步爱好者，哪怕脚踝受伤、患了流感，也会拼死捍卫一年以上的连续纪录。迈阿密 64 岁的跑步爱好者罗伯特·克拉夫特 (Robert Kraft) 最近刚迈过 40 年纪录的大关。克拉夫特患有关节炎，病情影响着脊椎和已经退化的椎间盘，可他置之不理。每次跑步对他来说都很痛苦，但他一天也不愿错过。这么做很危险，就连连续奔跑协会的网站上现在也发布了警告，由创办人约翰·斯特兰斯基执笔，恳请爱好者"多休息，多休养，避免受伤"。对大多数跑步者来说，这意味着休息一天；可对连续跑步爱好者来说，这意味着跑得少些。对很多人而言，维持连续纪录最沉重的代价来自心理。连续奔跑 131 天之后，米歇尔·弗里茨 (Michelle Fritz) 意识到，连续跑步成了"偶像"。她没时间陪伴丈夫和孩子了，便决定停一天。"这事了断之后我感觉好多了。"她回忆说，只不过她现在又已经连续奔跑 100 天了。事实证明，老目标很难放弃。

成功是通往失败的路标

连续纪录暴露出了追求目标的主要缺陷：你在追求目标上花费的时间，远远超过享受成功的果实。就算你成功了，成功也很短暂。人类行为专家奥利弗·伯克曼 (Oliver Burkeman) 在《卫报》上解释说：[10]

> 如果把生活当成一连串有待完成的里程碑，你就陷入了"一种近乎连续失败的状态"。按照定义，你任何时候都并不置身于体现了你所定义的成就或成功的地方。而一旦到达了那里，你会发现，你弄丢了那件赋予了你目的感的事情——于是你只好制订新的目标，重新开始。

伯克曼引用了《呆伯特》(*Dilbert*) 系列漫画的创作者斯科特·亚当斯 (Scott Adams) 在《人生，做对一件事就够了》(*How to Fail at Almost Everything and Still Win Big*) 一书中对追求目标的批评。亚当斯提倡一种不同的方法：不要靠目标，而要靠系统来过自己的生活。所谓的系统，就是"你经常做且能提升长期幸福概率的某件事情"。对漫画家来说，这可以是每天画一幅漫画；对作家来说，可以是每天写 500 字。和目标不一样的地方在于，系统带来的是持续稳定的低级"嗨"流。它们指向的是日复一日充实的生活，而不是某个宏大目标的诱人图景，但没有怎样前往那里的指示说明。

系统和"在 Instagram 上吸引 1000 名粉丝"等目标形成了鲜明的对比，后者只可能是通往失败的路标。你刚到达目标，就有新的目标立在原地了：现在，吸引 2000 名粉丝似乎成了合适的目标。我们时代的决定性目标，大概是积累特定数目的一笔钱。这个数目最开始比较小，但会随着时间而提高。2014 年，前华尔街交易员萨姆·波克 (Sam Polk)[11] 在《纽约时报》上发表专栏文章，名为《为了对金钱的爱》。波克解释说，他的目标最开始朴实，但接着不断升级。"我的第一笔奖金是 4 万美元，这把我乐坏了；可到了在对冲基金的第二年，我'只'拿到了 150 万美元，深感失望。"波克的一些老板是亿万富翁，所以他也想要赚上数亿美元。"在交易桌跟前，从实习生到董事总经理，所有人都坐在一起。"波克说，"如果你旁边的家伙挣 1000 万美元，那么 100 万美元或者 200 万美元就显得不怎么带劲。"

波克说的是社会比较的原则。我们不断地比较自己相较于他人拥有些什么，我们得出的结论取决于对方是些什么人。当你记得自己的一些朋友一年才挣 4 万美元，那么一笔 4 万美元的奖金就显得很棒；可如果你的朋友是如日中天的明星交易员，每个星期挣 4 万美元，那么你就会感到失望。人类天生有着抱负心；我们向前看，而不是向后看；所以不管站在哪里，我们总是喜欢聚焦在那些拥有更多的人身上。跟这些人进行比较，会带来挫败感，觉得自己一无所有。所以，波克总是不开心；不管他赚到多少钱，总有人比他赚得更多。听起来或许荒谬，但哪怕是亿万富翁，跟万亿富翁比起来也很穷，故此，相较之下带来的"相对一无所有"感，同样会叫前者隐隐作痛。

我问波克，他的经历是否寻常。"我想，在金融行业的普遍性有 90% 以上，而且我想这不仅限于金融圈。"波克让我想起最近的一次强力球彩票，奖金池里积累了 16 亿美元的彩金，吸引了数百万人购买彩票。波克相信，这个永恒的目标体现了"没能找到自己毕生所求的工作"。如果你正在做的事情带来了真正深刻的激励，你就不会老是惦记着钱。倘若维持生活运转的日常系统不再让你感觉充实，目标就可以充当暂时推动你的占位符。波克附和了亚当斯与伯克曼的意见，他告诉我，关键是要找到一件能持续带给你小剂量积极反馈的事情。他还认为，财富上瘾是一种相对较新的现象。另一位前华尔街交易员迈克尔·刘易斯（Michael Lewis）1989 年写了一本书，叫《说谎者的扑克牌》（*Liars Poker*）。书里写道，交易员们一度相信自己是在执行社会功能。他们为重要项目筹措资金，确保资金流动到能发挥更大作用的地方去。它推动了建筑和工业建设，创造了数以千计的就业机会。但如今这种幻觉消失了，波克说，交易员进行交易的内在动机也没了，人们做事单纯是为了个人利益。2010 年，波克离开华尔街，选择了写书，创办食品非营利组织"杂货道"（Groceryships）。

————

适度的个人目标设定在直觉上合乎情理，因为它告诉你该怎么支配有限的时间和精力。可如今，目标不请自来地来拜访我们。注册社交媒体账户，你很快就会热衷于粉丝和点赞的增长。创建电子邮件账户，你会不停地想要保持收件箱零未读邮件。戴上健身手表，你会每天迈上一定的步数。玩"糖果传奇"

（*Candy Crush*，一款手机游戏），你会想着打破现有的高分纪录。如果你的追求恰好可以按时间或数字来衡量（比方说，跑一场马拉松，掂量自己的薪水），那么目标就会体现为某个整数或者社会比较。你或许发现，你想跑得比别人快，赚得比别人多，达到某个里程碑。用 4 个小时零 1 分跑完马拉松，挣到 99 500 美元，会显得像是场失败。这些目标累积起来，助长了上瘾般的追求，而上瘾般的追求带来了失败感，更糟糕的是，孵化出一个强似一个的新目标。

第 5 章

不可抗拒的积极反馈

上个星期，我从纽约市一栋高层建筑的 18 楼走进了电梯。电梯里，一个年轻姑娘怀里抱着婴儿看着我咧嘴而笑，姑娘不好意思地低头瞅着孩子。我转过身想去按下通往一楼大厅的按钮，却发现每一层的指示钮都被按下了。小孩子们喜欢按按钮，但只有按钮灯亮起来，他们才会去按每一个按钮。人类从小就受学习推动，而学习就包括从周围的环境获得尽量最多的反馈。电梯里的那个孩子咧嘴笑是因为反馈（灯光、声音，或是世界状态的任何改变）令人愉悦。

这种对反馈的追求，并不会在成年后结束。2012 年，比利时一家广告公司设计了一场户外广告活动，很快传播开来。[1] 这家广告公司叫 DGM（Duval Guillaume Modem），试图说服比利时公众：TNT 电视台正在播放各种令人兴奋的节目。活动制片人在法兰德斯一座沉睡小镇古朴的广场上放置了一个有底座的巨大红色按钮。按钮上挂着大箭头，外加一条简单的指令：按下按钮即可增添戏剧性。这场广告活动效果极佳，因为哪怕是在人烟稀少的静谧法兰德斯广场上，出现一个按钮，本身就是请人来按的邀约。(箭头招牌用心良苦，但其实多此一举——因为按钮那么大又那么显眼，哪怕上面没有说明，随着人们好奇心渐增，他们最终也会忍不住去按一按的。)三三两两的成年人挤到按钮跟前，在他们之前，早有更勇敢的人抢先去按过按钮了。你可以看到，随着大家靠近按钮，每个人的眼睛都闪闪发光——就跟我在电梯里看到的那个蹒跚学步的小孩子摇晃着小手按下楼层指示钮时一样。(该广告的 YouTube 视频获得了 50 多万次的点击。一如箭头下的承诺，结果十分具有戏剧性，广场上出现了装模作样的医护人员，一场街头打斗，骑摩托的比基尼美女，甚至还有一轮枪战。)

法兰德斯的按钮许诺要带来奖励，但就算它什么也不承诺，人们仍然会去按。2015 年，网络社区 Reddit 推出了一则愚人节恶作剧。[2]到当年 6 月，Reddit 就成立 10 周年了，它现在是互联网上受欢迎度可排进前 30 名的网站，访客流量略多于 Pinterest，略低于 Instagram。它的板块五花八门，有专门的新闻、娱乐和社交网络页面。用户点击向上的箭头，可以顶帖；点击向下的箭头，可以让帖子沉底。每一张帖子都有实时得分，按照用户的"顶"和"踩"上上下下。为了让你略微感受一下 Reddit 社区玩世不恭的整体氛围，我想告诉你：历年来获得顶帖点击次数最多的帖子叫做"关塔那摩湾的'水刑'听起来爽歪歪——如果你不知道关塔那摩湾和'水刑'指的是什么的话"。⊖

2015 年 4 月，Reddit 对 3500 万注册用户搞了一出恶作剧。网站的一位管理员在 Reddit 博客公告上发布了恶作剧消息。

按钮的玩法很简单：按钮旁的计时器会从 60 秒倒数到 0。用户每次点击该按钮，计时器就会重置为 60 秒，重新倒数。用户只能点击按钮一次，所以计时器总有一天会数到 0 的。(就算 Reddit 的所有用户每一个都在它数到 0 之前去点一次，过上 66 年，计时器也会数到 0 的。)

⊖ 原文为" Waterboarding in Guantanamo Bay sounds rad if you don't know what either of those things mean"，关塔那摩湾设有美军海外军事监狱，"水刑"是刑讯逼供所用。但如果读者预先并不知道这两项相关背景知识，听到"Guantanamo Bay"，会觉得是某个度假的海湾，听到"Waterboarding"，会以为是冲浪、划水一类的活动。——译者注

按钮

Reddit管理员发布（在09:00）| 🔲 ↑ ↓ 0 points ✉
标签：激活、按下、压下、操作、按、挤

dramatization

Reddit,

本帖发布10分钟后，使用/r/thebutton可激活一个按钮和计时器。计时器会倒数60秒计时。如果按钮按下，计时器将重置到60秒，重新开始倒数。只有2015年4月1日之前注册的用户才可以登录账户按下按钮。

你只能按一次按钮。

之后会发生些什么，我们不告诉你。选择权在你手里。

请访问/r/thebutton

　　一开始，用户成群地访问点击页面，离清零还早得很，就接连不断地按下按钮。这些用户的用户名旁会出现紫色小徽章，上有一个数字，表明他们按下按钮时计数器倒计时还剩下多少秒。有些特别急性子的用户，紫色徽章上显示"59秒"，暗指他没耐性。除了变出紫色徽章来，按下按钮似乎并没有什么特别的作用，所以有些用户熬夜等着计时器清零到底是为了什么，很难说出原因来。这就是按钮的诱惑，他们宁肯放弃睡觉，也要在读秒数少的时候按下按钮，一如电梯按钮之于小孩子。

　　人们对这场活动的兴趣越来越浓厚。还没去按按钮的用户，得到了灰色徽章，一些人便主动劝说其他灰色徽章用户加入"不按"阵营。他们认为，如果有足够多的人拒绝按按钮，那么清零的那一刻就会快些到来，早一些揭示活动最终的结果。但成千上万的用户就是没办法抵挡按按钮的诱惑，计时器走得非常缓慢。4月2日，计时器首次达到了50秒，按下按钮的用户获得了蓝色徽章。所有在计时器倒数落到51秒之后点击按钮的用户都获得了蓝色徽章，不再是紫色。用户很快就发现，倒计时每少10秒，就能得到不同颜色的勋章，这或许算不上什么奖励，但用户们根据徽章颜色结成了不同阵营，较靠后的用户把徽章当成是特殊荣誉一样展示起来。以下是计时器逐一达到不同徽章所用的完整时长，以及获得每种勋章各有多少用户。

徽章 颜色	徽章在 何时激活	获得此徽章的用户 百分比（%）	徽章首次亮相 的时间
紫色	52~60秒	58	4月1日
蓝色	42~51秒	18	4月2日
绿色	32~41秒	8	4月4日
黄色	22~31秒	6	4月10日
橙色	22~21秒	4	4月18日
红色	低于11秒	6	4月24日
紫色（又一次）	最后一位点击者	一位用户：BigGoron	5月18日

按照颜色本身所透露的信息，一位叫作 Goombac 的用户为每一阵营创建了头像，并给它们“点灯人”（代表黄色）、“翡翠理事会”“红色警卫”一类的名字。恶作剧开始后 48 天，用户 BigGoron 最后一次按下按钮。他按了之后，倒数计时器降到了 0。Reddit 恭喜 BigGoron 成为“按神”，用户们则追着他反复盘问。他前面有那么多人都失败了，他是怎么等到这一刻的？（他注意到，计时器多次数到了 1 秒，便开始观察等待。）接下来会怎么样？（“我主张和平，请结束十字军东征。”）最终，计时器变成了 0，什么都没有发生。此前，用户们按颜色结成了阵营，各自找到“按神”，而当游戏结束，阵营解散，大家缓缓散去。

如果说这一切听起来挺无聊，那么本来也是——数百万人因为一个没用的按钮建立了纽带。反馈的拉力太大了，人们会在网上等待几个星期，只为了搞清把一个虚拟按钮按到时间清零后会发生些什么。

“点赞”是我们时代的可卡因

1971 年，心理学家迈克尔·泽勒（Michael Zeiler）坐在实验室里，正对着 3 只饥肠辘辘的白鸽。[3] 这种鸽子看起来不像普通的灰色家鸽，更像是白色的野鸽。它们喜欢吃，也学得快。当时，许多心理学家都想理解动物怎样应对不同形式的反馈。大部分研究聚焦于鸽子和大鼠，因为跟人类相比，它们没那么复杂，也更有耐心，但这一研究项目有着崇高的目标。低级动物的行为能够教导政府怎样鼓励慈善、劝阻犯罪吗？企业家能够激励疲倦不堪的轮班工人在工作中找到新的意义吗？家长能学会怎样塑造完美的孩子吗？

在动手改变世界之前，泽勒必须设计出提供奖励的最佳途径。一种方案是奖励每一个可取行为，就跟工厂计件奖励工人一样。另一种方案是按不可预知的时间表奖励相同的可取行为，制造鼓励人购买彩票的那种神秘感。鸽子是在实验室里养大的，所以它们知道这些套路。每一只鸽子摇摇摆摆地走到一个小按钮跟前，不停地啄，希望它能释放出一盘颗粒鸽饲料来。鸽子们很饿，所以饲料就如同甘露。在某些尝试中，泽勒设定好按钮的程序，每当鸽子一啄按钮就投食物；而在另一些尝试中，它让按钮偶尔投食。有时，鸽子会白啄一场，按钮变成红色，它们除了沮丧，一无所得。

我最初听说泽勒的研究时，以为持续投食的方案效果最好。如果按钮无法准确预计食物的到来，鸽子啄它的动机应该衰减，就类似要是你只对工人组装的部分设备计件发奖金，他的积极性就会下降。但事实并非如此。鸽子们就像是些长着羽毛的小赌徒，在按钮有 50%～70% 的概率投食时啄得最为狂热。（如果泽勒把按钮设置为每啄 10 次才投食一回，鸽子会心灰意冷，彻底放弃响应。）这跟我猜的相去甚远：在不保证奖励的时候，它们啄的频率几乎高了一倍。原来，在奖励出乎意料的时候，大脑释放的多巴胺比可以预料时更多。泽勒记录下了有关积极反馈的一点重要事实：少往往就是多。他的鸽子受神秘的混合反馈所吸引，就像人类受赌博的不确定性所吸引一样。

泽勒发表自己研究结果的 37 年以后，Facebook 的一队网络开发人员准备发动上亿人进行一场类似的反馈实验。Facebook 已经掌握了大规模进行人类实验的力量。该网站当时就拥有两亿用户——未来 3 年里，这个数字还将翻上 3 倍。这项实验采用了一个看似简单的新功能，名叫"赞"。所有用过 Facebook 的人都知道这个按钮怎么运作：你不必去琢磨别人对你的照片或状态更新怎么想，他们会去点击你发布内容下方的一个蓝白色大拇指形按钮，让你获得实时反馈。（自此以后，Facebook 还引入了其他反馈按钮，让你得以传达比单纯的"赞"更复杂的情绪。）

"赞"按钮给 Facebook 的使用心理带来了多大的改变，怎么夸张也不为过。[4] 一开始只是被动地追踪好友的生活，现在双方却深深地互动起来，而且这种互动依靠的正是激发泽勒鸽子的不可预测式反馈。用户们每次分享照片、网页链接或更新状态，都是在赌博。一篇没有"赞"的帖子，不光让人暗暗难受，也是一种公开谴责：要么你没有足够的在线好友，要么你在线的好友不以为然（后者当然更糟糕）。和鸽子一样，当反馈没准的时候，我们会有更强烈的动力去追求它。Facebook 是引入点赞按钮的第一家主要社交网络，但其他服务商现在也有了类似功能。你可以在 Twitter 上点赞、转发推文，在 Instagram 上点赞、转发照片，在 Google+ 上点赞、转发长贴，在 LinkedIn 上点赞、转发专栏，在 YouTube 点赞、转发视频。

点赞行为随后引发了一场事关礼仪的争论。不给好友的帖子点赞意味着什么？如果每三篇帖子你只点赞一次，这是在含蓄地对其他帖子表示不满吗？点赞变成了一种基本的社会支持——类似于在公开场合听到朋友讲了笑话笑起来。点赞变得非常宝贵，甚至催生了一家名叫 Lovematically 的创业公司。这款应用程序的创办人拉米特·查拉（Rameet Chawla）在主页上这样介绍道：[5]

> 它是我们这一代人的可卡因。人们上了瘾。我们体验到了戒断反应。我们受这种毒品的极大驱动，只要来上一发，就能引发真正特别的反应。
>
> 我说的是点赞。
>
> 它们难以察觉地成为主宰我们文化的第一代数字毒品。

Lovematically 的设计目的是对用户消息推送里推出的每一幅图片点赞。如果点赞是数字嗨药，Lovematically 的用户就是在大打折扣地免费派发这种药。无须再给他们留下深刻的印象；任何旧帖子都足够激发一个"赞"。起初，在

3 个月的实验期里，查拉是这款应用的唯一用户。这一期间，他自动给消息推送里的每一篇帖子点赞。他发现，自己不光享受到了给人鼓励打气带来的温暖热情，人们也会回报以热情的点赞。他们给他的照片点了更多的赞，他每天平均吸引到了 30 名新关注者，整个试用期，总计吸引了 3000 多名关注者。2014年情人节，查拉向 5000 名 Instagram 用户发送了下载应用测试版的邀请。不到两个小时，Instagram 就以违反社交网络使用条款为由关闭了 Lovematically。

"我发布软件之前就知道 Instagram 会关了它，"查拉说，"你们懂吧，按毒品行业的黑话，Instagram 是毒贩子，我是市场上新来的家伙，免费发药。"他吃惊的是，事情居然来得这么快。他本以为至少能撑一个星期，结果Instagram 立刻采取了行动。

输可以伪装成赢

2004 年，我搬到美国读研究生时，网络娱乐还很有限。当时，Instagram、Twitter 和 YouTube 还没出现，Facebook 仅限于哈佛大学生使用。我有一部便宜的诺基亚手机，它坚不可摧，但功能原始，所以我只能在寝室房间上网。一天晚上，下班之后，我无意间发现了一款叫"星座老虎机"（Sign of the Zodiac）[6] 的在线游戏，只需要很少的精神能量就能玩。它跟赌场里真正的老虎机很像：你决定押注多少，接着就悠闲地一遍又一遍地点击按钮，看看机器吐出来的输赢战绩如何。起初，我玩它是为了缓解漫长工作日里脑子动得太多的压力，但每一轮小赢之后程序发出的叮叮声、每一轮大胜之后的较长旋律，很快就让我上了钩。最终，我脑袋里整天都飘荡着游戏的画面。我想象 5 只粉红色的蝎子并排出现，这是游戏的最高大奖，以及那之后响起来的中大奖旋律。我变得有点儿轻微行为上瘾，上述表现正是不可预测的随机获胜反馈带来的感官宿醉。

我的星座老虎机上瘾并不罕见。13 年来，文化人类学家娜塔莎·道·希尔（Natasha Dow Schüll）一直在研究赌徒和让他们上钩的机器。[7] 以下对老虎机的描述，便来自赌博问题专家和从前及如今的瘾君子们。

- 老虎机是赌博界的可卡因。
- 它们是电子吗啡。
- 它们是人类历史上毒性最强的赌博品种。
- 老虎机是一流的上瘾症传播设备。

这些描述很惊悚，但它们抓住老虎机有多容易叫人上瘾的特点。我感同身受，因为我连真金白银都没掏出来，就玩老虎机游戏上瘾了。沉默中连输几局后听到获胜的叮叮声，对我来说就足够了。

在美国，银行不得处理网上赌博的奖金，所以网络赌博实际上是非法的。没有几家公司愿意跟制度对着干，就算有人这么做，也会迅速失败。这听起来似乎挺好，可就算是"星座老虎机"这样免费而合法的游戏同样危险。在赌场，庄家的筹码堆得高高的，专门用来对付玩家；平均而言，庄家一定会赢。但在一场无关金钱的赌博里，庄家没必要非赢不可。游戏秀网络公司（Game Show Network）CEO、做过多款网络游戏的大卫·戈尔德希尔（David Goldhill）告诉我："因为我们无需向获胜的玩家支付真金白银，所以玩家每玩 100 美元，我们可以支付 120 美元。实体赌场这么做的话，一个星期就倒闭了。"这样一来，游戏可以不停地持续下去，因为玩家的筹码永远不会用完。我玩了"星座老虎机" 4 年多，几乎需要开新的游戏局。95% 的时候我都赢。只有当我必须要吃饭、睡觉或者去上课时，游戏才终止。有时候，它甚至用不着终止。

和免费游戏相比，赌场大部分时间都会赢——但他们想出了一个机灵的法子，让赌徒们相信结果是反过来的。早期的老虎机异常简单：玩家拉动机器的拉杆（"独臂大盗"这个外号就是这么来的），让 3 个机械卷轴旋转起来。如果卷轴停下来的时候，中间位置显示两个以上的相同符号，玩家就可赢得一定数量的硬币或积分。如今，老虎机可以让赌徒同时玩多条线路，某些情况下甚至可多达几百条，比如下面的机器就允许你玩 15 条线路。

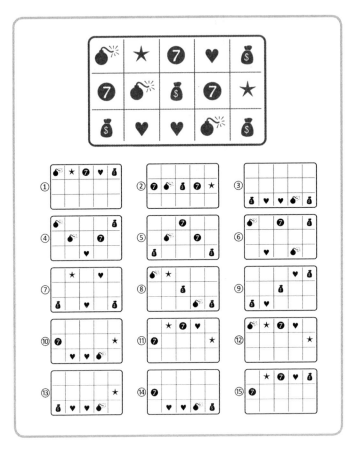

假设说机器每转一次收你一毛钱。如果你决定同时玩 15 条线，那么每次旋转会花掉你 1.5 美元。基本上，你会同时玩 15 条线，而不是只玩一条线，连续玩上 15 次。赌场很乐意你这么玩：它们会打败你，而且比从前快 15 倍。但每次你玩的时候，你赢至少一条线路的概率就多了 15 倍，而只要你赢一条线路，机器就会闪烁出同样明亮的灯光，播放同样动人的乐曲，向你表示祝贺。现在，假设你花 1.5 美元同时玩 15 条线路，其中有一条线路连续转出了两个炸弹，如上图中的 4 号线路所示。如果两个炸弹等于 10 点积分，你能拿到 1 美元。挺不错的——直到你意识到，这次旋转的净效应是你亏损了 0.5 美元（旋转成本 1.5 美元减去 1 美元奖金）。即便如此，你还是很喜欢赢了之后出现的积极反馈——希尔和其他赌博问题专家称之为"伪装成赢的输"。

心理学家迈克·迪克森（Mike Dixon）对这类"伪装起来的输"做了分析。[8] 他和几个同事一起，专门玩一款名叫"好运龙虾老虎机"（Lucky Larry's Lobstermania）的游戏（我为了写这本书，找到了它的网络版，一玩就是 3 个小时，根本停不下来。美国法律只允许我玩免费版，真是算我运气好）。龙虾老虎机里的玩家可同时旋转 15 条线路。游戏有 5 根卷轴，每根卷轴上有 3 个符号，可能出现的结果总共超过 2.59 亿。迪克森和团队计算出，只要赌徒们同时转动 6 条或 6 条以上的线路，那么出现"伪装成赢的输"的概率就比转出真正的赢概率更大。

输伪装成赢之所以关键，完全是因为玩家不把它们看成输，而是赢。迪克森和团队找来一群新赌客，给他们的胳膊贴上电极，让他们玩"龙虾老虎机"。迪克森给赌客们一人 10 美元，说如果赢了还可得到额外 20 美元。这群人玩了半小时，平均转了 138 次。每次旋转过后，一台机器就会测量受试者出汗的微小变化（出汗意味着这件事在情绪上对当事人有意义）。"龙虾老虎机"和现代的许多电子老虎机一样，充满了强化反馈。每当你旋转，背景里就会反复播放 B-52 乐队欢快的《摇滚龙虾》之歌。输了之后，背景陷入沉默，赢了之后，则会播放得更响亮、更欢快。不管转出来的是真正的赢还是伪装成赢的输，灯光的闪烁和铃铛的叮声都一样。学生们赢的时候，流的汗水比输时更多；但不管是转出伪装成赢的输还是真正的赢，他们出汗一样多。这就是为什么现代老虎机（以及现代的赌场）分外凶险的原因所在。和电梯里按亮每一个按钮的小男孩一样，炫目的灯光、悦耳的声音带来的快感，成年人很少感到厌倦。如果输的时候大脑却让我们相信自己是在赢，我们怎么可能鼓起自控的勇气，放弃玩耍呢？

连续输上好几次，哪怕是铁杆赌徒也会失去兴趣。这对赌场来说是个大问题，因为赌场的目的是让赌徒们尽量长时间地待在老虎机前。改变获胜概率，让玩家在连续输了几次之后有越来越大的概率赢，这很容易，只可惜对赌场来说，在美国这么做不合法。不管此前出现了什么结果，每一次旋转的概率必须保持一致。娜塔莎·道·希尔告诉我，赌场方面想出了一些极具创意的解决办法。"许多赌场使用'幸运大使'的法子。他们察觉你快要达到痛点了，也就是你要离开赌场的那一刻，他们就派人来给你送奖金。"这些奖金可以是就餐券、免费饮料，甚至现金或赌博积分。奖金属于"市场营销"，而不是改变获胜概率，所以监管部门视而不见。获得了新一剂的积极强化，赌徒们往往会重新玩下去，直到另一轮连输之后再次达到痛点。

不过，要在赌场内部维持数十个幸运大使是很昂贵的，更别说还要聘请一支数据分析师团队识别失意赌徒了。赌场顾问约翰·阿克雷斯（John Acres）提出了一种创意方法，回避相关法律。希尔解释了阿克雷斯的技术。"你玩的时候，有一小部分输的钱进入了营销奖金汇总池。机器内部算法感应出你的痛点，而且能提前知道接下来的结果是什么。"通常而言，算法并不发挥作用，机器随机开出结果。可当玩家达到痛点时，算法就插手干预了。"如果机器看到，哎呀，结果很糟，是图案、图案、樱桃，"希尔说，"它就会'动手'推一下第三根卷轴，让它变成图案——这样结果就成了三个图案，可以得奖。"这些赢来自"营销奖金池"，它会随着玩家连续输钱的规模而增长。这样一来，就不用依靠人类运气大师了，机器自己扮演此一角色。在对赌场做调查期间，希尔看到过很多卑鄙的手法，但这一手让她"震惊"。她问阿克雷斯这怎么就不算"彻底违背了旨在保护人们不受这些手法愚弄的法律"？阿克雷斯回答："哎呀，法律制定出来就是等着人去违背的呀。"

丢掉了反馈，就丢掉了玩家

老虎机的成功是按"上机时间"算的。玩家坐在机器跟前的平均时间越长，机器表现就越好。因为大多数玩家玩得越久输得钱越多，在机时间是考量效益的有效代理。电子游戏设计师采用类似测量指标来考察游戏的投入度和可玩性如何。赌场和电子游戏之间的区别在于，不少设计师更看重游戏的趣味性而非赚大把的票子。在纽约大学游戏中心执教游戏设计的本尼特·福迪（Bennett

Foddy）创作过一连串成功的免费游戏，但每一款游戏，他都是出于热爱而设计，不是为了赚钱。[9] 这些游戏全都可以在他的网站 foddy.net 上下载。虽说有些游戏已经达到了"封神"的地位，可除了有限的广告收入，它们并无明显的收入来源。

"电子游戏受控于微观规则，"福迪说，"你把鼠标的光标移动到特定的框上，会弹出文字，或播放声音。设计师利用这种微反馈，让玩家更投入、更上瘾。"游戏必须遵守这些微观规则，要是没有符合游戏玩法的稳定小剂量奖励，玩家们就有可能停止玩耍。这些奖励可以很微妙，比如"叮"声，或每当人物越过特定角落时便有一道白光闪过。"这些微反馈必须立刻跟在动作后面，因为如果我的行为和某事发生之间在时间上扣得很近，那么我就会认为，某事是我的行为引发的。"就像孩子按下电梯按钮，看到它们亮起来，玩家感觉自己对世界有所影响，也会受其激励。取消了这些微反馈，你就会丢掉玩家。

游戏"糖果传奇"（Candy Crush Sugar）就是一个典型的例子。[10] 在 2013 年的高峰期，游戏每天能带来超过 60 万美元的收入。迄今为止，它的开发商 King Digital 已从游戏中赚到了 25 亿美元。大约有 5 亿～10 亿人是通过 Facebook 把"糖果传奇"下载到智能手机上的。这些玩家大多数是女性，这对一个爆款游戏来说很不寻常。当你看到游戏是多么简单时，很难理解它何以取得这样巨大的成功。玩家的目标是把糖果上下左右挪动，让 3 个或 3 个以上相同的糖果排到一起。只要这样排好了，糖果就会消失，接着上面的糖果落下来取代消失糖果的位置。等屏幕里只剩下无法匹配的糖果，游戏就结束了。福迪告诉我，这款游戏成功靠的不是规则，而是对规则的锦上添花。

"锦上添花"指的是游戏规则之上的表面反馈层。它并不是游戏必不可少的部分，但对游戏的成功至关重要。没了这些"添头"，同一款游戏就会丧失魅力。想想看，用灰色的砖块取代糖果，取消让游戏变得有趣的强化视觉和声音效果。"新手游戏设计师常常忘记锦上添花。"福迪说，"如果你游戏里的一个人物跑过草坪，那么跑的过程中，草应该稍稍弯曲。它告诉你草是真实的，人物和草置身于同一个世界。"你在"糖果传奇"里把糖果排成消除串，便会响起增强的声音，与消除相关的分数鲜艳地闪烁，有时候，你还会听到幕后解说员如同奥兹巫师一般低沉的赞许话语。

"锦上添花"有效，一部分原因在于它触发了大脑里十分原始的部分。为了揭示这一点，加拿大不列颠哥伦比亚大学的心理学家迈克尔·巴勒斯（Michael Barrus）和凯瑟琳·温斯坦利（Catharine Winstanley）设计了一家"老鼠赌场"。[11] 他们安排了 4 个小孔，参与赌博的大鼠选择一个小孔把鼻子伸进去，如果押注押准了，就能吃到美味的糖丸。一部分小孔风险低，但回报也少。比如，有一个小孔有 90% 的概率冒出糖丸，有 10% 的概率惩罚大鼠——也即强迫它等待 5 秒，赌场才对它再次伸出的鼻子给予回应。（大鼠很没耐心，哪怕是短短的等待也会被它视为惩罚。）另一些孔风险高，回报也高。最危险的孔有 40% 的概率冒出 4 颗糖丸，但 60% 的概率会强迫大鼠等待 40 秒（对大鼠来说，这几乎等于永远了）。

大多数时候，大鼠倾向于规避风险，偏爱回报少低风险的选项。但如果赌场里有奖励的音乐和闪烁的灯光，大鼠的态度就完全改变了。在糖丸和加强信号的双重刺激下，大鼠们会更偏爱冒险。跟人类赌徒一样，锦上添花把它们迷住了。"我很吃惊，倒不在于它发挥了作用，而在于它的作用太强了。"巴勒斯说，"我们事先料到，增加这些刺激线索会有效果。但我们并没有意识到，它竟然能这么强烈地改变决定。"

"锦上添花"放大了反馈，但它的用意还在于把现实世界和游戏世界结合到一起。福迪最成功的一款游戏叫"板球小高手"（Little Master Cricket），在这一点上做得极好。游戏中，一名板球运动员一次又一次地击球，按照球的落点得分。如果他击球失误，或者把球打到了错误的地方，他就"出局"，游戏重新从 0 分开始。"放出'板球小高手'期间，我妻子正在纽约普拉达公司总部工作。"福迪说，"财务部有不少人是来自印度的板球迷——他们简直迷死了这款游戏。"当他们发现自己的同事居然是该游戏设计师的妻子，不禁欣喜若狂。以激动人心的方式模拟板球比赛很难，但福迪设法令游戏简单又忠于生活。玩家前后移动鼠标，模拟板球击球员实际的挥板动作。和在现实中一样，"板球小高手"里得分最高的球会远远地飞入半空,落地之前又躲过了接球外野手的"魔掌"。(和棒球里一样,这会叫击球手"出局"。)这类把游戏跟真实世界捆绑在一起的反馈,叫作"映射"(mapping)。"映射要效法自然,"福迪说,"举个例子,使用空格键必须谨慎。在计算机上,这个键大而明显,敲击起来还嗒嗒响,所以它不能用在普通的事情上,比方说步行。这个键最好留给不太常见的动作,比如跳跃。你的目标是,让现实领域的感知与数字世界里的感知保持匹配。"

虚拟现实技术神奇而危险

"锦上添花"最有力的载体肯定是虚拟现实技术(VR),它至今尚属于起步阶段。[12]VR 把用户身临其境地放在一个可以是真实(比如地球对面的一片海滩)也可以是想象出来的环境(比如火星的表面)当中。用户像在真实世界里一样,在这个世界里穿梭,与之互动。先进的 VR 还引入了多感官反馈,包括触觉、听觉和嗅觉。

2016 年 4 月 28 日,体育专栏作家比尔·西蒙斯(Bill Simmons)在一段播客录音里问亿万富翁投资家克里斯·萨卡(Chris Sacca)对 VR 的体验如何。[13]"我有点儿为自己的孩子们担心,真的有点儿。"西蒙斯告诉萨卡,"我在想,你投入进去的这个 VR 世界是不是比你所在的现实世界更优越。我不必再进行人类互动,我可以进入这个 VR 世界,做各种虚拟现实的事情,这就是我的生活了。"萨卡是谷歌的初期员工,也是 Twitter 的投资人,他对西蒙斯的担忧表示有同感:

> 你的担心非常合理。技术有意思的一个地方在于,画面分辨率、声音建模以及反应能力的进步速度,超过了我们生理上的发展速度。我们的生物性还是老模样——我们不是为了吸收这些协调得不可思议的光和声音而演进

> 的……你可以看看部分早期视频……你站在摩天大楼的屋顶，你的身体不
> 允许你再迈步向前。你的身体相信那就是摩天大楼的边缘。这甚至不是一
> 个超高分辨率或超沉浸式的 VR 平台。所以，未来肯定会有些疯狂的日子
> 在等着我们。

VR 已经出现十来年了，但此刻，它来到了风口浪尖上，即将打入主流。2013 年，一家名为 Oculus VR 的企业在众筹网站 Kickstarter 上筹措到了 250 万美元。Oculus 公司正在推广一款用于电子游戏的头盔 Rift。就在不久以前，大多数人还认为 VR 是游戏专用工具，可 2014 年，Facebook 以 20 亿美元收购了 Oculus 公司，一切全都变了。Facebook 的马克·扎克伯格对 Oculus 有着远超游戏的宏大设想。"这仅仅是个开始，"扎克伯格说，"游戏之后，我们会把 Oculus 变成一个拥有其他许多体验的平台。想象一下，只需要在家里戴上眼镜，你就能享受球场最靠前的位置看比赛；坐在教室里学习，身边是来自世界各地的学生和老师；又或者，接受医生面对面的诊疗。"VR 不再是在边缘徘徊的技术。"我们相信有一天，这种浸入式的增强现实会成为数十亿人日常生活的一部分。"扎克伯格说。

2015 年 10 月，《纽约时报》在周日版配送了一套小型纸板 VR 浏览器。与智能手机搭配，谷歌纸板浏览器可浏览时报特供 VR 内容，包括有关叙利亚难民的纪录片，巴黎遭恐怖袭击后的守夜活动等。那个星期天的下午，我迷失在了儿童难民的纪录片里，我忘记了时间的流逝，我甚至没注意到，自己并未站在乌克兰受战争蹂躏、满目疮痍的教室里。"你不是光坐在那里看 45 秒的新闻，不是被动地看着有人走来走去，解释这是多么恐怖。相反，你主动地成为故事的参与者。"VR 纪录片制作人克里斯蒂安·斯蒂芬（Christian Stephen）说。

但跟 Oculus 的 Rift 摆在一起看，谷歌纸板浏览器就相形见绌了。Oculus 公司创办人帕尔默·拉奇（Palmer Luckey）说："如果说 Oculus 的 Rift 是美味的葡萄酒，谷歌纸板眼镜就是泥巴水。"当然了，如今谷歌纸板眼镜只要花 10 美元上下就能做出来，Rift 的售价则为 599 美元。

尽管 VR 有着巨大的潜力，但它也展现了很大的风险。斯坦福大学虚拟现实交互实验室传媒学教授杰里米·拜伦森（Jeremy Bailenson）担心 Oculus 的 Rift 会破坏人与世界的互动。"我是害怕出现一个任何人都能创造出真正恐怖体验的世界吗？是的，我确实很担心。我担心暴力电子游戏感觉起来跟杀人没什么区别。我担心色情作品感觉起来跟真正的性活动没什么区别。这会给人类通过互动发挥社会职能带来什么样的改变呢？"

技术作家斯图尔特·德雷奇（Stuart Dredge）在《卫报》上撰文指出，如今要想把注意力放在朋友和家人身上，已经让我们很为难了。如果说智能手机和平板电脑都能把我们吸引得远离了现实世界的互动，那么面对 VR 设备，我们又会怎样呢？斯蒂芬·科特勒（Steven Kotler）在《福布斯》上写道，VR 将成为"合法的海洛因，是我们下一代的硬性毒品"。我们有充分的理由相信科特勒所言不虚。一旦成熟，VR 能让我们在任何时间与任何人在任何地方做我们喜欢的事，想做多久就做多久。那种无拘无束的快活听起来很棒，但它也具备淘汰面对面互动的能力。既然你能住在感觉起来像是真的完美世界里，为什么还要住在现实世界，和有缺陷的、真正的人互动呢？

主流 VR 目前还处于起步阶段，我们说不准它到底会不会给生活带来巨大改变，但所有早期的迹象表明，它将神奇而又危险。一如扎克伯格所说，它能让我们看到远在千里之外的医生，到我们无法亲身体验的遥远地方（既可以是交通不便的地方，也可以是想象中的地方）学习，或是去拜访住在地球对面的爱人。但在大企业和游戏设计师的操纵下，它也可能成为愈演愈烈的行为上瘾的最新载体。

"差一点儿就赢了"好过"总是赢"

和 VR 相反，现实领域是一长串的输，偶尔点缀着个把的赢。玩家必然会时不时地输。总是赢的游戏完全不好玩。我和游戏秀网络公司 CEO 的大卫·戈尔德希尔见面时，他对我讲了一个故事，很好地阐释了总是赢存在什么样的惊人缺点。戈尔德希尔是个天生的故事高手。他浑身散发出一种不可思议的能力，仿佛什么对话主题都能驾驭。我们谈到了我的家乡悉尼，对话结束时，我甚至像个观光客般做着笔记。戈尔德希尔的故事讲的是一个总是赢的赌徒。"那家伙以为自己身在天堂，因为他每回打赌都赢。可最终他意识到，原来他是在地狱。总是赢绝对是折磨。"赌徒一辈子都在追逐赢，现在，赢一次接一次地到来，他存在的理由消失了。戈尔德希尔的故事说明了变量强化为什么如此强大，原因不在于偶尔的获胜，而是在于摆脱新近一轮输的体验深深地激励着人。

　　任何赌博最好的地方恐怕就是结果揭晓之前的那一瞬间了。那是张力最大的时刻，赌徒们做好了准备想要看到出现赢的结果。2006 年，两位心理学家公布了一个巧妙的实验，告诉了我们这一点。艾米丽·巴尔赛提（Emily Balcetis）和戴夫·杜宁（Dave Dunning）对康奈尔大学的一群本科生说，他们正在参加一次果汁口味测试。[14] 一些人将幸运地喝到鲜榨橙汁，但其他人会喝到"黏糊糊的、黏黏的、臭烘烘的霉绿色调和物，名字标为'有机蔬菜沙冰'。"学生们检查各种饮料时，实验员解释说，计算机会随机分配他们喝玻璃杯里的液体。一半的学生听说，如果计算机显示数字号码，那么自己分配到要喝的便是美味的橙汁（如果显示的是字母，则要喝恶心糊糊），而另一半学生听说的恰好相反，即字母是橙汁，数字是糊糊。学生们坐在计算机旁等候着，很像是坐在角子老虎机跟前等待结果的赌徒。几秒钟后，计算机显示如下。

86% 的人雀跃起来。计算机扔出了赢！

你大概已经猜到了，这个字符既不是数字也不是字母，而是字母 13 和大写字母 B 的含糊混合体。学生们一心想要看到自己希望看到的东西，于是大脑就把这含糊不清的字符按自己的心意做了阐释。对那些想要看到数字的人，屏幕上弹出的是 13，对那些想要看到字母的人，这是 B。这种现象名叫"带动机的感知"（motivated perception），它随时都在自动发生。一般而言，我们看不见它们，但巴尔赛提和邓宁很聪明地找到了让这一效应显形的方法。

"带动机的感知"对上瘾之所以重要，原因是它塑造了我们怎样看待负面反馈。大卫·戈尔德希尔的故事告诉我们，赌徒痛恨随时都赢——不止如此，他们还痛恨随时都输。如果倒霉的赌徒、游戏玩家和 Instagram 用户按照世界本来的样子去看，他们会发现自己大部分时候都输。他们会意识到，一连串的输通常预示着更多的输，而非大奖即将到来，上面的字符既有可能是字母，也有可能是数字。更糟糕的是，许多游戏和赌博体验的设计目的，就是要通过展示"差一点儿就能赢"，调动你的希望。动画片《辛普森一家》（*The Simpsons*）第一季里有一集很精彩，荷马·辛普森从超市的阿普那里买了一张刮刮乐彩票：[15]

荷马：给我来一张刮刮乐。

（阿普把彩票递给荷马，他马上开始刮。）

荷马：哎呀。独立钟。

（荷马继续刮，气息紧张起来。）

荷马：又一个独立钟！再来一个，我马上就发达了！来吧，独立钟，来吧
　　　来吧来吧来吧。

（荷马刮出了一个李子。）

荷马：别……！这可恶的紫色水果。你昨天怎么不出来？

每个星期，数百万"差一点就赢了"的刮刮乐彩票买家都能理解荷马的心

情。昨天，荷马有"两个紫色的水果"，差一点就赢了，今天，他有两个独立钟，又一次差一点儿就赢了。

他很可能明天会接着玩，后天也一样，因为在荷马看来，这不是输。这是"差一点儿就赢了"。

第6章

毫不费力的进步

宫本茂（Shigeru Miyamoto）很懂得怎样设计让人停不下来的电子游戏。[1]他在游戏界的地位一如史蒂文·斯皮尔伯格、斯蒂芬·金、史蒂夫·乔布斯在各自领域所达到的高度——他比任何人都更理解人们想要些什么；他可以点石成金。宫本茂是全球有史以来第二畅销游戏的幕后设计师。排名第5、6、8、9、11、12、19、21、23、25、26、33和34的游戏也都出自他之手。没有了他的影响，这个行业达不到今天的辉煌。宫本茂似乎比任何人都更清楚地意识到，让人上瘾的游戏让新手和高手都有所得。只针对初学者设计的游戏，很快就会变得不好玩；只为高手设计的游戏，新人还没变成高手就会放弃。

宫本茂24岁时加入了任天堂。任天堂在停滞不前的扑克牌生意上干了90年，20世纪70年代末拓展进了电子游戏行业。年轻的宫本茂喜欢街机游戏"太空侵略者"（Space Invaders），于是他父亲动用了一些人际关系，安排儿子接受任天堂公司总裁的面试。宫本茂给总裁看了自己在闲暇时间制作的一些玩具和游戏，总裁当场拍板，请他担任电子游戏实习策划师。

20 世纪 80 年代初，任天堂处境艰难。公司努力想打开美国电子游戏市场。数千款卖不出去的游戏躺在仓库里无人问津。此时，任天堂的总工程师邀请年轻的宫本茂设计一款新游戏，希望拯救垂死的公司。即便是态度十分谦逊的宫本茂也坦言，"再没有其他什么人能担此大任。"宫本茂出手不凡，第一款游戏就制作出经典"大金刚"（Donkey Kong）。游戏里的小英雄是个名叫马里奥的大胡子水管工，"马里奥"一名因袭自任天堂美国分公司的仓库业主马里奥·塞加尔（Mario Segale）。这位"马里奥"日后还将成为历年最畅销系列游戏"超级马里奥"（Super Mario Bros，国内也称为"采蘑菇"）的主人公。正是凭借"超级马里奥"，宫本茂展示了他让游戏吸引各种水平玩家的能力。

"超级马里奥"能吸引新玩家，因为玩这款游戏毫无障碍。哪怕你对任天堂游戏机一无所知，也可以从第一分钟开始就投入到这款游戏里。动手玩之前，你用不着读那些让人望而生畏的冗长操作手册，也用不着看折磨人的教学视频。相反，你的化身马里奥出现在了近乎空白的屏幕左侧。因为屏幕是空白的，所以你可以随意按动游戏机的按钮，了解哪些按钮能让马里奥跳起来，哪些让他往左和往右。你不能再往左动，所以你很快发现必须往右移动。你不必阅读说明书来了解哪个按钮是个哪个——相反，你边做边学，享受着通过经验获得知识的感觉。游戏最初几秒钟设计得极为出色，其目的在于同时完成两件极为困难的事情：其一是教学，其二是保留用户"什么也没教"的错觉。

钓人的"鱼饵"

和无数的小孩子一样，我深深地爱上了"超级马里奥"。10 岁那年，全家人去新西兰拜访亲戚。我的姑姑向我介绍了一个跟我同龄的小男孩，也是 10 岁，他给我看了他的动作人偶和任天堂游戏机。之前，我从来没见过任天堂游戏机。等他玩起"超级马里奥"来，我剩下的假期就算是无意间毁在他手里了。我们玩了半个多小时，但到那次探亲结束，我随时都想着那游戏。

几十年以后，在距新西兰千里之外，受宫本茂和耶鲁经济学家马丁·舒比克（Martin Shubik）的启发，我做了一场讲座。两人来自不同的领域，但都曾设计过几乎立刻流行开来的"圈套"。1971年，舒比克在一份期刊中介绍了自己的"圈套"："这是一个极其简单、有趣、深具启发意义的室内游戏，任何聚会上都可以玩——拍卖1美元。"[2]舒比克形容这款"美元拍卖游戏"的规则"十分简单"。以下就是所有规则：

> 拍卖师拍卖1美元纸币，出价最高者得，但出价最高者和次高者均需照自己的叫价付款。

如果一个人愿意花80美分买1美元，出价第二高的人愿意花70美分买1美元，那么拍卖师可拿到1美元50美分——赚到50美分的可观利润。两名投标者付钱，但只有出价最高者能拿到1美元的纸币。这笔生意对出价最高者很划算，因为很明显，她付了80美分，却赚到了1美元。可这对出价第二高的投标人就很可怕了。他花了70美分，却什么也没得到。

我在演讲里玩了舒比克的游戏，只不过拍卖的是20美元的纸币。投标从1美元开始，一美元一美元地往上涨。十几号声音立刻喊出"1美元！"因为花1美元买20美元太划算了。我听到"两美元！"接着是"3美元！"一些学生很快停止投标，但还有些人超过了10美元仍然继续，朝着神奇的20美元大关挺进。观察参与的人，你能从他们脸上看出他们意识到这游戏是个圈套的那一刻。随着有效投标人数不可避免地下降到只有两位，有一个人必须掏腰包，而且什么也得不到。举例来说吧。

甲：16美元！

乙：17美元！

……暂停……

甲：18美元！

乙：19美元！

　　如果这是正常的拍卖，游戏会在这里结束。甲绝对没有理由喊出"20 美元"，除非他真的讨厌乙，宁肯自己不赚钱（花 20 美元买一张 20 美元的钞票）也不愿看到乙赚 1 美元。

　　但这是一个圈套，所以投标会继续升级。

甲：20 美元！

……暂停……

乙：21 美元！

长长的暂停……

甲：22 美元！

……更长的暂停……

乙（比较宁静地）：23 美元。

　　有时，游戏会胶着到比纸币票面价值超出 3～4 倍的数目。没人愿意花一大笔钱什么也买不着，这让"美元拍卖游戏"成了筹措善款的绝佳途径。

　　舒比克的游戏表明，一早下饵能助推许多上瘾行为。一开始的体验似乎无伤大雅，但最终你会发现，事情恐怕会结束得很难看。对我的学生来说，"鱼饵"是以超大折扣赢得 20 美元的渺茫机会。就我自己而言，"鱼饵"是一个去救被绑架公主的水管工马里奥。

人人都厌恶损失

　　美元拍卖游戏能很快让初学者上钩，但它的效果这么好，还因为它的作用有点像"诱导转向"（bait-and-switch）广告。"诱导转向"广告是一种违法广告活动，电子产品零售商用它来引诱圣诞打折季购物者。比如，一家商店可能会说，全新 DVD 播放机——"最后一批 9 美元，有货！"但他们的有货指的是"只有一台"。顾客们围着店门排起了长队，上午 9 点钟就冲进商店，只有一个人成功地用 9 美元把 DVD 播放机带回了家，其他 50 人则只买了些蹩脚货。从心理学上说，他们已经觉得一台便宜的全新 DVD 机属于自己了。在大冬天里冒着严寒排两个小时队的过程中，他们想象全家人捧着大碗爆米花连看 8 集《哈利·波特》电影会是什么情形。结果，既然 9 美元的 DVD 既已经没了，他们要么选择放弃幻想，要么花 199 美元买价格第二便宜的 DVD。

美元拍卖游戏也玩了这套把戏。投标人在情感上产生了执念，拼死想要赢得投标。对那两名在我课堂里叫价到 60 美元的学生，他们的动机已经不是赢得 20 美元了——而是摆脱输给对方的威胁。一如神经学家肯特·贝里奇所说，他们的面部表情表明，他们想要继续投标，但显然完全不喜欢这次投标带来的体验。

在所谓的"一分钱拍卖"网站（如 Quibids.com、HappyBidDay.com 和 Beezid.com）上，你可以更清楚地看到同一种损失厌恶情绪。[3]比方说，要开始使用 Beezid，你需购买若干投标包。投标包里有 40 次出标权（这种包价格 36 美元，每次出标权 90 美分）到 1000 次出标权（这种包价格为 550 美元，每次出标权 55 美分）。Beezid 网站列出数百场正在进行的拍卖，标的物是笔记本电脑、电视机和耳机。一台新电视的拍卖在第一轮出价后如下。

第一次出价仅为 1 美分钱——区区 1 美分！投标发起人是一个名叫 bidking 999 的用户。投标总时间是 5 个小时，也就是说，在 5 个小时结束前，如果没有其他人出标，bidking999 就会以 1 美分的价格赢得电视机。每次出价通常从 1 美分开始往上涨（所以叫作"一分钱拍卖"）。最开始，投标零零散散的，但当计时器逐渐跌到 15 秒左右时，拍卖进入了"白热化时段"，在此期间，每当有人新出标，计时器就会重置为 15 秒。对特别热门的东西，这种情况会反复出现几十次——有点像 Reddit 的愚人节倒计时按钮，用了几个星期才倒数到 0。有些东西卖得很便宜，有些东西的拍卖价则接近市价了。对消费者而言，问题在于要投标上千次才能把东西赢回来，这样一来，事先花钱购买的投标次数很快就消耗掉了，却什么也没换回来。网站方面赚取了可观的利润，消费者却一开始每次亏损几分钱，直到最终亏损一大笔。

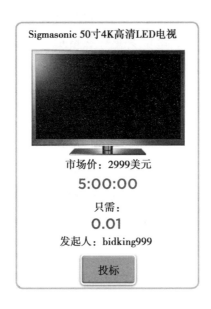

数以百计参加了一分钱拍卖的用户在网上抱怨。有人说该网站是骗局，另一些人则称它为赌博。SiteJabber.com 的一位消费者报告专家测试了一分钱拍卖平台，他说自己小心翼翼，"虽然这些网站很吸引我，但我感觉这就像是把硬币塞进角子老虎机，却没有真正获胜的机会。"整个过程很容易让人上瘾，因为你提前购买了投标权，把它们花掉并不会让你觉得难受，而省下数千元的诱惑（如本例中是花 1 美分买一台 3000 美元的电视机）则难以抵挡。一旦投标进入白热化阶段，你差不多能尝到胜利的感觉。你第一次竞价的时候，风险很低；可当你竞价数百次，数十次看到计时器跌到 1 秒，你对整个过程的心理投资就很大了。难怪消费者报告网站认为一分钱拍卖平台"存在风险"，将之归类为"骗局"，常常推荐卖家彻底回避它们。

吸血游戏的机制

一分钱拍卖网站名声可怕，但并非每一场引人入胜的体验都要吸血噬髓。一些体验设计出上瘾性是为了引诱倒霉的消费者；但另一些体验固然存在上瘾性，但其最初设计目的却是好玩。两者的区别非常微妙；在很大程度上，其差异无非在于设计师的意图。一分钱拍卖网站跟老虎机一样，从设计上就是为了吸血。[娜塔莎・道・希尔的书直接名为《设计成瘾》（*Addiction by Design*）。] 但宫本茂设计"超级马里奥"的时候，他的主要目的是要制作一款自己喜欢玩的游戏。[4] 他没有去咨询焦点小组，而是几个小时几个小时地玩游戏，把软件漏洞一一找出补好，最终按时在 1983 年放出了公开发售版。20 世纪 90 年代～2000 年年初，宫本茂设计了非常成功的游戏"口袋妖怪"（Pokémon），仍然以游戏的真实完整性为首要效忠对象。"关键就在这里，"他说，"不是要制作受欢迎的东西来卖，而是要热爱一样东西，制作出设计师也喜欢的东西来。这就是我们设计游戏时应当具备的核心感觉。"把"超级马里奥"（游戏设计师们多次票选它为史上最伟大游戏）和市场上的其他游戏做比较，很容易辨识出吸血游戏的特点。

2009 年制作过著名独立游戏"屋顶狂奔"（Canabalt）的亚当・索尔茨曼（Adam Saltsman）就游戏设计伦理有过大量论述。"吸血游戏的设计目的就是滥用人大脑的接线方式。"索尔茨曼说。[5]"过去 5 年诞生的许多吸血游戏都使用所谓的'能量系统'。你可以玩 5 分钟游戏，接着便人为地无事可做了。游戏会在 4 个小时（举个例子）之内发送给你一封电子邮件，你才可以再次开始玩。"我对索尔茨曼说，这套系统听起来似乎不错，它强迫玩家休息，鼓励孩子在游戏间隔期间做作业。但吸血的部分就出在这里。索尔茨曼说："游戏设计师逐渐意识到，玩家愿意花 1 美元来缩短等待时间，或是等 4 小时休息时间过后，提高游戏化身的能量值。"游戏就像一分钱拍卖，或者舒比克的"美元拍卖游戏"那样诱惑你、操纵你，你要么付钱，要么继续等。我曾在玩一款名为 Trivia Crack 的益智问答游戏时碰到过这种吸血机制。如果你给出了若干次错误答案，用完了生命值，屏幕对话框里就弹出一条选择：等待 1 小时获得新命，或是花 90 美分立刻接着玩下去。

许多游戏里都藏着这种潜在收费。一开始，游戏是免费的，但后来你被迫支付内置费用才能继续玩下去。"隐藏收费就像是在侮辱你的玩家受众，"索尔茨曼说，"它们有点像是经典的街机游戏，你投一个硬币玩最开始的简单级别，但接着它们就强迫你面对该级别最后很难对付的头目。整个级别很好玩，很容易，但头目却超级难打败。所以，你必须投入更多的硬币才能进入下一个好玩的级别。游戏宣传说只花一个硬币就能玩，可不花上几块钱你根本没法打败头目。"如果已经玩了游戏几分钟甚至几个小时，你最不愿意做的就是认输了。你已经损失了这么多，而损失厌恶情绪强迫你一个接一个地朝机器里投硬币，以求继续玩下去。你一开始玩是为了好玩，可你继续玩下去只是因为想要避免不快。

虽说全行业最顶尖的游戏师也说不准怎样让游戏具有上瘾性，但借助一种聪明的技术，他们很快就弄清了门道。"这种技术叫颜色编码（color coding），"我在第 2 章介绍的前游戏瘾君子艾萨克·韦斯伯格告诉我。他举了一个在线角色扮演游戏的例子，玩家组成公会去完成任务。"假设你已经有了 200 万玩家，你想弄清楚什么最能调动他们。你把每项任务的（计算机）代码里都加上颜色，或是每一任务的不同元素加上颜色代码，看看哪一种最叫人上瘾。"有了颜色代码，也叫"标记"（tag），设计师便可跟踪玩家在每一项任务的每一种元素上花了多少时间，他们回过头来尝试任务多少次。"由于拥有大量的玩家样本，你可以开展实验。A 任务要求你拯救某样东西，B 任务很类似，只不过是你要摧毁某样东西。"同样道理，C 任务可以一早就给你大量积极的反馈，而 D 任务内容相同，却完全不给你反馈。假设设计师看到人们玩杀人任务的时间是救人任务的 3 倍，玩家回过头来重玩有连串微反馈任务的概率要高 50%。这样一来，随着时间的推移，最初的游戏就演变出了有着最强上瘾性的火力加强版。"'魔兽世界'在这方面做得尤其出色。"提到困住自己好几年的游戏，韦斯伯格这样说，"他们用 8 年多的时间，在游戏里设计各种人们喜欢的东西。""农场小镇"（FarmVille）是一款让人上瘾的农场经营游戏。在其高峰期，数以千万计的 Facebook 用户玩过这款游戏。"'农场小镇'在 Facebook 上是大热门，特别受女性玩家欢迎，于是，'魔兽世界'团队就在自己的游戏里嵌入了模仿版，以吸引女性玩家。"

从游戏历史上看，大多数玩家都是男性，但这个世界如今正逐渐吸引着女性和其他潜在群体。事实上，2014 年，18 岁以上的女性成了游戏世界里规模最大的人口。她们占所有玩家的 36%，18 岁以上的男性则占 35%。这种上涨趋势，部分受到"金·卡戴珊：好莱坞"（Kim Kardashian's Hollywood）一类游戏的推动。[6] 2014 年 6 月，卡戴珊放出了这款游戏，第一年就收入了数千万美元。游戏里几乎一半收入都落到卡戴珊本人手里。游戏免费下载，但下载按钮下面有个很小的"应用程序内购买"警告，玩这款游戏想不花钱几乎不可能。游戏的目的是想方设法做各种事情（卡戴珊本人恐怕也会做），从十八线小明星变成一线巨星：经常改变衣着，在公众场合露脸，去哪儿都跟朋友们浩浩荡荡地一起，跟很多人约会，以及，最重要的，避免被甩。每当自己的明星走红崛起，玩家就可赚到"K 星"，但要取得有意义的进展，他们必须购买补充包。一小包星星 5 美元，超大包星星 40 美元。你还可以把自己辛苦赚到的真金白银用来购买虚拟货币。

和"魔兽世界"一样，卡戴珊的游戏一早就提供小剂量积极反馈，吸引玩家。游戏的制作公司 Glu Games 做了大量测试，确保这些奖励以恰当的时间间隔出现。商业内幕（Business Insider）网站的一位专栏作家宣称，这款游戏有着"独特的毒性和上瘾性……恐怕是唯一一款真正可堪与毒品比较的游戏"。其他记者也报道了类似的上瘾性。来自女性博客网站 Jezebel 的特雷西·莫瑞瑟（Tracie Morrissey）承认在这款游戏上花掉了近 500 美元："各位，我真的感觉自己好像碰到问题了。染上这种瘾真叫人丢脸又尴尬。就算到匿名互助会或者别的什么组织去寻求帮助，我该说些什么好呢？"埃米利·林德纳（Emilee Lindner）在 MTV.com 上写了一篇文章，题为《真实生活：我玩金·卡戴珊的游戏上瘾了》（*True Life：I Got Addicted to the Kim Kardashian Game*），她说自己整夜整夜地玩，把全家人的数据流量包都快用光了。这些"瘾君子"里有很多都是职场强人，有着光鲜的工作，是家里主要的经济来源。他们不是从前典型的瘾君子，游戏把他们拖下水，可谓用心险恶。前一分钟，他们只不过是用一款免费新游戏打发时间的新手玩家，后一分钟，他们就在为玩游戏用光了家庭预算道歉了。

"新手运"是个大坑

在一个处处都藏着瘾的世界里，"新手运"是一个危险的大坑。我 8 岁、弟弟 6 岁时，跟着父母头一次去本地的保龄球馆。保龄球对成年人来说都很困难，对孩子来说就更别提了。为了降低难度，如今的球馆把球道两侧的沟槽换成了减震条，这样就没有人会投出"洗沟球"（即保龄球一个球瓶也没击中，滚到沟里去了）。因为球会在减震条之间疯狂反弹，所以这个讲究技巧的游戏变成了全看运气的游戏。不过 20 世纪 80 年代末我们一家去玩的时候，球馆里还没有减震条，并不对绝望的初学者"放水"。

我们掏钱买了两局时间，穿过一行无尽的保龄球架。第一栏里放着 10 来颗 16 磅⊖重的球。这些球属于进阶保龄球玩家专用——他们大多是强壮的男人，手掌硕大，能转动手腕，给最重的球施以强力旋转。我们走过了 15 磅的球、14 磅的球，来到球架最末尾的一小栏，那里放着若干给小朋友准备的小球。你能看出它们是给孩子用的，因为它们是粉色、蓝色和橙色的，也因为它们的指洞太小，连我们的小手都有点塞不进去。再加上，它们只有 6 磅重。

那天我们没打破什么纪录，但我弟弟对保龄球彻底上钩了。他享受到了一轮无与伦比的新手运，我则始终笨手笨脚，跌跌撞撞。我倒也东倒西歪地打倒过一两个瓶，而且我跟他得分差不多——但他第一回出手，就得了 8 分（也是

⊖ 1 磅≈0.45千克

他这一天所有的成绩了）。我还记得他拖拖拉拉，笨拙地双手提着球，从一侧身子把球掷了出去——与其说他的力气是朝前掷，倒不如说他的大部分力量都用在了往下砸。然而球神奇地缓缓上了球道，躲开了两侧的球沟，悠悠地撞到了 10 个瓶里的 8 个。我们欢呼，他雀跃，只可惜这也是他那一天最后一次得分。很多年以后，他仍然热爱保龄球，我相信他的着迷有一部分原因在于，漫长的失败岁月降临之前，他早早就尝到了成功的滋味。

新手运让人上瘾，因为它先向你展现成功的喜悦，接着又猛地把它夺走。它带给你不切实际的雄心，老练的竞争对手也会对你高度期待。你的第二次成功则是可望而不可即的海市蜃楼，此前的每一次失败都增加了你的损失感，它逼得你越来越努力，直到你再次夺回那最开始的（也是你本来配不上的）荣耀感。

后来，我看着弟弟扔出了一长串的洗沟球——不光是在那一天，也在此后很多年我们一起去打保龄球的时候。20 多年后，我和同事希瑟·卡佩斯（Heather Kappes）、戴夫·巴里（Dave Berri）、格里芬·爱德华兹（Griffin Edwards）决定一起在实验室里重复这一体验。[7]我们邀请一群成年人到实验室里玩飞镖。这些人此前从未玩过飞镖。我们告诉他们，他们的表现会计分，但为公平起见，他们可以先练习练习。有一半人站得离镖盘很近，可以说是保证成功；另一半人站得远得多，普遍都投得很纠结——这样的反馈更加现实。后来，我们问大家是否喜欢玩飞镖，还想不想再玩，"运气好"的新手们都满心憧憬地想继续。不走运的新手们并未彻底气馁，但一开始获得的现实反馈挫伤了他们的热情。

许多游戏设计师都知道新手运是一种强大的"鱼饵"。尼克·叶（Nick Yee）是通信学博士，专门研究游戏对玩家的影响，就在线角色扮演游戏中早期奖励发挥了什么作用有过论述。[8]

> （吸引人们玩在线角色扮演游戏的因素）之一是，精心设计的游戏内置奖励
> 周期就像棍子上拴着的胡萝卜一样。游戏一开始就很快给出奖励。你打上

> 两三下就能杀掉生物。5～10 分钟就更升上一级。你没怎么失败就得到了特殊技能。但这些奖励之间的间隔期快速地成倍增长。没过多久，你就要花上 5 个小时游戏时间才能升一级了，再接着又会要 20 个小时。游戏的运作方式是，前期给你即时满足，接着把你引上一条往下的滑坡。

设计师梳理百万个数据点（前文的艾萨克·韦斯伯格介绍过的那种勘探做法），发现了这一手法。我弟弟碰到的新手运纯属侥幸，游戏里的新手运却是专门为了勾引新玩家而设计出来的。

完全无门槛的"傻"游戏

新手运让人上瘾，但有些体验对新手太过友好，连运气都没必要。我去拜访前文提及的游戏秀网络公司 CEO 大卫·戈尔德希尔时，他把电话递给我。"我想给你看看我最近着迷的一款游戏。我那 7 岁的孩子爱死它了。它超简单，还挺傻的。你听说过'天天过马路'（Crossy Road）吗？"我说没听过。"那来看看你弄清楚怎么玩需要多久。"我用了 3 秒钟。你的化身要做的事就是过马路，别被车撞死。点击屏幕，人物就可以移动。这种"简单又傻"的游戏跟"超级马里奥"一样，在设计上就没有上手门槛。你一在屏幕上看到，就知道该怎么玩。"这让我想起另一款游戏……"我正想要对戈尔德希尔说，他却拦住我："每一个人看到它，都会想起另一款游戏。""天天过马路"从其他游戏里借鉴了太多元素，所以只要你玩过其中的一两个，就等于是玩过所有了。

游戏秀网络公司主办并制作游戏，但它以电视游戏节目出名。运作原理是一样的。"如果你看到一款以前从没见过的优秀游戏节目，短短几分钟，你就能弄清楚规则，要不它们就会向你解释规则。"戈尔德希尔说，"优秀游戏节目在设计上就得没有上手门槛。此外，还有一套全世界通行的语言。无论身在何处，只要你看过游戏节目，你就会发现它们拥有一些共同的基本元素。如果你在 YouTube 上看过十来岁的孩子设计自己的游戏，他们也使用的是这套通行语言。"

我回想了一下最近占据了我时间和精力的游戏。它们都很简单，几无例外。之前我提到过亚当·索尔茨曼的游戏"屋顶狂奔"就是个完美的例子。[9] 你的目标是控制一个人，沿着未来风格的城市景观，逃离某种神秘的外星威胁。小人在大厦之间跳跃，越跑越远，也越跑越快。游戏决定了他的奔跑速度，你要做的就是在你想要他跳的时候点击屏幕。有一回，我坐飞机穿越大西洋，气流动荡得特别厉害，我一遍又一遍地玩这款游戏，平复了自己的紧张情绪。游戏非常简单，让它成了进行冥想的完美载体。我知道自己看上去一定很奇怪，因为我以前见过朋友玩"屋顶狂奔"。他全神贯注，脸紧紧地绷着，整个身体除了食指一动不动。他操纵小人跳动期间，食指就像漫画里一样上上下下：一开始很慢，随着游戏的进行逐渐变快。这款游戏没有终点，如果你是超人，那么你可以一直玩下去。所以，有人说索尔茨曼创造了一种新的游戏流派，叫作"无尽的奔跑"。游戏设计师卢克·穆斯卡特（Luke Muscat）在接受《纽约客》采访时回忆说："我记得自己玩'屋顶狂奔'时想，怎么从前没人想到过要这么做呢？"游戏古怪的名字来自索尔茨曼 6 岁的侄子，他搞不清"cannonball"（炮弹）和"catapult"（弹弓）这两个词，把它们弄混了和在一起，说成是"catapult"（"屋顶狂奔"的英文原名），索尔茨曼听见了，便灵机一动，来了个移花接木，借此强调游戏是多么简单。

智能手机拓展游戏世界

数十年来，电子游戏的玩家主要是十来岁的男孩和永远长不大的男人。现在的情况不一样了，因为玩家不再需要专门的游戏机和大块的空余时间了。智能手机彻底改变了游戏世界的版图。以"魔兽世界"嵌入平台的"农场小镇"为例。"'农场小镇'广受欢迎。"纽约大学游戏中心主任弗兰克·兰茨（Frank Lantz）说。大约 1/10 的美国人都玩过"农场小镇"，有两年它还是 Facebook 上最流行的游戏。玩家要建设农场，照料虚拟庄稼和动物。游戏令人上瘾，也很吸血：一旦玩家修好农场，就必须定时回到游戏里给庄稼浇水。如果庄稼死了（数百万的玩家都碰到过这种情况，按正常作息时间，有时候他们就是没法及时回到游戏里），他们可以花钱让庄稼"复活"。人们花了大把的票子补救自己的疏忽。《时代》杂志将这款游戏称为历年来 50 项最糟糕发明之一，因为它那"一系列不动脑筋的琐事"很容易上瘾。[10] "'牧场物语'（Harvest Moon）跟'农场小镇'很像，"兰茨说，"但你必须要有超级任天堂的游戏机才能玩。玩'农场小镇'的人不需要游戏机，对他们来说，蹲在电视机跟前玩'牧场物语'毫无道理。但这款游戏，你可以趁着上班，或是任何你想休息的时候玩上 5 分钟。在某些方面，它跟现有的游戏流派非常类似，同时又有一种新的节奏，适合这些人的生活。它把一些令游戏好玩的基本特性，介绍给了以前不玩游戏或认为自己不是玩家的人。"

专家们原来认为，从本质上看，游戏对男性的吸引力比女性要大，但这一差异其实来自文化。如今，智能手机成了游戏的传播设备，许多最流行的游戏，比如"农场小镇""金·卡戴珊：好莱坞"和"糖果传奇"，玩家都是女性多于男性。只要有了合适的环境（取消让新手望而生畏的上手门槛），你便会发现一个与此前完全不同的瘾君子门类。

1995 年，宾夕法尼亚州布拉德福德一家小型地区医院的心理学家金伯利·扬（Kimberly Young）创造了"网瘾"（Internet addiction）这个词，2010 年，她开办了网瘾中心（Center for Internet Addiction）——这是全美第一家基于医院的网瘾治疗中心。[11] 大多数上网成瘾的人都是被游戏迷住的。"2005 年前后，随着互联网基础设施的完善，网瘾成了一个愈发严重的问题。"扬说，"但到目前为止，最大的变化在于 2010 年苹果手机和 iPad 的推出。"只要有了智能手机，任何人随时都能玩游戏了。突然之间，扬的治疗对象不再是青春期的少年，而是各年龄段不同性格的男女。因为以前基本接触不到游戏，这些人早先并没有形成网瘾。你必须先买游戏机，手边还必须有大把的自由时间。除了十几岁的男孩，大多数人都不满足这样的前提条件。"可如今人人都有平板电脑、苹果手机，或是其他智能设备，它跨越了几代人。"扬告诉我，"如此一来，我的事业爆发了。"

––––––

扬说，旨在钓新手上钩的初期鱼饵仅仅是开始。最引人入胜的游戏体验能长期保持吸引力，为新手甚至资深玩家提供"福利"。

宫本茂的"超级马里奥"当然吸引新手，但对更有经验的玩家来说也是一口深埋的宝藏。游戏的第一关卡里包含了一条秘密通道，老手可以抄捷径，从满是金币的地下室进入关卡结束部分。隧道允许他们跳过宫本茂内置的教程，并随着马里奥拾起硬币播放一连串的"叮叮"声，犒赏玩家的坚持。宫本茂把游戏的部分魅力向大多数玩家隐藏起来，只保留给它最忠诚的粉丝，时至今日，游戏已经发布30多年，仍吸引着许多早期粉丝反复重玩。

第 7 章

逐渐升级的挑战

按照谷歌图书（Google Books）的说法，市面上有 3 万多种"让生活变得更轻松"的书籍。这些书囊括了方方面面的事情，包括爱情关系、管理个人财务、在工作上获得成功、在 eBay 上销售、建立人脉网络、当代女性的生活、当代男性的生活、养育孩子、减肥、增重、保持体重、增肌、写作考试、制作动画、计算机编程、发明产品、快速致富、跳舞、保持健康、保持快乐、过有意义的生活、培养良好习惯、戒除不良习惯，以及其他数百个主题。这些书暗示我们生活艰辛，如果能学会用轻松代替艰辛，我们会过得更好、更快乐。但大部分这些书并不是为承受着重大苦难的人所写，而且并没有什么证据表明，有正常生活的人用轻松代替艰辛后会过得更快乐。我们之所以知道，是因为就算你给了人们选择的机会，他们往往也并不会选择轻松的那种方式。

2014 夏天，8 位心理学家在极具影响力的《科学》杂志上发表了一篇论文，论述人若有机会投入轻松的怀抱，会做出怎样的反应。[1] 在一项研究中，他们请一群本科生静坐 10～20 分钟。"你们的目标是，"他们说，"尽可能用想法来娱乐自己。也就是说，你的目标应该是获得一场愉快的经历，而不是把时间全用来思考日常活动，或是消极的事情。"这么轻松的心理学实验实在少见。[15 年前，我主持的第一个实验是测量人们伤心时的行为表现。我让 100 名学生观看电影《舐犊情深》（*The Champ*）里的一场戏：小里奇·施罗德（Ricky Schroder）流着泪，他的父亲（乔恩·沃伊扮演）死在了他怀里。这场戏经常被观众票选为"电影里最伤心的一幕"，就连最爱笑的学生离开实验室时也很不舒服。所以，要求人们心怀愉快想法地静静坐着，并不是件太糟糕的事。]

实验人员为实验添加了一道"迂回机关"。他们把学生与电击机连起来，还预先试着电击了一下，以此说明挨电击的体验不怎么愉快。它并不是剧痛，其痛感介于被注射器扎了一针到明显的牙疼之间。离开房间之前，实验人员告诉学生，静坐思考期间电击可以使用，如果他们想，还可以再次体验，"要不要这么做，完全看你——这是你的选择。"

有个学生（别猜了，是个男的）震了自己 190 次。也就是说，他在 20 分钟里，每隔 6 秒震一次，一次接着一次。他是个异常，但 2/3 的男学生和 1/3 的女学生至少震了自己一次。许多人都震了自己一次以上。实验之前，他们都体验过电击的刺痛，所以这不仅仅是好奇。几分钟之前，他们自己填写问卷时还说，电击体验并不愉快。故此，他们宁肯忍受电击带来的不快，也不愿意静静地坐着想些愉快的事。用实验人员的话来说，"大多数人都宁愿做些事而不是什么也不做，哪怕做的那件事是负面的。"3 万多本书告诉我们，在某种程度上，我们或许是在寻找更轻松的生活——可我们中有不少人，宁可用适度的艰辛来打破温和的愉悦。

大卫·戈尔德希尔解释了为什么一定程度的艰辛至关重要。"人们不明白为什么电影明星经常那么痛苦，"戈尔德希尔说，"想想看，每天晚上都能换个姑娘，吃饭从来不用给钱。对大多数人来说，一场游戏你总是赢，这挺无聊的。"戈尔德希尔形容的游戏表面上听起来很不错，但会很快变得令人生厌。在某种程度上，我们所有人都需要损失、困苦和挑战，因为没有了它们，每一轮新胜利带来的战栗感会逐渐消失。这就是为什么人们会把宝贵的空闲时间拿来做困难的填字游戏，攀登危险的山峰——因为挑战带来的艰辛，远比知道自己铁定会成功更吸引人。这种艰辛感，是许多上瘾体验的必要成分。有一款最叫人上瘾的简单游戏就是这样："俄罗斯方块"。

激励人心的掌控感

1984 年，阿列克谢·帕吉特诺夫（Alexey Pajitnov）在位于莫斯科的俄罗斯科学院工作。[2] 实验室里有不少科学家都在搞副业，帕吉特诺夫把方向放在了一款电子游戏上。这款游戏借鉴自网球（tennis）和一种四件套的"四格骨牌"（tetrominoes），所以帕吉特诺夫把这两个词结合起来造了个新词"Tetris"，即"俄罗斯方块"。帕吉特诺夫在"俄罗斯方块"上工作的时间比预计长得多，因为他一玩起来就停不下手。朋友们记得他站在实验室光滑的水泥地板上一根接一根地抽烟，来来回回地踱步。

游戏发布 10 年后的一次采访中，帕吉特诺夫回忆说，"你根本想不到。我没法完成原型！我一开始玩，就没时间来完成代码了。"最终，帕吉特诺夫允许科学院的朋友们玩这款游戏。"我叫别人玩，我意识到，笨蛋不只我一个！接触过这款游戏的每个人都没法停下来。大家都一直在玩，玩，玩。我最好的朋友说，'没了你的俄罗斯方块，我就活不下去了。'"他最好的朋友弗拉基米尔·博奇尔科（Vladimir Pokhilko）以前是心理学家，他记得把游戏带到了莫斯科医学院的实验室里。"所有人都停下工作。于是我把它从每一台电脑上删除了。大家便回去干活，直到新版本出现在实验室。"帕吉特诺夫的上司，在俄罗斯科学院计算机中心担任主任的尤里·耶夫托申科（Yuri Yevtushenko）记得，中心的生产效率大幅下降。"游戏太吸引人了，我的许多员工都玩得无心工作。"

"俄罗斯方块"从科学院传播到了莫斯科其他地区，接着又传播到了俄罗斯和东欧的其他地区。两年之后的 1986 年，游戏传到了西方，但它最大的突破来自 1991 年，任天堂和帕吉特诺夫签署了一笔买卖。每一台 Game Boy 手持游戏机都自带一套免费游戏，里头就有一版经过重新设计的"俄罗斯方块"。

那一年，我终于存够了钱，买了一台 Game boy，我就这么第一回玩上了"俄罗斯方块"。它不像我喜欢的另一些游戏那么耀眼，但我和帕吉特诺夫一样，一次就玩了好几个小时。有时候，当我迷迷糊糊快睡着的时候，会看到这些方块跌落下来形成完整的一行，这种常见体验叫作"俄罗斯方块"效应，它影响了许多打动画游戏太长时间的人。任天堂聪明地把游戏置入自己最新的便携游戏机里，因为它容易学习，又很难罢手。我以为自己会对"俄罗斯方块"生厌，但 25 年后的今天，有时候我还会玩它。它寿命长，因为它跟着你一起成长。游戏开始很容易，但随着你的进步，它越变越难。从屏幕顶部落下的方块速度更快，你的反应时间比新手期要少。这种难度升级是一枚关键的鱼饵，能在你掌握基本动作后长时间地维持游戏趣味性。这个进步过程令人愉快的一部分原因在于，随着你的进步，大脑越来越高效。事实上，1991 年的《吉尼斯世界纪录大全》就承认"'俄罗斯方块'是第一款改善大脑功能和效率的电子游戏"。这个说法建立在加利福尼亚大学精神科医生理查德·海尔（Richard Haier）的研究基础上。

1991 年，海尔想知道我们的大脑经过练习，能否在困难的精神任务上有所改进。他决定观察人们怎样掌握电子游戏，但对这一前沿世界却并没有太多了解。"1991 年没有谁听说过'俄罗斯方块'，"几年后，他接受采访时说，"我去电脑店想去看看他们有些什么，店里的人对我说，'试试这个。刚来的货。''俄罗斯方块'是款完美的游戏，简单易学，需要练习才能玩好，并且有着很好的学习曲线。"

于是海尔为他的实验室买了几套"俄罗斯方块"，观察受试者们玩。他发现，经验确实带来了神经系统上的变化——大脑有些部位增厚，大脑活动下降，暗示高手的大脑运作得更为高效。但与本书主题更为相关的一点是，他发现，受试者们喜欢玩这款游戏。他们报名来玩，每天 40 分钟，每个星期玩 5 天，最多要玩 8 个星期。他们来的目的是参加实验（而且参与实验可以拿到现金），但他们留下来是为了玩游戏。

　　该游戏有一个令人满足的特点，那就是你正在建造某种东西的感觉——你努力把彩色的砖块拼搭成一座合乎心意的高塔。"砖块随机落下来，你的任务就是把它们有序地摞起来。"帕吉特诺夫说。"但完美的直线一拼好，它立刻消失。剩下的一切都是你没能完成的。"帕吉特诺夫的朋友兼同行程序员米哈伊尔·库拉金（Jimhail Kulagin）记得有一种想要补救失误的强烈动力。"'俄罗斯方块'是一款有着强烈消极动机的游戏。你永远看不到自己已经做得很好的部分，但失误却显示在屏幕上，所以你总是想要纠正它们。"帕吉特诺夫同意，"落在你眼睛里的，是你丑陋的错误。这驱使你随时都在补救。"你看到拼完的直线消失，享受到短暂的快乐，剩下的只有错误。于是你重新开始，试着完成另一排直线，随着游戏加速，你的手指也被迫在控制杆上更迅速地跳动。

　　帕吉特诺夫和库拉金受到了这种掌控感的驱使，事实证明，这种掌控感深深地激励人心。商学院教授迈克尔·诺顿（Michael Norton）、丹尼尔·莫琼（Daniel Mochon）和丹·艾瑞里（Dan Ariely）主持了一项实验，学生们走进实验室，有些要组装一套宜家黑色储物盒，有些则看到一个已经组装好的储物盒。[3] 研究人员问学生愿意为其花多少钱（学生们事先知道，自己报多高的价，就有可能掏多少腰包）。自己组装盒子的人出价比看到盒子组装好的人高整整63%。两群人出价买的完全是相同的东西。这种差异（78美分与48美分）代表了人们对自己创作设定的价值。还有一项实验，学生们只愿为别人业余的折纸创作付5美分，但自己做的（同样是业余折纸）却索价23美分——后者要价是前者的4倍。研究人员又要学生们对专业人士的折纸作品出价，其作品在客观上更好看，但学生们只肯出27美分——也就是说，他们对优秀得多的作品只肯多出4美分。其他研究表明，如果把乐高完成品（即我们搭好的成果）摆在我们面前，而不是一完成就拆掉，我们会有更强的动力去搭建更多的乐高。感觉自己正在创作某种需要劳动、努力和专业技术的东西，这是上瘾行为背后的主要力量（若非如此，这些行为恐怕会随着时间的推移失去光彩）。它还突出了物质上瘾与行为上瘾之间的潜在差异：物质上瘾公然表现出破坏性；许多行为上瘾则穿着创作的外衣，暗中搞破坏。随着夺取高分，获得更多关注者，或是在工作上花更多时间，进步的错觉会让你坚持下去，故此，你必须更加努力地挣扎，才能摆脱继续下去的需求。

最近发展区与玩乐回路

帕吉特诺夫发布"俄罗斯方块"的 60 年前，俄罗斯一位名叫列夫·维果斯基（Lev Vygotsky）的心理学家正着手研究儿童怎样学习新技能。和帕吉特诺夫一样，维果斯基在莫斯科国立大学度过了成就颇丰的几年。虽说他聪明又志向高远，可他是个犹太人，这给他造成了很大的妨碍。但维果斯基很幸运，通过了大学一年一度的"犹太彩票"（决定哪名犹太申请者将填补"不超过 3%"的犹太配额），拿到了一个位置。只可惜一连串的疾病打垮了维果斯基，他 37 岁就过世了。但在这短暂的一生当中，他成就斐然，他最重要的一项贡献就是对"俄罗斯方块"为什么那么吸引人做出了解释。

维果斯基解释说，如果学习资料刚好比孩子们当前的能力超出一点点，他们学得最好，最有动力。[4] 放到课堂的语境里来说，这意味着老师要指导他们扫清任务带来的障碍，但这些障碍不能太过沉重，不能让孩子们觉得依靠自己现有的技能没法找到任务的解决途径。维果斯基称之为"最近发展区"（zone of proximal development），并用以下这张简单的图表做了表示。

成年人玩游戏的时候，并没有老师指引，但一款精心设计的游戏能够制造出"有人教"的错觉。（还记得吗，宫本茂在"超级马里奥"的第一关里引领新手玩家了解游戏的基本要素。）不管能力高低，玩"俄罗斯方块"的人，大部分游戏时间都在最近发展区里度过。一如理查德·海尔的受试者他们在游戏速度最慢的关卡上纠结，直到缓缓发展出了掌控感，能够玩到第二关，接着进入第三关，依此类推。游戏的难度在升高，但玩家的能力也在跟着涨——或是只比自己能对付的最难关卡稍逊一筹。

　　最近发展区是非常激励人的。你不光在高效学习，也享受整个过程。1990年，匈牙利心理学家米哈里·契克森米哈（Mihaly Csikszentmihalyi）出版了论述掌握挑战心理益处的经典作品《心流》(Flow)。(我的一位教授告诉我，契克森米哈的名字发音是 "chick-sent-me-high"⊖，所以我一直都记得。)契克森米哈注意到，许多画家深深地沉浸在绘画创作当中，时间几个小时几个小时地流逝，他们却浑然忘我，没想到要吃，也没想到要喝。契克森米哈解释说，人体验到心流（也叫作"进入状态"）的时候，他们沉浸在手头的任务里，失去了时间观念。有些人报告说，自己进入状态时会体验到深切的喜悦或兴奋感；这种罕见的持久幸福感，似乎只有在人的能力恰好够克服挑战的时候才能可靠地出现。(契克森米哈承认，数百年来，心流是许多东方哲学和宗教的主要部分。他的重大贡献是把这个观点提炼出来，翻译给新的受众。)契克森米哈绘制了一张图，说明为什么难度升级是心流的一个重要部分。

　　⊖　此为英语谐音，直译是"小鸡带我嗨"。——译者注

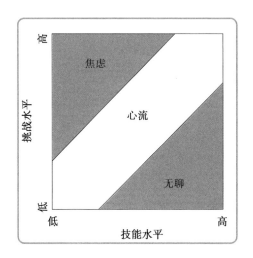

心流（图中从左下角进入右上角的白色通道）描述了解依靠技能解决适度挑战从而掌握该挑战的体验。这两点都必不可少。如果挑战很难，但你的技能低，你会感到焦虑；如果你技能娴熟，但挑战太低，你会觉得无聊。

就游戏而言，专家把这种感觉叫作"玩乐回路"（ludic loop，"ludic"一词来自拉丁语的"ludere"，意思是好玩）。每当你享受消除拼图的一行，出现残缺新砖块带来的短暂快感时，你就进入了玩乐回路。在挑战性的电子游戏、很难的拼字游戏、重复但刺激的工作任务、输多赢少的角子老虎机，以及无数其他沉浸式体验里，都能看到玩乐回路的身影。和所有心流体验一样，玩乐回路十分强大。

我到访网瘾中心"重启"时，询问创办人之一科赛特·蕾（Cosette Rae），她自己有没有过游戏上瘾。她说，她很幸运，比自己治疗的孩子们早几年出生。"要是我晚 10 年出生，我恐怕也会染上瘾的。我记得玩过一款名为"神秘岛"的游戏。[5] 真漂亮！但是它运行很慢，老是死机，我感觉就像是盘子里的食物放太多了。"我也回想起了"神秘岛"。那是一款华丽的角色扮演冒险游戏。它非常笨重，因为 20 世纪 90 年代初的个人电脑无法处理游戏对内存芯片、显卡和声卡提出的需求。2000 年，一本名为 *IGN* 的杂志发表了一篇专栏，名为"世界畅销的电脑游戏，今天是否还值得一玩"（*Is the world's best-selling P.C.*

game ever still worth playing today?）它的结论是：不。"神秘岛"太古老了，玩起来就像是"看来自70年代的热门电视剧。'当时的人就看这玩意儿？'你会惊讶地想。""重启"的患者们现在玩的是受"神秘岛"和同时代作品启发的游戏。两者之间的最大区别在于，现在的游戏运行流畅，图像无缝，几乎不会逼你重启电脑。

但玩家视为进步的东西，蕾却认为是危险。玩"神秘岛"的经历给了她启发，15年之后，她设计出阻挠玩乐回路形成的人为障碍。她不想体验游戏、智能手机、电子邮件和互联网带来的心流。"如果你分析一下人们什么时候会不再那么频繁地使用这些电子设备，你会发现，那是在他们烦躁的时候，也就是出现障碍的时候。我以前习惯购买最新、最优秀的科技小工具，最新最好的电脑软件，而按我的认识，从减少伤害的策略上来说，购入一款产品之前不妨等上两三年。上瘾本身需要更强的动力、更快的速度、更便捷的获取性、最新又最好。所以，我拍了拍没上瘾的那部分自我，我说，'干得好'——你没有去买新一代苹果手机，你没有升级自己的电脑。"

胜利即将来临

不是所有人都这么小心翼翼地躲开诱惑。和30年前的阿列克谢·帕吉特诺夫一样，爱尔兰游戏设计师特里·卡瓦纳（Terry Cavanagh）停不下来地玩自己设计的一款游戏。[6] 卡瓦纳是一位多产的设计师，他最出名的作品叫"超级六边形"（Super Hexagon）。该游戏属于所谓"抽筋"流派，因为它需要你培养起近乎超人的反射和运动反应。你的任务是引导屏幕中央的一个小箭头绕着图形路径转，躲开不断碾过来的墙壁至少60秒。和许多吸引人的游戏不同，它不惯着你——游戏最简单的关卡就是"难"。（想想看，"俄罗斯方块"直接从第8关开始，而非第1关）。游戏共有6关，速度最慢的一关也毫不留情，我玩了好多个小时才攻克它。(我至今仍未完成游戏的第 3 关)。"超级六边形"太难了,有些设计师称之为"虐核"⊖。

2011 年到 2012 年间,卡瓦纳一边对"超级六边形"进行细微调整,一边一次次地玩这款游戏。他注意到,和帕吉特诺夫玩"俄罗斯方块"初期版本的情况相同,自己进步迅速。一开始看起来很难,但经过练习变得容易起来,这种掌控感令人上瘾。"我想,如果你完成了第一种模式,而且很投入,你最终能彻底打完它的。"在接受采访时,卡瓦纳说,"我在参与 beta 测试的人身上看到过这种情形——他们想,'哇,这对我来说真的太难了',接着他们进入自己的反应足够好、对游戏的理解也足够清晰的水平,真的把游戏打完了。这就是游戏的真义所在。游戏应该是一项有待克服的挑战。"

该游戏在独立游戏社群成了大热门,2012 年和 2013 年赢得了多个重要奖项。不过,虽然吸引了一大批粉丝,卡瓦纳仍然有着领先优势,他似乎是全世界最出色的"超级六边形"玩家。2012 年 9 月,在一场名为"时空幻境"(Fantastic Arcade)的大会上,他当着一大群玩家玩了游戏的最难程度。你可以在 YouTube 上看到他超凡的表演。在 78 秒的过程中,他做了一连串敏捷的动作,光是看都觉得眼花缭乱,更别说自己做了。代表卡瓦纳脑袋的小箭头在屏幕上跳来跳去,而在他攻克游戏期间,观众们紧张得喘不过气来。他非常谦虚地低声庆祝说:"现在看到这个结局的人已经很多了。"

乍听起来,"超级六边形"似乎没有什么吸引人的地方,但卡瓦纳设计了一系列鱼饵,避免新手早早放弃。游戏一开始只持续几秒,很少超过一分钟,这也就是说,你不会在一个回合里投入太多时间和精力。"因为它很短,我希望,这代表着邀请,"卡瓦纳说,"我对游戏的这个方面很满意。你永远不会觉得自己没了进步,哪怕你在一个持续了 59 秒的回合里失败了。你只需要从头开始,因为游戏的调整方式让它并不觉得像场失败。"一旦游戏结束,它会毫

⊖ 一款差不多可谓残忍虐待的游戏,原文是"masocore",是把"masochism"和"hardcore"两个词各抽取一半组合而成,前者的意思是"虐待",后者的意思是"硬核",所以这里译作"虐核"。——译者注

不停顿地再次开始。你没有时间因为失败而自怨自艾，你还没留心之前，就已经专注于一轮新尝试了，失败的痕迹仿佛从未出现过。玩乐回路保留下来，你永远不会厌烦心流。游戏的音乐也有着同样的效果。"音乐在你重玩时从随机的位置开始。"卡瓦纳说，"如果音乐每次都从头开始，那么每一回你死了，你都会觉得，'我输了，又要从头来过了。'不让你这么想，不让你觉得自己已经输了，这真的很重要。"

"超级六边形"还有一件事让我上钩：胜利即将来临的感觉。没错，我最初的数百次尝试都以失败告终，但是我一直感觉，只要鼠标按钮稍微一滑，我就能引导小箭头躲开逼迫而来的墙壁。我确信我能在时间限制内通过这一关。像这样的"差一点儿就赢了"（也就是你很肯定，虽然你差那么点点，但马上就能赢）很让人上瘾——事实上，它们往往比真正的胜利更让人上瘾。

2015 年，两位营销学教授发表了一篇论文，让我们知道了上述结论。[7]在一项实验中，他们要求一群消费者刮彩票。如果彩票中包含连续的 6 个 8，幸运的购物者便可获得 20 美元奖金。实验人员对彩票做了设计，使之只有 3 种情况：要么是赢（左），要么是"差一点儿就赢了"（中），要么是明显的输（右）。

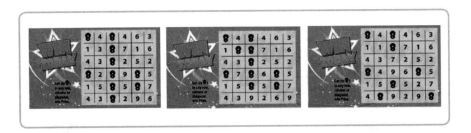

大多数购物者是按从左上到右下的顺序刮开彩票的，这意味着，如果他们处在"明显的输"情况下，很快就能发现自己输了。而在另外两种条件下的购物者，有个良好的开始，等他们来到最关键的第 6 行，获胜者赢，而"差一点儿就赢了"者输。在此类研究中，不管是赢还是输，参与实验的人都要完成另一项活动，研究人员对其行为做暗中监测。每一回，不管到底是做什么事，"差一点儿就赢了"的人动力都更强。他们从商店中买了更多的产品，更快更高效地叠好了一堆编号卡片，步速更快地走过去领取无关的奖励。研究人员甚至发现，在"差一点儿就赢了"（而不是明显地输）之后，人们会流更多口水（分泌的唾液更多）。"差一点儿就赢了"的体验在我们心里点了火，驱动我们去做些事情（任何事情都行），消除决胜关头落败带来的失望感。其他研究人员也发现了类似的模式，认为赌徒更偏爱 30% 的尝试里出现"差一点儿就赢了"选项的赌局，而非只出现 15% 此类选项的赌局。

"差一点儿就赢了"是"成功在即"的迹象。这就是为什么我面对经过了无数次的失败仍然继续玩"超级六边形"。放到技能游戏的大背景下，这完全合乎道理——"差一点儿就赢了"发出了有益的信号：你马上就要实现胜利了。通过练习和打磨，你有可能实现这一目标。但有时候，信号并无意义，尤其是如果游戏完全依靠运气。人类学家娜塔莎·道·希尔告诉过我，赌场就是这么让赌徒上钩的。老虎机上的胜利看起来很靠近，但实际上，"差一点儿就赢了"和"清清楚楚的输"之间没有任何实质差异。两者都不能说明你将来会有更大（或更小）可能性赢得大奖，因为改变角子老虎机某一局的获胜概率根本就不合法。[8]

停止规则为何失效

老虎机的大问题之一是它们诱你入局。你不会头也不抬地走过一台经过精心设计的老虎机，你至少会放慢脚步快速地看上一眼。而最大的问题是，只要你开始玩，它们就不让你停下来。它们最擅长的就是让你的停止规则失效。

20 世纪 90 年代，心理学家帕科·昂德希尔（Paco Underhill）做了一件出名的事：他看了数千个小时的零售店安保摄像头视频。[9] 摄影机拍摄了各种购物行为，其中绝大多数都很普通，但有一些很有趣，对向昂德希尔求助的店主也颇有用处。昂德希尔观察到的最有名的现象之一，是所谓的"屁股相蹭效应"（butt-brush effect）。在杂乱拥挤的商店里，货架之间只隔着几米的距离，顾客们被迫接踵摩肩。昂德希尔的摄像头拍到了数百次无意的"屁股相蹭"，他注意到一个有趣的行为模式：一旦女性的屁股给蹭到了，她们往往会停止浏览，空着手离开商店（男的没这么明显）。"屁股相蹭"让商店损失了大笔的销售额，所以他派出一支团队调查原因。顾客离开商店是想表示抗议吗？她们讨厌跟陌生人相碰吗？其实，顾客完全不清楚自己对屁股相蹭做出的反应。她们承认自己离开了商店，但几乎总是说，这跟其他购物者的存在毫无关系。有时，她们会拼凑一些说得过去的离开理由：开会要迟到了，要去学校接孩子，等等。但这种模式强大得不容否认。昂德希尔确认了一条"停止规则"：也就是引导客户停止购物的线索。这条规则并不是顾客本人能够解释的东西，但它就是存在，而且对顾客的行为做出了相同的指引。

我们常常忽视停止规则，因为短期而言，询问人们为什么开始做新的某件事，比考察他们为什么不再做旧的某件事更重要。如果你卖东西，你的第一个问题是可以怎样鼓励人们使用你的产品，而不是你该怎样避免让他们换用其他产品。如果你是医生，想鼓励患者锻炼身体，你的第一个问题是怎样让他们开始锻炼，而不是怎样诱使他们坚持锻炼。如果你是老师，你的第一个问题是怎样激励学生学习，而不是怎样推动学生继续学习。在你询问人们为什么停止之前，你必须先问人们为什么开始，但在推动上瘾和强迫行为方面，停止规则扮演着一个重要而又偶遭忽视的角色。

遗憾的是，能让生活变得更轻松的新技术，同样会扰乱我们的停止规则。iWatch 和 Fitbit 一类的可穿戴技术能让你跟踪自己的锻炼情况，但它们同样会妨碍你关注自己身体内部的疲惫线索。我之前提到的运动上瘾专家凯瑟琳·施雷伯和莱斯利·辛姆认为，可穿戴技术加剧了问题。"科技扮演的角色就在于，它强化了计算心态，"施雷伯告诉我，"比方说，它让你把注意力放在走了多少步上，放在有了多少个小时的快速动眼睡眠上。我从来没有使用过这些设备，因为我知道它们会让我发疯。[10] 它是各种上瘾行为的触发器。"辛姆将 Fitbits 跟计算卡路里相比较，"计算卡路里并不会帮助我们更好地管理体重，它只是让我们变得更具强迫性。"计算卡路里让我们对自己吃了多少东西没了直觉，辛姆还想知道，可穿戴技术会不会也让我们对身体活动变得欠缺直觉。她的一些病人说："如果我今天只走了 14 000 步，就算我真的很累，需要休息，我也会出门再多走 2000 步。"这类的结果同样叫人担心，因为适度锻炼、饮食得当的最好方法是享受它们——培养起一种内在的偏好，喜欢吃蔬菜沙拉而非汉堡，喜欢出门走路 30 分钟，而不是瘫着不动。遗憾的是，计算卡路里和行走步数暗示，"你吃得健康，因为你达到了数字目标"，这样就消除了你的内在动机。

驱使人们过度锻炼的技术，也把人们和工作 24 小时绑定在了一起。[11] 前不久，人们下班之后就把工作留在办公室了，可现在，随着智能手机、平板电脑、远程登录和电子邮件的出现，不管我们置身何处，都能被找到，停止规则就过时了。20 世纪 60 年代末（尤其是最近 20 年）以来，日本工人当中就开始流传"过劳死"（即因过度劳累死亡）。这个说法适用于各层级的工人，尤其是一天结束时很难彻底放下工作的中高层管理人员。他们会因中风、心脏病发作和其他压力引发的疾病早早去世。举个例子，2011 年，媒体描述了一名工程师，死在了南亚科技公司（Nanya）的办公桌旁。该工程师每天工作 16～19 个小时（有时是在家远程工作），尸检表明他死于"心源性休克"。

过劳死案例中反复出现的主题是，主人公用于工作的时间远超必要。他们大多事业成功，有钱。他们不一定非要工作更长时间才能维持生活，但出于种种原因，他们似乎就是停不下来。2013 年，芝加哥大学商学院教授克里斯·何（Chris Hsee）和三名同事联合写了一篇文章，考察对待工作时人们的停止规则为什么这样难以发挥作用。在一项实验中，研究人员为本科生提供了获得巧克力的机会。学生可以在实验过程中做如下两件事之一：聆听愉快的、舒缓的音乐，或是忍受刺耳的噪音。有些学生听刺耳的噪音，每 20 次可获得一块巧克力。这是一件令人不愉快，但最终能带给学生巧克力（可视为某种形式的薪水）的事情，故此，研究人员认为这就是工作。平均而言，学生们得到了 10 块巧克力，这似乎是个很好的结果——可你会发现，平均而言，到实验结束时，他们平均只吃了 4 块巧克力。一旦踏上赚薪水的"跑步机"，他们就停不下来了，哪怕他们银行里有足够的钱。他们对停止规则不太敏感，他们用太多的时间工作，休息的时间远远不够。第 3 章中介绍过的神经科学家肯特·贝里奇发现，人们有时会持续渴望一种行为，哪怕这种行为早就不再为他们带来快乐了。学生一旦陷入工作模式，哪怕工作的益处降低，也很难停下来。研究人员在文章末尾推测说：

> 赚钱过度兴许属于一种（对经验法则的）笼统概括。在人类的大部分历史当中，收入率都很低。尽量多地赚钱存钱，是生存的功能性（规则）；人不需要担心赚得太多，因为他们不可能赚得太多……和暴饮暴食一样，赚钱过度是一个根植于生产力进步的当代问题，它给人类带来了潜在的代价。

你还可以在其他地方看到对停止规则的同类破坏。不久之前，赌徒要朝老虎机里塞钞票，但现在，他们用能记录下输赢结果的电子卡片玩。同样，购物者现在用信用卡买东西。在这两种情况下，人很难跟踪到有可能发送停止信号的大规模损失（因为损失不再那么明显）。购物者和赌徒没法再看到钱包里剩下的票子越来越少，而是使用一张远程且抽象地记录每一笔支出或输赢情况的卡片。

营销学教授德拉赞·普瑞勒克（Dražen Prelec）和邓肯·席梅斯特（Duncan Simester）在一篇经典论文中揭示了人们使用信用卡对同一物品所支付的价格，是使用现金的两倍。[12] 信用卡和老虎机卡一样，向花钱的人把所有反馈意见藏了起来——如果是花现金的话，用户必须自己跟踪收益。美国运通公司曾经提出了一个口号，"没有它，别离家"。但普瑞勒克和席梅斯特巧妙地把口号做了个颠倒，将论文名为《离家时，别带它》（*Always Leave Home Without It*）。

我从游戏设计师那里听到过类似的故事，他们向我介绍了伦理游戏设计这场愈演愈烈的运动。纽约大学游戏中心主任弗兰克·兰茨告诉我，"农场小镇"和其他 Facebook 游戏获得成功，一部分原因在于，一旦你上了钩，它们永远不会放过你。"Facebook 游戏每天运行 24 小时——它们是持续的游戏。它们不是那种你必须重开一局然后玩耍然后保存结果，过一段时间回来，又重开一局的游戏。只要你想，它们随时能开始。"因为游戏并未设置停止规则，乐趣永不结束。这些游戏里没有章节、没有回合、没有关卡，不会告诉你进度如何，何时会结束。贝内特·福迪也附和这一意见："有些游戏设计师非常反对像'俄罗斯方块'这种无限格式的游戏，因为它们滥用了人们动机机构里的弱点——这些游戏不能停下来。相反，我说的这些设计师更喜欢制作能调动你走向结尾的游戏——而它一旦结束，你就自由了。"

有些游戏表面上认同这一观点，如果你玩的时间太长，它们会提醒你该停下来休息了。但是，这些警告没有效力，在某种意义上也可以看成是勾引你继续玩。我玩过一款名叫"2048"的策略游戏，有几年，它在纽约地铁里火爆透顶。（我发现这款游戏，是因为我连续几天都看到有乘客在玩它。等看到第 10 个玩它的人，我忍不住开口询问。）游戏的欢迎屏幕之一是这样写的："谢谢你喜欢这款游戏。该休息的时候别忘了休息！"警告下面就是一个按钮，能带你访问苹果应用商店，那里有许多类似的上瘾游戏，大多由同一设计团队出品。对"2048"的设计师而言，解决办法提供一系列其他游戏，来劝阻你玩这一款游戏。

跟"俄罗斯方块"和"2048"的情况一样，人类发现，介乎于"太容易"和"太困难"之间的甜蜜区简直无法抵挡。这里就是属于"挑战性正合适"的电子游戏、财务目标、工作雄心、社交媒体目标和健身目标的世外桃源。上瘾体验寄居在这个甜蜜的地方，在强迫性的目标设定面前，停止规则灰飞烟灭。技术天才、游戏开发人员和产品设计师调整自己的产品，确保产品随着用户洞察力和能力的提高而升级。

第 8 章

未完成的紧张感

一辆迷你小巴从山间小道上转下来，挂在了悬崖边上。小巴是一辆空壳子，没有座位。车里头装着 11 名窃贼和一堆偷来的金子。男人们紧紧扣着后门，因为金子正慢慢从他们身边朝车头的方向滑，马上就要把小巴压下悬崖了。其中一个人慢慢爬向黄金。唯一的声响是他窸窸窣窣的爬动，小巴吱吱呀呀的摇晃声，还有高山寒风的嗖嗖声。他来到金子的半米之内，但小巴的车头朝前斜得更厉害了，金子又滑得远了些，超过了他够得着的范围。于是，他只好朝后一滚，冷静地对同伴们说："伙计们，再坚持一会儿。我有了一个好主意。"故事结束了。

1969 年夏天，数千名观众到电影院津津有味地观看了《偷天换日》（*The Italian Job*）的前 94 分钟，但很多人讨厌它最后的第 95 分钟。用他们自己的话来说，结尾"荒唐""自命不凡的垃圾""可怕""废话""沮丧""不好玩""缺德""没心眼儿""软蛋""就像一瓶泄了气儿的可乐""摘了脑子的人会很喜欢"。[1] 能引发这样的冷嘲热讽，电影的结尾必定很特殊，而这样的结尾就是没有结尾：货真价实的"烂尾"。这里的问题在于，观众认认真真地看了一个半小时的故事，和所有人类一样，他们的大脑接线要求"闭合"。如果你曾有过笑话听了一半的经历，你会知道，就算完全没听到故事，也比什么都听全了只剩下结尾没听到要好。

蔡格尼克效应

40 年前，立陶宛心理学家布尔玛·蔡格尼克（Bluma Zeigarnik）偶然发现了祥子扣人心弦的力量。[2]她在维也纳一家小咖啡馆喝咖啡，注意到服务员能超人清晰地记住顾客的点单。当他走到厨房旁，他知道要对厨师说，7 号桌点水波蛋，12 号桌点火腿和奶酪煎蛋卷，15 号桌是煎蛋。可一等这些点单送上了 7 号桌、12 号桌和 15 号桌，他的记忆就消失了。对服务员来说，每一份点单都像是一个小型的"祥子"，等正确的餐点送到正确的顾客桌上，它就解决了。蔡格尼克的服务员记得自己的点单，因为它们让他不得安宁——它们惹得他烦躁，就像《偷天换日》里那辆挂在悬崖边上吱吱呀呀的小巴。而等服务员送上了点单，"祥子"就解决了，他的头脑也就自由地转向下一份点单呈现的新"祥子"。

蔡格尼克设计了一项实验，想更谨慎地揭示该效应，她邀请一群成年人到实验室完成 20 桩不同的简短任务。一些任务是动手做，比如塑黏土像、造箱子，其他的则是心智问题，比如做算术、解谜题。蔡格尼克让参与者完成部分任务，但对另一些任务，她会在他们还没来得及完成之前加以干扰，强迫他们进入下一个任务。受试者不愿意停止，有时候会表示强烈反对。还有些人甚至会生气，这表明了蔡格尼克引入的干扰制造了多大的紧张度。等实验结束时，她请他们尽量多地回忆自己做过的任务。

结果令人震惊。跟维也纳的服务员一样，她的受试者们记得的未完成任务是已完成任务的两倍。起初，蔡格尼克猜想，未完成任务的记忆更难忘，会不会是因为参与者们受到打扰，体验到了小小的"震惊"呢？于是她又进行了一轮类似的实验，仍然在参与者们完成某些任务时进行干扰，但过上一会儿，又允许他们完成这些任务，这一下，效应消失了。故此，让任务更难忘的不是干扰，而是来自未能完成的紧张感。事实上，后来完成的受干扰任务并不比不受干扰一次性完成的任务更难忘。蔡格尼克对自己的结果做了总结："受试者着手执行任务要求的操作时，内心发展出了完成该任务的准需求。这类似出现了一套倾向于实现解决的紧张系统。完成任务意味着解决紧张系统，或解除准需求。如果任务没有完成，紧张状态将继续保持，准需求不得安宁。"蔡格尼克效应（Zeigarnik Effect）就这么诞生了：未完成的体验比已完成的体验更多地占据了我们的脑海。

脑内循环的歌曲

只要你开始寻找，蔡格尼克效应的身影便无所不在。以"耳虫"为例——也就是在你脑袋里顽固地一次次播放的流行歌曲。吉他手、纽约大学音乐教授杰夫·佩雷茨（Jeff Peretz）告诉我，有些"耳虫"因为种下了永远无法解决的"祥子"，达到了近乎邪教的地位。他提到了来自"地球风与火"乐队（Earth, Wind & Fire）1978 年的大热门《九月》（September），这是一支高亢的打击乐加铜管的组合曲，歌词开头就说："你还记得 9 月 21 日那天夜里吗？"³ 2014 年，这支歌 36 岁了，乐队的长期成员威尔丁·怀特（Verdine White）告诉记者："如今，人们在 9 月 21 日结婚。股市在 9 月 21 日上涨。我现在认识的每一个 20来岁的孩子都感谢我，因为他们出生在 9 月 21 日。他们说，这是音乐史上最受欢迎的歌曲之一。"

那是迪斯科的黄金时代，从许多方面看，《九月》是迪斯科舞曲的经典。但从其他方面看，它非比寻常。许多流行音乐都遵循标准的圆和弦进行——像火箭般发射，在发射台上空盘旋一段时间，最终返回地球，闭合旋律循环。在蔡格尼克观察到的服务员的世界里，这些音轨就是圆满的点单：它们令人满意，但只要它们结束，你的思想就把它们抛在身后，然后另一首歌开始。

佩雷茨认为，《九月》不是这样。"《九月》最惊人的一个地方在于它的和弦进行永不着陆。这就让这段循环你永远听不腻。这就是为什么它直到今天仍这么受欢迎。歌曲的主歌、和声和重复段也使用了同样的方法。它不停地前进啊前进。毫无疑问，这对它的长盛不衰很有帮助。它拥有'耳虫'的所有构成元素。一旦进入了你的脑袋，这种循环特点只会让它更难忘怀。"哪怕其他的歌我们早就忘了，《九月》无休止的循环仍然在索取我们的关注。发行近 40 年之后，《九月》仍然是聚会和婚礼的常用歌曲。（巧的是，妻子和我是在 2013 年 9 月 21 日晚结婚的，我们叮嘱选歌员务必把这首歌放进他的播放列表。）

《九月》下的"袱子"始终不解决，但有些歌在我们的脑海里响个不停，是因为它们以意想不到的方式解决了"袱子"。1997 年夏天，Radiohead 发行了他们的《命运警察》(Karma Police)，展现了乐队的音乐素质。这首歌曲使用了同一旋律的两个略有不同的版本，除非听过很多次，否则你根本意识不到自己听到的是哪一版。佩雷茨解释说，它并没有指引的旋律或理由，而是让你一直全神贯注。"你会去猜想自己到底听到的是这首歌的哪一个循环版本。它太老到了，不像是偶然之举，我猜汤姆·约克（Thom Yorke，主唱）在写这首歌的时候，一定想着命运因果就是循环往返。他完全找到了重点。这是一首标志性的歌曲。史提夫·汪达（Stevie Wonder）的《邪恶》(Evil) 也类似。它的序列从 C 大调开始，但等它带你回到开始的地方，你却发现自己来到了一个新地方。它不会带你回家。"

吊胃口的播客

《九月》持续了 3 分 35 秒，对一首歌来说不算短，但跟另一类能吸引观众连续数月沉醉的上瘾体验比较起来，它就相形见绌了。

2014 年 10 月 20 日，美国国家公共广播电台（National Public Radio，简

称 NPR）播出了《连环》（*Serial*），这是一套 12 集的播客节目，将播出两个半月。[4] 来自 NPR 的萨拉·柯尼奇（Sarah Koenig）率一支记者团队调查 1999 年巴尔的摩高中学生阿德南·赛义德（Adnan Syed）杀害前女友李爱明（Hae Min Lee，此为音译）一案是否被冤枉。其他播客也只做过深度调查，但只有《连环》特别受欢迎。（我给柯尼奇发去电邮，想要采访她，她非常礼貌地拒绝了我的请求。"恐怕不行，"她告诉我，"我现在很沮丧。"）3 个月来，无数的对话都这样问："你听说过《连环》吗？"我跟各地的朋友和陌生人讨论这套播客节目，我不是一个人。许多重要出版物都提到了《连环》的成功，有不少都把标题和开场段落描写播客的上瘾性。

> 这是一套引人注目、让人上瘾的非虚构谋杀之谜的故事。主持人提到了节目的源起，讨论了为什么"喜欢"上她的受访者很正常。
>
> ——《滚石》
>
> 《连环》上瘾的 13 个阶段。
>
> ——《娱乐今宵》
>
> 《连环》："美国生活"出品的上瘾性极强的播客散文。
>
> ——《NBC 新闻在线》
>
> 艾拉·格拉斯（Ira Glass）和"美国生活"背后的伙计们最近推出了《连环》，这是一套让人上瘾的播客，讲的是一桩令人反胃的谋杀案，以及把 17 岁高中生定了罪的奇怪庭审。它比《法律与秩序》最好的那一集都要好，因为它描述了生活在悲剧里的现实人物——而且，你对它怎样结束毫无头绪。
>
> ——《娱乐周刊》

最后一段引言说中了《连环》的魔法成分：柯尼奇和团队打开了蔡格尼克循环，但是没有一个听众知道循环什么时候闭合（甚至会不会闭合）。真正的凶手会在第三集露出真面目吗？还是第九集？或者最后一集？永远都不知道？

节目播出到一半，柯尼奇承认自己不知道它会怎么收尾。经过一年的采访和仔细调查，她和团队并未更接近解决唯一真正重要的问题：是谁杀死了李爱明？听众欲罢不能，因为答案似乎近在咫尺。好几集里都有一两段对定罪凶手赛义德的采访。他似乎不是马上就要说出一些承认有罪的话，就是在说一些能证明自己毫无疑问是无辜的话。其他数不清的访谈也是如此。赛义德的一个熟人提供了一段不在场证词，说赛义德正在图书馆，真正的凶手当时则该出现在几千米之外。但这仍然是条断头路，循环还是没合上。

2011 年 12 月 18 日，数以千计的听众下载了播客的最终回，希望得到一个答案。但没有答案。柯尼奇认为赛义德无辜，但她也承认自己拿不准。节目结束了，"袢子"仍然在，听众拒绝散场。他们建立了热气腾腾的在线讨论组。主张赛义德有罪的阵营谴责无辜阵营太天真，无辜阵营则说有罪阵营愤世嫉俗。近 5 万名《连环》粉丝在 Reddit 网站的节目主页分享自己的观点。最能说明他们并非单纯感兴趣的证据来自 2015 年 1 月 13 日。那一天是李爱明遇害 16 周年纪念日，管理员将网站暂停 24 小时来纪念她。他在首页放了一条简短的信息。

> 1999 年 1 月 13 日，生活永远改变了。李爱明是个了不起的人。
>
> ……
>
> 16 年前的今天，她的生命以悲剧结束，她的家人和朋友们的生活也永远不一样了。
>
> 虽然李爱明谋杀案是播客《连环》的基础，但请永远也不要忘记这桩悲剧。
>
> 出于对李爱明的怀念，本讨论组将默哀一天，对处于这场激烈辩论核心的真正不公正进行反思。

许多用户对此表示敬意，但还有些人则陷入了《连环》带来的低潮。一个名为 hanatheko 的用户承认："哇，我上瘾了……过去 24 小时真痛苦，我陷入了抑郁。"对 hanatheko 来说，一整天都没了讨论组，时间过得太漫长了。其他人认为网站的管理员没有权利出于任何理由关闭网站。一位用户说这些愤怒的用户"现在的行为就像是互联网权利邪教一样"。还有一个叫 Muzorra 的人指出，"所有这些评论……总是忘记了受害者，成了一个数据点……一旦有人让他们暂时没法接近自己的玩具，（受害者）就被遗忘了。"网站在半夜再次上线，hanatheko、Muzorra 和其他数千名用户重新回到了有罪阵营、无辜阵营和未决阵营。

NPR 发行《连环》，预示着一大批未决真人犯罪纪录片的涌现。2015 年 2 月，HBO 推出《厄运》（*The Jinx*），追踪罗伯特·杜斯特（Robert Durst）的生活，他涉嫌一连串的未决谋杀案。HBO 发行纪录片前一天，杜斯特因为这些谋杀案中的一起被捕——作家安德鲁·杰瑞克奇（Andrew Jarecki）发现的一些线索起到了推波助澜的作用。接着，2015 年 12 月，Netflix 推出了 10 集真人谋杀纪录片《制造杀人犯》（*Making a Murderer*）。导演劳拉·里卡尔迪（Laura Ricciardi）和莫伊拉·德莫斯（Moira Demos）用了 10 年时间跟踪史蒂文·艾弗里（Steven Avery），他被判谋杀了威斯康星州小镇一名年轻女子。《厄运》和《制造杀人犯》就跟《连环》一样令人上瘾，两部剧集都引发喝彩无数，吸引了数百万观众。所有这三套节目都是靠着娴熟的技巧制作拍摄的——但它们大受欢迎，和案件本身的模糊不清大有关系。在 *Slate* 杂志上，露丝·格雷厄姆（Ruth Graham）就《制造杀人犯》写道：

> "这是一个完美的 *Dateline* 式深度调查故事，" *Dateline* 节目组的一位制片人提及《制造杀人犯》里的艾弗里案件说。"这是个曲折的故事，它吸引人们的关注……现在，谋杀很热门。"但如果说 *Dateline* 是为了在广告时段吊住了观众的胃口，那么《制造杀人犯》这种多集节目则向我们施展了更深刻的魅力。这套电视剧或许比肥皂剧的名气要好听些，但它提供的

> 是和任何犯罪故事都一样的乐趣："哎呀，那可怜的女人！""到底是谁干
> 的？""必须有人偿还血债！"
>
> 就拿《制造杀人犯》的第 4 集来说，结尾的时候对情节走向来了个惊天反
> 转……这引得我和丈夫坐在沙发上抓耳挠腮，痛苦地寻思到底要不要熬夜
> 再看一集。有了这样的"袢子"，我们怎么舍得不熬夜呢？

就在我撰写本书期间，人们仍然狂热地追捧着《连环》和《制造杀人犯》。（《厄运》也有一群忠实的追随者，不过杜斯特的被捕，以及发行范围更小，或许妨碍了它的传播。）《连环》和《制造杀人犯》的 Reddits 页面仍然每天引来新帖子。但如果有人能够证明史蒂文·艾弗里是无辜的，或是找到了杀死李爱明的凶手，循环就将闭合，网站也会枯竭。扣人心弦的袢子只能维持到你知道小巴会不会跌下悬崖那一刻，服务员只能在菜品送上顾客餐桌之前记得点单，新泽西郊区黑道老大的命运只能在你不知道他是死是活之前保持趣味。

被掐断的故事

大卫·切斯（David Chase）为《黑道家族》（*The Sopranos*）第 86 和最后一集撰写剧本的时候，他提出了一个自己拒绝回答的问题：托尼·索普拉诺（Tony Soprano）真的死了吗？[5] 8 年来，新泽西黑道老大托尼·索普拉诺躲过了一次次的死亡，而他的 92 名敌人和朋友却早就进了坟墓。他们死于枪伤、斗殴、溺水和自然原因；死于刺伤、死于心脏病窒息、死于药物过量。他们的死吸引了观众，但跟托尼的生死不明比起来，前者就算不上什么了。

这幕戏是个传奇。2007 年 6 月 10 日，1200 万美国人看着托尼·索普拉诺和家人在霍尔斯坦餐馆一起吃晚饭。一名身穿棕色皮夹克的男人走进餐厅，坐在柜台旁。他扫了一眼这家人，朝着洗手间走去。在剧集的最后几秒钟，前门

门铃响起，托尼抬起头来去看，屏幕黑了。整整 11 秒都是这样，8 年来的动荡凝缩成了一段令人不安的静寂。许多观众都猜想自己的电视机或有线电视机顶盒是不是赶巧在错误的时间坏掉了，但这正是切斯的设计。

电视剧的粉丝们困惑不已，向谷歌求救。东海岸晚上 10 点 02 分，搜索引擎迎来了一轮洪水般的搜索（搜索关键字是" Sopranos final episode"），热潮持续到深夜。观众绝望地寻找着某种解决，希望网上有人比自己懂得更多。（8 年后，《连环》的粉丝们在 Reddit 上也做着同样的事情。）媒体评论家有的喜欢这一集，有的讨厌它，但无一例外地把大部分笔墨都留给了结尾的最后 5 分钟。发生了什么事？切斯为什么把故事给掐断了？

出现了两种针锋相对的理论。其一认为，切斯或许是想暗示，哪怕电视剧结束了，托尼和家人的生活仍在继续。在最后一幕之前，托尼朝桌子上的一台小型自动电唱机里扔了几枚硬币，旅途乐队（Journey）的《别停止相信……》（*Don't Stop Believin'*）便响了起来。观众听到的最后一件事是歌手史蒂夫·佩里（Steve Perry）加入了歌曲的合唱部分，"别停止……"切斯拒绝让佩里把歌词唱完，或许最后一幕的这句"别停止"是在传递一条信息：电视剧结束了，但它描述的生活不会停止。

反过来说，许多粉丝相信，无声的黑屏就表明托尼已经死了。既然托尼死后就不能活着体验世界了，所以观众们得到了这个突然的结局。他的妻子和孩子们会继续听到史蒂夫·佩里唱完歌名里的最后一个词，但它或许淹没在了结束托尼生命的枪声里。根据这个理论，穿皮夹克的人是去刺杀托尼的；为了向托尼最爱的电影《教父》致敬，那人到洗手间或许是为了拿枪。如果切斯暗示托尼死了，没有什么比"停止"更合适的结束语了。

电视记者总是缠着切斯要答案，于是他偶尔也回复上一两句。他仍然引导他们，拒绝做出明确的解释。在电视剧结束后的第一次采访中，他说："对（结局）到底是怎么回事，我没有兴趣解释、辩解、重新阐释或是画蛇添足。我向上帝发誓，没有谁想得罪观众。我们做了自己认为必须要做的事。没有谁想打击人们的思路，或者想着，'哇，这能叫他们气坏的。'"8 年过去了，他又接受了几次采访，粉丝们还是不满意。2015年4月，切斯告诉记者："这比人们想得要简单、直白得多。托尼不是在这儿死掉，就是在那儿死掉。尽管如此，它还是很值得的。所以，别停止相信。"在一些采访中，他似乎被问题搞糊涂了。"我看到媒体上有些文章说，'这是对观众的不尊重。'就是说我们当着观众的面拉屎。为什么我们想要这么做呢？我们怎么会调戏了观众8年，就只为了朝他们比中指？"

《连环》的粉丝们失望多过气愤，因为萨拉·柯尼奇跟他们一样迫切地想知道谁是杀人真凶。她跟大家站在同一个阵营。但切斯是个"敌手"，他故意不向观众们解答8年前提出的最重要问题。《芝加哥论坛报》（*Chicago Tribune*）的莫琳·莱恩（Maureen Ryan）在专栏里担任了"生气"阵营的急先锋："你是在跟我开玩笑吧？那就是《黑道家族》的大结局？"她对读者们说："你可以说这样的结局太虐心，可以说这是个余味深长的结局。但不管怎么说，粉丝们都会狠狠地讨论上好几个月。"另一个也叫莱恩的评论员认同这一观点。"大结局烂透了！最后的一幕毁掉了整部电视剧。我们被抢了！被抢了，我跟你们说！"但不管观众有多气愤，10多年来，人们还是情不自禁地提起这部电视剧的最后一集。就好像他们把史蒂夫·佩里在剧中唱的最后一句话太当真了："别停止！"

不可预见更令人愉悦

你认为以下哪一步会让人们最开心？

步骤1：渴望某物（食物、睡眠、性活动等）。
步骤2：想知道这一渴望能否得到满足。
步骤3：渴望得到满足……
……对新的渴望重复此循环。

　　第 3 步是显而易见的答案。《大淘金》《连环》和《黑道家族》没有解决就结束，懊恼的观众们就是在这一步上受了挫，它也是我们为什么会在第一步和第二步感到困扰的原因。但 2001 年，神经科学家格雷格·伯恩斯（Greg Berns）和 3 名同事进行了一项研究，请 25 名成年人躺在功能磁共振仪上，在嘴里放一根小管子。[6] 实验人员通过管子给受试者输送水和果汁，机器则扫描他们的大脑，寻找愉悦的证据。大多数成年人都喜欢果汁多于水，但人类大脑可以把水和果汁都视为小小的奖励。在实验的一半过程中，每隔 10 秒，水和果汁可预见地交替出现。

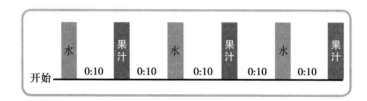

　　在实验的另一半，实验人员引入了意外元素。现在，人们不知道什么时候会得到下一份奖励，也不知道它会是水还是果汁。

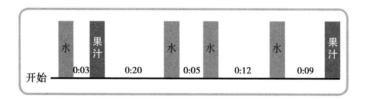

　　如果满足是唯一重要的事情，那么参与者的大脑在实验的前后两部分里都会同样点火启动——甚至在可预见的那一半里更猛烈地启动，因为他们可以预见并真正得到即将到来的奖励。但实际情况并非如此。最开始，可预见性令人愉快，但很快就失去了光彩。可预见的那一半实验快结束的时候，参与者的大脑反应变得越来越弱。

　　但是到了不可预见的一半实验里，参与者们上钩的情形，就跟《连环》的听众们被吊胃口的方式差不多。如果奖励不可预测，参与者更享受——而且他们直到实验结束仍很享受。每一次新奖励都自己下了一个小袢子，等待的兴奋感让整个体验在较长时间里都更为愉悦。

令人兴奋的购物体验

这些小祥子同样推动着强迫购物的兴奋感。2007 年，一群企业家推出了一种非常令人上瘾的在线购物体验，叫作"Gilt"。Gilt 的网站和软件推广的是为期一两天的闪购活动。网站上的物品都是价格优惠的名牌服装和家居用品，只有会员才能购买。该平台蓬勃发展，有 600 万会员，故此商家可以大折扣大批量地采购高端产品。即便网站给每样商品做了小幅加价，会员的买入价也远远比零售价要低。

网站开始新的销售活动并不预先提醒，所以会员要不停地刷新页面。每一次新加载的页面都会生成一个小祥子。对 Gilt 的很多会员来说，该网站为自己平平淡淡、可以预测的生活提供了轻度的兴奋感。你可以从如下规律看出这一点：每天中午 12 点～1 点的午餐时间，网站会出现流量高峰，有时候能吸引100 多万美元的收入。

达琳·梅尔（Darleen Meier）运营着时尚博客"亲爱的达琳"，2010 年，她获得 Gilt 会员资格，十分兴奋。[7]（她之前已经等了好几个星期。）梅尔向自己博客的读者们做了深度介绍，庆贺自己获得会员资格，还分享了她最喜欢的一些"战利品"。但仅仅两个月后，梅尔就改变立场，发布了一篇名为" Gilt 上瘾"的博客文章。问题暴露出来的时候，她正克制不住地想买一辆价格优惠的 Vespa 滑板车。（她想象了丈夫看到滑板车后的反应，克制了冲动。）梅尔和 Gilt 的关系加剧，是每当有新交易登录网站，她手机上的软件就发出"叮"的提醒声。不管在做什么，梅尔都会停下来检查应用程序。有时，她发现跑步会跑岔路，开车去学校接小孩也会把车停在路边查看软件。有时候，祥子的解决并不合乎梅尔的心意——有些交易不对她的胃口，但更多的时候，等汽车再次开动，她已经花掉了上百甚至上千美元。在梅尔对 Gilt 上瘾的最高峰，她家门口每天都收到新的快递盒子。

梅尔这样的情况并非特例。在线留言板上满是寻求帮助的购物瘾君子们。

在狂热购物者社交网站"PurseForum"上，Cassandra22007 承认对 Gilt 和其他闪购网站上瘾。

> 我很痛苦地意识到，我上 Gilt 小组的行为存在问题，我需要干预！我正在考虑至少暂时屏蔽这个网站。老实说，我现在基本上处在失业状态，除非找到工作，我现在没有任何借口购买新衣服，也没机会穿花哨玩意儿。我手里囤着 6～10 样绝不会真正穿、真正用的东西，可就在今天，我又买了 5 件类似的东西。

　　Cassandra22007 行为出格的地方在于，她买衣服并不是因为需要。正如格雷格·伯恩斯在果汁实验中表明，关键的不在于奖励本身，而在于追逐带来的快感。Gilt 向梅尔和 Cassandra22007 等消费者提供的不是别处找不到的产品——它提供的是一连串小祥子，让人为猎取这些产品深度上瘾。

　　这样的购物，自然会让家里变得乱七八糟，以至于如今甚至出现了一个制造"个人风格化居家整理大师"的小众行业。最新的一位是日本"清洁顾问"近藤麻里。近藤采用的是一套名为"怦然心动"的整理术：把你家里所有不能"激发喜悦"的东西都扔出去。2011 年，近藤出版了《怦然心动的人生整理魔法》一书，对这套方法的原则做了解释。这本书被翻译成了数十种语言，在世界各地卖出了近 200 万册。之后，近藤又出版了它的姐妹篇《怦然心动》，同样成了大受欢迎的畅销书。整理不是件简单的事情，因为它违背了人类保留价值的本能。如果一样东西将来有可能提供价值，我们就不乐意把它扔掉，再说了，哪怕是一次性用品，以后说不定也能再次派上用场。但怦然心动整理术蕴含着一笔巨大的财富：整理本身，是一个开放的循环，它要求闭合。我们讨厌扔东西，但我们也讨厌杂乱。痴迷于购物的人，跟那些痴迷于整理的人是同一批，于是整个过程变成了一个延绵不断的永动循环。一旦意识到这一点，你就几乎能在所有地方看到这样的循环了。

一看到底的剧集

2012 年 8 月，Netflix 推出了一个贴心的新功能，我称之为"后播"（post-play）。有了它，一季 13 集的《绝命毒师》（*Breaking Bad*）就变成了一部 13 个小时的电影。每一集放完，Netflix 播放器会自动加载下一集，5 秒钟后开始播放。如果前一集给你留下了祥子，你要做的就是坐着别动，等待下一集开始，解开祥子。2012 年 8 月之前，要不要看下一集，你得自己拿主意；在这以后，你得自己拿主意，才能不看下一集。

乍听起来，这是个微不足道的变化，但两者的差异太大了。著名的器官捐献率研究为这一差异提供了最合适的证据。年轻人刚上手开车的时候，交通管理机构会要他们决定自己是否愿意捐赠器官。心理学家埃里克·约翰逊（Eric Johnson）和丹·戈德斯坦（Dan Goldstein）注意到，欧洲各国的器官捐赠率差异很大。[8] 就连文化很相似的国家也很不同。丹麦的捐赠率为 4%；瑞典是 86%。德国的比例是 12%；奥地利接近 100%。在荷兰，28% 的人愿意捐赠；比利时则为 98%。为了提高捐赠率，荷兰甚至搞过大规模的宣传教育活动，但不成功。如果文化和教育都不是原因，为什么一些国家的捐赠率高，另一些低呢？

答案只跟一个简短的措辞把戏有关系。一些国家要求司机在方框里打钩，选择一个选项。

> 如果您愿意捐赠器官，请在此框内打钩：☐

在方框里打钩似乎并不是什么特别麻烦的事，但在人们决定自己死后怎么处置自己的器官时，哪怕是个小麻烦，也显得特别麻烦。这个问题，没人帮助的话，我们不知道该怎么回答；所以很多人会选择阻力最小的方式，把方框留白不打钩，接着继续前进。丹麦、德国和荷兰等国的情况正是如此：它们的捐赠率都很低。

| 如果您不愿意捐赠器官，请在此框内打钩：□

这里唯一的区别就在于默认选项是人们愿意捐赠。他们必须主动在方框里打钩，排除捐赠选项。这仍然是个很重大的决定，人们仍然不愿在方框里打钩。于是，这就解释了为什么有些国家的捐赠率高达99%，另外一些国家的捐赠率远远落后，仅为4%。2012年8月之后，Netflix的观众必须主动选择不再看下一集。许多人选择什么也不做，缩在沙发里，于是他们连着看了8集《绝命毒师》。

自2008年推出视频流服务以来，Netflix的订户一直都喜欢"一看到底"，但2012年8月之后这么做的人数飞涨。谷歌趋势（测量谷歌在不同时段搜索的频率）显示了美国2013年1月（这是第一次有人搜索这个词）到2015年4月间搜索"一看到底"（binge-watching）一词的频率。

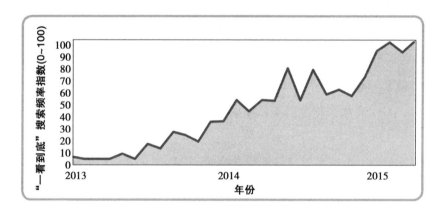

这一幅图显示的是同一时期美国搜索"Netflix连看"（Netflix binge）一词的频率。

搜索词流行度是一种间接指标，但2013年11月，Netflix自己做了研究。[9]该公司雇用了一家市场研究机构，对3000多名美国成年人进行了采访。61%的人报告存在一定程度的"一看到底"，大多数受访者对这个词的定义是，"一口气连看2到6集电视剧"。2015年10月～2016年5月，Netflix收集了来自190个国家的观看数据，也发现了类似模式。[10]大多数人在4～6天内把正在看的电视剧第一季给看完了。一季电视剧的内容从前要持续几个月,如今却在一个星期内被消耗殆尽,平均每天看 2～2.5 小时。一些观众报告说,连续观看改善了观影体验,但另一些人认为,Netflix(尤其是"后播"技术)让人很难看了一集就停下。一如谷歌趋势的图表所示,"一看到底"现象的增多反映了祥子的效力,再加上一集结束到下一集开始之间没有了障碍。

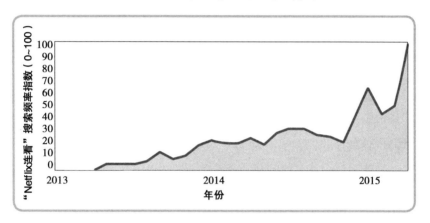

网络杂志 Slate 的电视评论家威拉·帕斯金(Willa Paskin)评论了一档名叫《爱》(Love)的节目,她解释说,哪怕是平庸的节目,也在"一看到底"的协助下变得容易上瘾了。《爱》是 Netflix 的原创剧集,一次性放出了 10 集。

> 就如同你听人讲一个故事,什么故事都无所谓:到了某个点,你就是很想知道接下来会发生些什么。如果《爱》是每星期播出一次,你可以自己选择要不要追这部剧。但是 Netflix 采用的做法让人很容易连看三集,它不可思议地调动起了好奇心的力量——这些疯狂的孩子到底是怎么搞到一起的?"连看到底"给一出没什么情节的节目提供了必要的动力。停下来的时候,你已经把节目看完了。

我们在本章早些时候见过的心理学家布尔玛·蔡格尼克,磕磕绊绊地过完了漫长而坎坷的一生。1940 年，她丈夫阿尔伯特以德国间谍罪被判入狱 10 年，关在苏联的一所劳改营里。蔡格尼克完全不知道丈夫在哪里，什么时候能回家。苏联当局抓获阿尔伯特时，留下了一份文件，向我们解释了为什么我们对蔡格尼克的生活知之甚少。这份文件（数十年后，蔡格尼克的孙子偶然发现了它）说，当局"在一个密封房间里"，查获了"不计其数的文件、文件夹、笔记本和记录"。

蔡格尼克的事业最终还是起飞了，但她的学术生涯和私人生活同样颠簸动荡。她被迫写了三篇博士论文：第一篇，苏联官方拒绝承认；第二篇，被人偷走了。她本来留有第二篇论文的底稿，但因为害怕小偷抢先发表论文，反咬一口，控诉剽窃的人是她，她只得无奈毁了底稿。差不多 30 年，蔡格尼克都在学术的炼狱里挣扎，直到 1965 年，她完成了第三篇论文，到莫斯科国立大学担任心理学教授。两年后，她当选为心理学系主任，此后 20 年一直在这个位置上勤勤恳恳地工作，直至去世。蔡格尼克凭借过人的才华和不屈不挠的决心，让袱子最终向着有利于自己的方向得到了解决。

第 9 章

令人痴迷的社会互动

2009 年 12 月，卢卡斯·比伊克（Lucas Buick）和莱恩·多斯霍斯特（Ryan Dorshorst）两个好朋友开始出售一款苹果手机应用程序。[1] 该应用售价 1.99 美元。两人热切地关注着下载计数器的攀升。发布 36 小时之后，它成了日本下载次数最多的应用程序。美国的销售涨势缓慢，但到了新年元旦那天，美国客户的下载次数超过了 15 万。苹果本身也有所察觉，该应用程序很快出现在了苹果商店主页中央靠上的位置。

这款应用程序叫作 Hipstamatic，苹果手机用户可以用它对手机内置摄像头拍摄的照片进行数字操作。在数字胶卷、闪光和镜头的帮助下，哪怕是摄影新手也能把平凡的镜头变成带有 20 世纪 80 年代复古气息的杰作。专业人士对这款应用程序同样关注。2010 年，纽约时报摄影师达蒙·温特（Damon Winter）用它为驻阿富汗的美军士兵拍了照。这张照片为温特拿到了全球年度摄影大赛（Pictures of the Year International photojournalism competition）第三名，进一步提升了 Hipstamatic 品牌。

　　比伊克和多斯霍斯特是平面设计师，碰巧也是天生的企业家。为了给这款应用程序增添复古魅力，他们使用了诸如"Ina's 1982 Film""Roboto Glitter Lens""Dreampop Flash"等充满 80 年代气息的名字。他们最巧妙的地方是为软件创作了一个曲折的背景故事（日后记者们竞相求证其是否真实）。他们是这么说的，1982 年，威斯康星州的一对兄弟发明了一台名叫 Hipstamatic 100 的相机。他们想制造出一种比胶卷还便宜的相机，虽然这个目的达到了，但他们只卖出了 154 台。1984 年，兄弟俩因车祸悲惨去世，他们的哥哥理查德·多尔波斯基（Richard Dorbowski）将残存的 3 台 Hipstamatic 100 收藏在车库里，直到 2009 年 7 月 29 日，比伊克和多斯霍斯特告诉他，他们想要发行这款照相机的数码版。

　　这个故事深深地吸引了记者们，他们在数十篇专稿里介绍了 Hipstamatic 的浪漫历史。这个故事得到了网上零散的证据支持：多尔波斯基写的关于 Hipstamatic 100 的博客页面（并附有 20 世纪 80 年代初他两个弟弟的照片），Facebook 和 LinkedIn 的个人页面介绍多尔波斯基住在威斯康星州，是一家置业公司的审计主管。直到好几年后，其他记者试图做一番深入调查，这个背景故事才真相大白。这三个兄弟是虚构出来的，Hipstamatic 100 也纯属编造。虽然如此，Hipstamatic 应用程序却是真的，而且每个月卖出数万份拷贝。苹果公司把 Hipstamatic 誉为"2010 年度最佳应用"，《纽约时报》也在 2010 年 11 月将该软件收录在"苹果手机十大必备应用"清单里。

　　一时间，比伊克和多尔霍斯特风头无两。但住在旧金山的另一对创业家打算发布一款竞争程序。2010 年 10 月，凯文·斯特罗姆（Kevin Systrom）和麦克·克雷格（Mike Krieger）推出了 Instagram。两款应用程序提供基本相同的服务，于是晚进入市场 10 个月，让 Instagram 处在巨大劣势之下。尽管 Instagram 没有 Hipstamatic 的迷人背景故事 [它的名字就是把"instant"（即时）和"telegram"（电报）两个词连起来而已]，斯特罗姆和克雷格却同样是精明的商人。如果说 2010 年属于 Hipstamatic，2011 年就属于 Instagram。Hipstamatic 仍然受欢迎，但其下载次数放慢下来，Instagram 很快拥有了更大的用户群。Hipstamatic 在 2010 年荣获苹果"年度最佳应用"之后，Instagram 在 2011 年拿下了同样的头衔。2012 年，Hipstamatic 的用户数约为 500 万，Instagram 这时则拥有了近 3 亿用户。但两款应用的最大区别来自 2012 年 4 月 9 日，Facebook 斥资 10 亿美元收购了 Instagram。多尔霍斯特读到这场收购的相关内容时，还以为这是讽刺报纸《洋葱新闻》（The Onion）上刊发的假消息。他不得不再三核实。Hipstamatic 的前设计师劳拉·波尔库斯（Laura Polkus）回忆说："我们看到马克·扎克伯格的博文，大家都惊呆了，'什么？ 10 亿美元？ 是 10 个亿，美元吗？ 这对我们意味着什么？ 这是说 Instagram 赢了吗？'"

Hipstamatic 和 Instagram 提供相同的核心功能，那为什么 Instagram 不断发展，Hipstamatic 却落后了呢？ 答案来自斯特罗姆和克雷格发布程序之前就做出了两个关键决定。第一是应用免费下载。这把用户直接引到了门口，也部分地解释了为什么许多用户一早就下载了这款应用：不会有把钱花在垃圾软件上的风险，如果程序真的不好用，过一两天就把它删掉。但免费程序失败的也不少。这一回，带来不同的是两人所做的第二个决定：Instagram 用户的照片会发布在程序绑定的专用社交网络里。（Hipstamatic 用户可以把照片上传到 Facebook 上，但程序本身并非独立的社交网络。）

这样一来，扎克伯格选择收购 Instagram 的理由也就很容易看出来了。他和斯特罗姆有着类似的见解：跟他人比较，带给了人无尽的动力。我们拍照，当然希望把记忆保留下来供私下回味，但更主要的是，我们还想跟他人分享这些记忆。20 世纪 80 年代，这意味着邀请朋友观看你最近度假拍摄的幻灯片，而在今天，这意味着实时上传你的度假照片。Facebook 和 Instagram 令人上瘾的症结在于，你发布的每一项活动都吸引着点赞、转发和评论。如果一张照片是颗哑弹，那么下一次还有机会。照片是否受欢迎，这就像人们的生活一样不可预测，故此随时可以重来一次。

Instagram 的社会反馈机制为什么让它产生了这么强的上瘾性呢？

评估自我价值的需求

人们永远对自我价值拿不准，它跟身高、体重和收入不一样，无法衡量。诚然，有些人对社会反馈更为痴迷，但我们都是社会生物，谁也无法完全无视他人对我们的看法。更重要的是，反馈不一致会把我们逼疯。

Instagram 里充斥着不一致的反馈。你的一张照片可能会吸引到 100 个赞、20条正面评价，另一张照片发布 10 分钟却只吸引了 30 个赞，完全没有评论。很明显，人们看重前者多于后者，但这意味着什么呢？你"值"100 个赞、30 个赞，还是另一个完全不同的数字？社会心理学家表明，较之负面观点，人更乐意采纳关于自己的正面观点。为理解它怎样运作，请快速回答以下问题，别想太久。

你将看到如下个性特征清单。请估计在每一特征上，你所在的城市有多大比例的人表现得不如你明显：			
敏感	世故	机灵	自律
神经质	不切实际	顺从	强迫难耐

这全是些模糊不清的形容，很难说清你或者其他任何人到底拥有多少。此外，请注意，这些特征中有些是正面的（上一行），有些是负面的（下一行）。康奈尔大学的学生回答了相同的问题（只不过他们是和学校里的校友做比较），对正面的特征，他们认为自己比康奈尔大学 64% 的校友表现得更明显，但对负面的特征，他们仅比 38% 的校友表现得更明显。[2] 这个乐观的视角表现了我们对自己的整体看法，有可能它还暗示，在 Instagram 上，我们对正面反馈更看重，对负面反馈则视若无睹。

不过，虽说我们很重视自己，但对负面反馈也非常敏感。心理学家把这称为"坏比好更强烈"原则，它在不同的体验里表现得非常一致。[3] 如果你跟大多数人一样，你会直觉地翻看亚马逊、猫途鹰和 Yelp 上的负面评论，因为尖锐的批评是最靠谱的。较之最近所得的赞美，你可能对过去碰到的糟糕事件记得更清楚，并且反复咀摸原来的那些评价。就算是拥有快乐童年的人，回忆起自己小时候，往往记得的也是那些为数不多的闹心事。

你大概料得到，Instagram 上有很多照片，用户对负面反馈都是不屑一顾的。跟个人摄影展里展出的照片或是朋友们之间传阅的照片比起来，人们对一张 Instagram 照片下面的"赞"应该没那么在乎。不过实际上，哪怕置身人群，聚光灯似乎也能找到我们。2000 年，一群心理学家请若干大学生穿着一件胸口印有歌手巴瑞·曼尼洛（Barry Manilow）⊖照片的 T 恤，走进一间挤满其他学生的房间。（研究人员们事先做过检验，证明大学生不愿当众穿着印有巴尼·曼尼洛照片的 T 恤。）几分钟后，研究人员陪伴倒霉的受试者们走出房间，并要他们猜测有多少同学注意到了曼尼洛的 T 恤。很自然，在整个过程中，这件 T 恤完全占据了他们自己的心思，所以他们猜，房间里大约有一半的人都记得这件 T 恤；而实际上，只有 1/5 的人记得自己看到了曼尼洛的形象。在 Instagram 上只吸引到 3 个赞的乏味照片，就有点像曼尼洛 T 恤。发布照片的人感觉丢脸，认为其他用户在盯着看，在嘲笑自己，但事实上，别人更关注的是自己的照片，毕竟，在"曼尼洛"照片之前和之后都有无数其他的照片。

负面反馈带来的刺痛是很扎人的，许多用户在发布之前会拍上数百张照片。依靠 Facetune ⊖等应用程序，摄影新手们能把自己容貌缺陷"优化"掉，重塑自己的面部和身体，消除雀斑，把灰白的头发上色，从而获得"完美的皮肤、完美的笑容"。埃塞纳·奥尼尔（Essena O'Neill）是名年轻的澳大利亚模特，在 Instagram 上有 50 万名关注者。[4]但她决定曝光这些迷人照片背后的真相。奥尼尔把自己账号改名为"社交媒体不是真实生活"（Social Media Is Not Real Life），删除了上千张旧照片，还修改了其他照片下的说明文字。比如，有一张照片，是奥尼尔在海滩上穿着比基尼。

⊖ 巴瑞·曼尼洛是个整容整得很厉害、行为也很夸张风骚的老歌手，年轻人穿他的 T 恤会显得很丢脸。——译者注
⊖ 类似国产软件美图秀秀等。——译者注

> 并非真实生活：为了让我的腹部看起来漂亮，我拍摄了 100 多张同样姿势的照片。那天几乎没怎么吃东西。我不停地朝姐姐大喊大叫，让她使劲拍，直到我找到一张满意的为止。（这张照片就是）这样完成的。

还有一张照片，是奥尼尔穿着正装站在湖畔。

> 并非真实生活：这件衣服我没花钱，我照了无数张照片，好让自己在 Instagram 上显得火辣，这条裙子让我感觉无比孤独。

第三张奥尼尔穿着比基尼的"坦白"照片下面写着如下内容。

> 并非真实标题：就是这张照片，我喜欢叫它"绝对坦率"。其实这里头没有任何东西是坦率的。没错，上学前早起去晨跑、去海里游泳都很有趣，可我感受到了强烈的冲动，要摆个大腿张开的姿势。# 叉开大腿挺起胸 # 内衣里垫了双层泡沫垫，脸别到一边，因为很明显，我的身体才是我最讨人喜欢的资产。像这样的照片，其实是我努力想说服你：我真的超热辣 # 给自己炒点名气

奥尼尔引来了一些强烈的批评。从前的朋友指责她"百分百是在自我推销"，还有人说她的这场新活动是个"骗局"。但其他数万人大声地表示赞许。有人说："读了她写的说明——这姑娘很大胆。"另一个人说："啊，太棒了，喜欢她的做法。"奥尼尔公开表达了全球无数 Instagram 用户的心声：对很多人来说，要在每一张照片里都表现出完美，这种压力让人无法承受。在最后一篇帖子里，奥尼尔写道："我的大部分青春时光都沉迷在社交媒体、社会认同、社会地位、外貌身体上了。在社交媒体中，做作的照片、剪辑过的视频竞相抢夺排名。这是一套基于社会认可、点赞、肯定、浏览次数、关注者人数的系统。它让人彻底沉迷在经过修饰和排演的自我评估里。"

平衡社会肯定与个性化

2000 年 10 月，吉姆·杨（Jim Young）对朋友詹姆斯·宏（James Hong）说，自己在聚会上碰到个姑娘。按杨的说法，姑娘"满满 10 分"。杨和宏一起长大，一起上高中，一起进了斯坦福大学，杨的评论给了两人灵感，一起设计一个网站。"那是在星期一，"宏回忆说，"这不是个严肃的项目。我们只想到处逗逗乐。吉姆星期五还是星期六发给了我些东西，我在周末玩了玩，星期一就把它上线了。从有想法到推出网站大概就用了一个星期。"

该网站对杨和宏的谈话做了在线具体化。发布当天的下午 2 点，他们找了 42 个朋友，访问了挂有宏头像和 10 分制评分表的网页。"友善点儿，"宏请朋友们判断自己"火辣不火辣"。网站很简单：访客们按 1（不火辣）到 10 分（火辣）给头像依次打分。每一轮打分过后，屏幕就刷新，显示同一张头像的平均得分。这样，他们就可以立即了解自己内心的漂亮尺度跟其他人的尺度是否吻合。推出第二天，4000 人访问了网站。8 天之后，它每天吸引了 200 万次点击——这一切全都是在没有 Facebook、YouTube、Twitter 和 Instagram（当时这些网站还没出现）的帮助下做到的。访客们不仅仅对照片打分；还上传自己的照片，因为他们想知道网络的宇宙是否认为自己火辣。

宏和杨设计的"火辣不火辣"网站，不仅获得了病毒般的传播，还让人上瘾。[5] 它不仅对一般的青春期少男上瘾。"我正在看网站，我爸爸走进了房间，"宏回忆说，"当时，按理说我该找工作了，所以我跟爸爸说，'这是吉姆正在干的事情。'"宏的爸爸很好奇，于是宏把网站的运作方式告诉了他。经过一轮快速示范，宏的爸爸拿起鼠标开始打分。宏说，"我见到的第一个沉迷于给别人打分，判断他们火辣不火辣的人居然是我爸，这太怪异了。你要知道，我爸是个亚洲工程博士，当时 60 岁了，在我的认识里，他根本就没有性别可言，虽说他生下过我、我的弟弟和妹妹。"宏的爸爸并不是特例；数百万用户都在网站上耗去大量时间，甚至愿意等待图片显示的 30 秒间隔（网站推出的前几个月，下载图片的速度慢得叫人难受）。

宏和杨是为了恶搞创造了这个网站，但网络广告客户开始接触他们，认真向他们提出了报价。两人有望每天能赚上几千美元，但有一个问题：网站上有些色情照片，而广告客户只愿意跟允诺清理内容的网站合作。宏的父母刚退休，于是他有点窘地请父母帮忙删除色情照片。他的父母对"火辣不火辣"网站都有了轻度上瘾，于是很高兴地答应了。就算不为了别的，儿子至少给了他们多上网的借口啊。起初，他们跟进了网站上的大部分新内容。"嘿，进展顺利！观察人很有意思。"宏的爸爸打趣着报告说。等宏的爸爸开始跟儿子分享一些被封的照片时，宏决定给自己找些新的"审核员"了。想到父母整天看色情照片，他受不了。

宏和杨毫不费力地找到一些用户当管理员。和宏的父母一样，这些用户很高兴有了每天浏览该网站的理由。随着时间的推移，"火辣不火辣"演变成了约会网站（它是 Tinder 及其他网络约会平台的前身，以外貌而非个性作为优先考量）。用户只需支付 6 美元即可加入该网站（这个数目是宏和杨权衡选择的，因为它相当于美国中西部到酒吧里喝两杯啤酒的价钱）。在巅峰期，该网站每年能赚到 400 万美元的收入，93% 属于利润。这家无意间让人上瘾的精益创业公司，运营开销极低。谣言说，宏和杨的早期成功启发了马克·扎克伯格创办 FaceMash（也是一个给容貌打分的网站，日后为 Facebook 铺平了道路）。2008年，两位好朋友把网站以 2000 万美元的价格卖给了专门开展网络约会业务的俄罗斯大亨。

在设计"火辣不火辣"时，詹姆斯·宏和吉姆·杨很机灵地纳入了造就 Instagram 成功的相同功能：一台社会反馈引擎。每次打分后，用户会看到自己的印象与其他数千用户的印象是否接近。有时两者匹配，有时不然，而这两种结果都满足了基本的人类动机：社会肯定需求（两者匹配时）和个性化需求（两者不匹配时）。（当然，用户评价的是容貌吸引力而非不同风光的吸引力，这也是有益无害的。凭借人考察潜在伴侣及竞争对手的天生动力，我们自然而然地对身体吸引力感兴趣。）

社会肯定（或与他人一样地看待世界）是你属于一群志同道合者的标志。

用进化术语说，群体成员更容易生存，落单的人则会被一个个地抛弃，故此，察觉你跟其他许多人一样，会令人放心。如果这些纽带遭到剥夺，人会体验到一种沉重的痛苦，有时叫作"社会死刑"（social death penalty）。它非常持久——光是回想从前遭人排斥的情形，就足以让人生出和当时一样的痛苦来，人们常常把遭到社会排斥列为自己最黑暗的记忆。发现你看待一张脸的方式跟他人一样，是归属的路线，它证实了你跟他人有着一样的眼界。社会肯定很短暂，我们随时需要新的剂量。这种反复寻求肯定的欲望，推着"火辣不火辣"的用户们一遍遍地"再评价给一张照片打打分"。一位叫 Manitou2121 的用户生成了一连串的融合图，将获得类似评分的所有面孔做了平均化。[6] 他把变形图分享给其他用户，好让他们观察自己的视角跟网站平均用户的视角是否匹配。

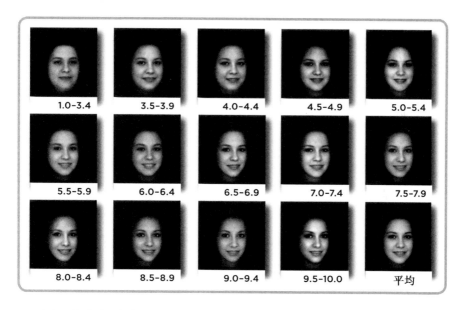

1.0-3.4	3.5-3.9	4.0-4.4	4.5-4.9	5.0-5.4
5.5-5.9	6.0-6.4	6.5-6.9	7.0-7.4	7.5-7.9
8.0-8.4	8.5-8.9	9.0-9.4	9.5-10.0	平均

　　不过，偶尔的分歧也有好处，因为它可以提醒你，你跟其他人不一样。心理学家把这一完美的平衡称为"最优独特性"，如果你在大多数事上跟人一样，但又不是所有事都跟人一样，你就找到了这个平衡点。[7] 每个人的平衡点略有不同，但"火辣不火辣"的美妙之处在于它提供了两种形式的反馈。"火辣不

火辣"是照片评分版的 Instagram，但要是杨和宏禁用反馈引擎，它也很容易走上 Hipstamatic 的路线。正是靠着数万用户迫切想发现自己的视角是否跟其他人的视角相同，网站才蓬勃发展起来。

为社交而游戏

我正要结束与软件工程师莱恩·皮特里（Ryan Petrie）的电话，他说："真有趣，我还以为我们要谈的是我的电子游戏上瘾呢。"皮特里是电子游戏设计师，我给他打电话是想问他为什么有些游戏特别容易上瘾。我完全没想到，他竟然会对自己设计的游戏上瘾。"我大学的时候，重度上瘾了 18 个月。"皮特里告诉我，"我把所有的日子、每一天都用来上网。我会在上课之前登录，在大学图书馆的课间休息时登录，下课之后一回家就登录。"皮特里平均一天玩游戏 6～8 小时，"美好"的日子全都迷失在游戏里了。他降了级，留校察看了一个学期。到了被开除的边缘，皮特里强迫自己在课堂上花更多时间，减少玩游戏的时间，恶习终于得到了控制。

皮特里是位老派游戏设计师。20 世纪 80 年代初，他还是个小孩子，看到哥哥用了整个夏天在一台苹果 IIe 上编出了基于文本的仿"财富转轮"（Wheel of Fortune）程序。对小莱恩而言，这太神奇了。"哥哥给我看了代码的打印输出，我没法相信，这套写出来的咒语居然能生成电子游戏。我一遍又一遍地问他每一行代码是干什么的，很快，我就开始制作自己的游戏了。"一开始，他设计了一套基于文本的冒险家印第安纳琼斯游戏，游戏范围是三个虚拟房间。他说游戏"糟透了"，但很快，他就有所进步。大学毕业后，美国艺电公司（EA Sports）聘用了他，最近，他还在谷歌和微软找了些事做。

"你听说过 MUD 吗？"皮特里问我，"就是多用户地下迷宫（multiuser dungqon）。"我没听说过，而且光是听这个名字，我也对它没太大的兴趣。皮特里在大学期间沉迷在 MUD 里。MUD 是基于文本的简单角色扮演游戏，玩家向计算机键入指令，看着屏幕刷新，出现反馈和进一步的指示。传统 MUD 以滚动文字、无图形为特点，所以在非常慢的网络里也能迅速更新。它们完全没有当今大部分游戏所具有的华丽声音和图形特效，你只能依靠屏幕上的文字和自己的想象力。皮特里玩的 MUD 是和来自世界各地的其他用户完成各种任务。这些用户成了他的朋友，每当不在线，他就觉得自己抛弃了朋友，充满愧疚。让皮特里上瘾的，就是游戏的这一社会组成要素。

MUD 具有一定的纯粹性，因为和现代游戏不同，它们没有浮华的魅力。皮特里完全是被跟其他人一起玩耍的感觉钓上钩的。他们或许跟他并不置身同一个房间，但大家有着共同的目的。MUD 有聊天功能，玩家可以互相表扬彼此任务做得好，又或是在被强大的敌人打败后互相安慰。皮特里告诉我，MUD 至今仍然存在，只不过被有着大手笔预算的游戏淹没了，例如酷炫的好莱坞大制作盖过了他心爱的独立制作杰作。"过了这么久，MUD 仍然是我玩过的最优秀的游戏。我总想着制作一款类似的游戏。但经历过上瘾之后，我产生了怀疑：创作这种游戏是否合乎道德。"

皮特里口中的 MUD 很带劲，但与今天最让人上瘾的游戏比起来简直不值一提：这就是"魔兽世界"或"英雄联盟"一类的大型多人在线游戏（简称MMO）。MUD 生活在边缘，吸引的是相对较小的成熟计算机爱好者群体。相比之下，有一亿人注册了"魔兽世界"账号。大型多人在线游戏比 MUD 更复杂，但如果剥离了它们酷炫的图形和声效，你会发现相同的基本结构：一连串的任务，玩家之间的远程互动，玩家会变成朋友，在游戏内外互相支持。

大脑变成了"腌黄瓜"

跟本书早些时候提到的"魔兽世界"前瘾君子艾萨克·韦斯伯格聊天后过了两个星期，我便到华盛顿州拜访"重启"治疗中心。韦斯伯格显然从自己的在线友谊中得到了许多快乐，所以我不太明白专家们为什么对网络互动大皱眉头。临床心理学家、"重启"的共同创办人希拉里·凯什（Hilarie Cash）解释说："只要你同时也在现实生活里交朋友，在网上交朋友就没什么不对的。如果我们是好朋友，我们坐在一起，这种互动，这种能量交换会释放出一整套神经化学物质，让我们彼此在情绪和身体上得到调制。身为社会生物，我们天生就有权得到大量这类安全、充满关心的互动，保持调制状态。我们生下来不是要变成一座座孤独的岛屿。"[8]吸引年轻玩家、令人上瘾的网络友谊之所以危险，不在于它提供了些什么，而在于它不能提供的东西：也就是说，它不能带给人机会，弄清楚坐下来、面对面、跟另一个人展开对话到底是什么意思。连续敲打键盘，甚至远程网络视频互动，遵循的是一种非常不同的节奏，它传递信息的'带宽'远为狭窄。"哪怕是另一个人的气息，以及来自同一房间里其他人持续的视线交流，都非常重要。"凯什说。她还提醒我，通过网络摄像头进行沟通的人似乎不会盯着对方的眼睛，因为对方的眼睛和传递你凝视的摄像头并不会完美齐平。"这就像给一个饥饿的人喂糖，"凯什告诉我，"短期内令人愉快，但最终他会饿死。"

凯什邀请我参加住院患者的小组讨论会。讨论会一开始，她念了一句我已经听到过好几次的口头禅："请记住，一旦你的大脑黄瓜经过腌制，它就再也没法恢复成真正的黄瓜。"这句话是为了提醒患者，不要在离开治疗中心以后犯韦斯伯格犯过的错误：以为自己不会网瘾复发，可以玩上一个小时。凯什解释说，在某种意义上来说，住院患者的大脑已经永久性地成了腌制黄瓜，他们的网瘾永远躲在角落里，伺机重燃。这句口头禅以轻松诙谐的方式说出了一个让人很难面对的事实：要想彻底摆脱上瘾带来的后果是不可能的。凯什还用这句口头禅解释，如果你的大脑缺乏线下的社交互动会发生些什么。她这样告诉我："如果你只在网上消磨时间，你的一部分就蒸发了。"

凯什建议我去跟安迪·多恩（Andy Doan）聊聊，多恩是位神经科学家，在约翰·霍普金斯大学研究学习和记忆。[9]凯什告诉我，多恩是游戏上瘾专家，可以就网络人际互动的不利方面向我做更深入的解释。回到纽约，我立刻给多恩打了电话。他现在成了眼科医生，但他对上瘾问题做过广泛研究，还写了很多文章。他告诉我，让人上瘾的游戏具备 3 个关键组成部分："第一点是沉浸式体验，也就是你置身游戏当中的感觉。第二点是成就，即你正在大展宏图的感觉。而第三点，也是最重要的一点：它有社交元素。"多恩说，由于互联网连接速度越来越快，人们越来越容易实时地进行彼此沟通，游戏上瘾大幅跃升。网速缓慢的日子一去不复返了，莱恩·皮特里热爱的边缘游戏 MUD 的黄金时代也一去不复返了，那时候上瘾的人很少。现在，艾萨克·韦斯伯格和数千万其他游戏玩家可以建立起看起来、感觉起来都像是真货的山寨友谊。

再也无法适应现实互动的孩子

多恩解释了为什么靠网络游戏灌溉的大脑永远无法完全适应现实世界里的互动。20 世纪 50 年代和 70 年代，视觉研究人员科林·布拉克莫尔（Colin Blakemore）和格拉哈姆·库珀（Grahame Cooper）进行了一场著名的系列实验，解释了小猫的视觉塑造了它余生里大脑的运作方式。在一个实验中，他们将小猫限制在一间小黑屋里，让它长到 5 个月大。每隔一天，研究人员从房间里拿出一半的小猫，放到一个覆盖有黑白横条纹的圆柱体里。他们把另一半放到一个类似的圆柱体里，但这个圆柱体覆盖的是黑白竖条纹。所以，一半的小猫只看到了垂直线，另一半只看到了水平线。研究人员解释说，对每只小猫而言，"这个内环境没有边边角角，而上下边缘又隔得很远。小猫甚至看不到自己的身体，因为它戴着宽大的黑色脖套，限制着视野。"他们补充道（虽然这对关心动物福利的人实在没起到什么宽慰作用），"单调的环境似乎并未让猫咪们感到不安，它们长时间地坐着，观察着圆柱体的墙壁。"

等布拉克莫尔和库珀把小猫放到正常房间里游荡，它们非常困惑。所有这些小猫，不管之前接触的是横条纹还是竖条纹，都难以判断自己跟物理实体相距有多远。它们会碰到桌腿；实验人员假装要扑打猫咪的脸，它们不会跳开；

它们跟不上移动物体——除非该物体能发出声音。（如果你见过猫跟着激光笔的光斑跳得多么快活，你就会知道，一只猫面对滚来的球毫无动静，这有多么奇怪。）布拉克莫尔和库珀检查了小猫的大脑活动，发现在垂直环境里饲养的小猫对水平线上的任何活动都完全没有响应；而饲养在水平环境里的小猫，对垂直线上的任何活动没有响应。对猫咪们生命头几个月里没接触过的任何东西，它们的大脑几乎完全看不到。安迪·多恩告诉我，这一点不可逆转。这些可怜小猫大脑里的视觉皮层已经永久性地成了腌黄瓜，哪怕它们的余生都生活在正常环境，也不可扭转早期局限生活环境带来的许多恶果了。

多恩用希拉里·凯什"重启"中心的住院患者打了个比喻。布拉克莫尔和库珀为小猫们引入了一个技术术语，叫"视觉弱视"（视力迟钝）。多恩告诉我，靠网络养大的孩子存在"情绪弱视"。儿童在不同的年龄（也就是所谓的关键发育期）发展出不同的心理技能。四五岁之前，他们能轻松地学习语言；但这之后，他们要大费周章才能学会新语言了。培养社交技能、学习怎样驾驭青少年情绪的复杂世界，这些方面也都存在类似的情况。如果孩子们错过了面对面互动的机会，他们很可能永远都无法掌握这些技能了。

凯什看到数十个青少年（主要是男孩，也有女孩）跟同伴在线交流没问题，但没法跟人坐着面对面地对话。如果你鼓励这些少男少女彼此互动，问题变得更严重了。"如果只跟其他人在网上打发时间，你怎么才能学习说话、约会，甚至最终上床呢？"凯什问道，"这些小伙子们遭到了拦腰截击，产生了亲密障碍。他们不具备把性和亲密结合到一起的技能。许多人因为没法建立真正的关系，转向了色情，他们好像从来没理解真正的亲密是什么。"之所以说是"我们的小伙子"，因为"重启"治疗中心现在不再接收女孩子了。"有4年时间，我们接收女性患者，但由于大量患者无视'不可出现亲密身体接触行为'的规矩，我们只好修改政策。当时，我们的男性申请人也更多，所以决定停止接收女性。现在，随着非暴力的休闲和社交游戏兴起，男女申请者的数量不相上下了。我们大概又要重新考虑收治政策了。"

就连那些本身极具个人魅力的网络瘾君子艾萨克·韦斯伯格，也受制于一系列的心理和社会障碍。一项研究发现，10～15 岁、每天玩 3 小时以上游戏的玩家，对生活不甚满意，不太能与他人感同身受，不太理解怎样恰当应对自己的情绪。[10] 3 小时听起来挺多，但新近的调查显示，孩子们平均每天待在屏幕前 5～7 个小时。等如今的千禧一代进入成年，他们的社交大脑很可能都变成了"腌黄瓜"。

第三部分

如何远离行为上瘾

第 10 章

让孩子远离行为上瘾

今天，8～18 岁的学童，平均有 1/3 的时间用于睡眠，1/3 的时间用于上学，1/3 的时间耗在智能手机、平板电脑、电视和笔记本电脑等各种各样的新媒体上。学童们通过屏幕与人交流的时间，比面对面交流更多。自从 21 世纪拉开序幕，不在屏幕前玩耍的时间（也即户外活动、阅读等传统消遣方式）减少了 20%，而在屏幕前玩耍的时间则提升了差不多的比例。这些统计数据本身没什么问题（世界在不断变化），但 2012 年，有 6 名研究人员揭示，它们竟然会产生不好的影响。

自然交流提升孩子社交能力

2012 年夏天，51 名孩子参加了洛杉矶郊外的一处夏令营。这些孩子是典型的南加州公立学校学生：年龄为 11～12 岁，有男有女，种族和社会经济背景各异。[1]所有的孩子在家都能使用电脑，差不多一半的人拥有手机。他们每天用 1 个小时给朋友发短信，看两个半小时的电视，玩 1 个多小时的电脑游戏。

在这一个星期，孩子们要把手机、电视和游戏机留在家里。他们来到夏令营，徒步、学习使用指南针，搭弓射箭。他们学习怎样用篝火做饭，如何从有毒植物中分辨出可食用的植物。没有人明确地教导他们面对面直视彼此的目光，但在没有新媒体的情况下，他们就是这么自然而然地做的。他们不再只是看到"LOL"（英文里"哈哈大笑"的缩写），盯着笑脸表情符号，而是切切实实地笑，大笑或者微笑——当然，伤心或者生气时例外。

星期一早上，孩子们到达营地，接受了名为"非语言行为诊断分析"的简短测试。这是一个有趣的测试（在 Facebook 上非常热门），因为你要做的事情很简单，那就是阐释一群陌生人的情绪状态。测试有一半是要看着照片上陌生人的脸，另一半是听陌生人大声朗读一句话。接着，你判断他们是开心、伤心、生气还是害怕。这听起来很不值一提，其实不然。有些面部表情和声音很容易解读（它们属于"高强度"类），另一些则非常微妙。这就类似判断蒙娜丽莎是在暗暗微笑，还是感到无聊或不开心。我做过这套测试，有些题目就做错了。有个家伙听起来略微沮丧，但测试告诉我，他其实是略微害怕。夏令营的孩子也会做出同样的误判。测试一共 48 道题，他们平均会弄错 14 道。

经过了 4 天的露营和徒步，孩子们准备登上巴士回家了。在回去之前，研究人员又进行了一轮非语言行为测试分析。他们推测，经过了一星期面对面的互动，没有来自电子小设备的分心，孩子们有可能对情绪线索变得更敏锐了。有理由相信，解读情绪线索也是熟能生巧的事情。在孤独里长大的孩子（比如著名的阿韦龙野孩子，9 岁前在法国的森林里由狼群抚养长大），始终学不会解读情绪线索。被迫处于社会隔离状态下的人，获释后与他人互动会很困难，有时甚至余生都难于复原。孩子们花时间待在一起，会通过不断的反馈学习解读情绪线索：你也许以为自己的玩伴拿出玩具是想跟你一起玩，可如果你看到他的脸，就会明白他是想把玩具当成武器来打你。

解读情绪是一种精心调整、用进废退的技能,这正是研究人员在夏令营里发现的结果。在第二轮非语言行为分析里,孩子们的表现大为改善。接受第一次测试后他们并未得到答案,但第二次测试里他们的错误率下降了33%。研究人员还请来自同一所学校的对照组接受了两次测试。这些孩子没有参加夏令营,所以是在星期一上午和星期五下午接受的测试(跟参加夏令营的孩子一样)。他们的错误率同样下降了一些(差不多是20%),这或许是因为同一测试连续做了两次带来的好处,但这一改善程度跟夏令营的孩子们比起来就没那么明显了。

如今,在城市里过一个星期和在野外营地过一个星期,差别很大。除了不使用各种电子小玩意儿、面对面地跟朋友在一起之外,其他许多区别或许也能解释孩子们在测试中改进程度的差异。是在大自然里消磨时光,改善了人的心理功能吗?还是说多跟同伴相处,让人变得更聪明了?又或者是远离各种电子设备造成了这些差异?原因到底是什么无法确定,但这并不改变研究人员得出的结论:在自然环境里跟其他孩子多相处,比用1/3的时间守着发光的屏幕,让孩子们在一项能提升社交互动质量的任务上表现得更好了。

面对面沟通至关重要

儿童特别容易上瘾,因为他们缺乏成年人避免培养上瘾习惯的自控能力。为此,成熟的社会规定不得向儿童出售酒精和香烟,但只有极少社会对行为上瘾进行规范。只要父母允许,孩子们可以一次性地玩上几个小时的电子游戏。(韩国采用所谓的"灰姑娘法",禁止儿童在半夜到早晨6点间玩游戏。)

为什么孩子们不能一次性地玩上几个小时互动游戏呢?[2]还有,我在本书的楔子部分提到过,为什么许多技术专家都不准孩子使用自己设计并向公众宣传推广的电子设备呢?事实上,要再过上几年,我们才能弄清孩子们对技术的泛滥有些什么样的响应。第一代原生苹果手机用户才八九岁,第一代原生iPad

用户才六七岁（这里指一出生就由这些设备伴随成长的孩子）。他们还没有进入青春期，所以没有办法分辨他们跟早出生十来年的同龄孩子有些什么不同。但我们知道要寻找的是什么。技术压抑了一些原本十分普遍的基本心理活动。20世纪 90 年代和更早以前的孩子用脑袋存储几十个电话号码，他们互相交流而不是跟设备互动，他们自己找乐子，而不是从 99 美分的应用程序里获得人造趣味。

几年前，我对所谓的"艰苦免疫"（hardship inoculation）产生了兴趣。这指的是，与心理难题（比如努力记住电话号码，决定漫长的星期天下午要做些什么）进行斗争，能让你在将来面对心理艰辛时获得免疫能力，就跟疫苗接种能让你对疾病获得免疫能力一样。举例来说，读一本书比看电视更辛苦。[《纽约客》杂志的电影评论家大卫·丹比（David Denby）最近写道，孩子们随着年龄的增长放弃书籍。[3]"书有一股子老人味。"他无意间听到一名少年说。] 有充分的早期证据支持上述设想：小剂量的心理艰辛对我们有好处。先前解决过心理难题（但较之后面的困难更简单）的青年人，在应对心理麻烦时表现更好。青少年运动员也是靠着挑战茁壮成长起来的：我们发现，在大学篮球球队，如果季前赛安排更紧张，队员们会做得更好。这些适度的早期奋斗至关重要。如果我们把一台能让一切变得简单的设备塞进孩子手里，剥夺了他们自己解决难题的机会，那么就会很危险——只不过我们还不知道到底有多危险。

对技术的过度依赖还带来了一种名为"数字健忘症"的现象。在两次调查中，数万名美国和欧洲成年人都难于回忆一长串十分重要的电话号码。他们几乎记不得自己孩子的手机号码，记不得自己工作场所的电话号码。在回答另一些问题时，91% 的受访者将手机称为"大脑的延伸"。大多数人表示，自己会先在网上搜索答案，而不是从记忆里寻找答案；70% 的人表示，如果自己的智能手机设备丢失，会感到伤心或恐慌。大多数人说，智能手机上存有自己脑袋或其他地方没存储的信息。

麻省理工学院心理学家雪莉·特克尔（Sherry Turkle）同样认为，技术会把孩子们变成糟糕的沟通者。[4]就拿短信来说吧，许多孩子（和成人）都更喜欢发短信，而非直接打电话。较之说话，发短信能让你更准确地调整自己的消息。如果听到笑话，你一般回答的是"哈哈"，如果笑话特别有趣，你可以回一句，"哈哈哈"——如果笑话可笑之极，你可以用"哈哈哈哈哈哈"来表示。如果你生气了，你可以用一句轻蔑的"靠"来回答，如果你火冒三丈，你可以选择完全不回复。喊叫，用"！"，大声喊叫，用"！！"，甚至"！！！！"。这些符号具有数学一般的准确度：你可以计算"哈"或"！"的数量。所以，对想要厌恶风险、担心误解的沟通者来说，短信十分理想。但短信最明显的缺点是，你奉行的是书面文字规则，这里没什么自然而然的表达，产生歧义的空间很小。没有非言语线索，没有停顿，没有轻快的语调，没有意外的傻笑，或让对话伙伴哑口无言的嘲讽。可没有这些线索，孩子们也就学不会面对面地沟通。

特克尔还转述了 2013 年喜剧演员路易斯 C.K（Louis C.K）跟娱乐节目柯南·奥布莱恩分享的一段评论，说明手机沟通的局限性。路易斯说，自己抚养的不是孩子，而是日后的成年人。他说，手机"有毒，对孩子尤其有毒"。

> 他们说话时不看人。他们没有同理心。你知道，小孩子很刻薄。而且他们会把这些表现出来。他们看着一个孩子，他们哈哈哈大笑，"你是个胖子。"他们看到那孩子的脸都绷紧了，他们无所谓地说："哎呀，让人做这事儿感觉不好"……可他们会写："你是个胖子。"然后哈哈哈大笑，"哎呀，太好玩了。我喜欢。"

在路易斯看来，面对面沟通至关重要，因为这是孩子们理解自己的语言对他人有什么样影响的唯一途径。

为幼儿设定健康的屏幕使用时间

在写下这段话的两个星期前，我的妻子生下了我们的第一个孩子。山姆·奥尔特（Sam Alter）出生于一个屏幕的世界。婴儿监视器的屏幕把我们的声音和面孔传到他的房间。我的 iPad 屏幕把他介绍给分散在世界各地的祖父母、叔叔和表亲们。我们客厅里的电视机传送来动态的照片和声响，让我们把他哄入睡。不知什么时候，他就自己学会使用 iPad 和电视机了。接着，他将学会使用计算机和智能手机，以及那些即将发明出来，定义他所属时代的设备（一如计算机和智能手机定义了我们的时代）。从许多方面来说，这些屏幕将丰富他的童年：他将以祖先们视为天方夜谭的方式看视频、玩游戏、与人互动。但它们也有很大可能让他的童年打折扣。与真实世界比起来，二维的屏幕世界要匮乏许多。社会互动遭到削弱，填鸭式教育的空间增多，想象和探索的空间则减少。一如安迪·多恩对我所说，我们小时候在屏幕前所花的时间，影响着我们余生与世界的互动方式。早早达成恰如其分的平衡，比日后纠正不健康模式更容易。

YouTube 视频下的一个子类揭示了婴儿对屏幕时间的响应方式：他们不知道怎样使用杂志。有一段视频被人们观看了 500 万次。视频里，一个 1 岁的小姑娘娴熟无比地滑动着 iPad 屏幕。她从一屏翻到另一屏，设备随着她的心意有所响应，让她快活地叫起来。苹果 2007 年推出第一款苹果手机时推出的划动翻页手势，在她眼里就跟呼吸或吃饭一样自然。但等她坐在一本杂志跟前，她还是用划动屏幕的手势，插页照片却不肯变成新的，她便沮丧起来。她属于第一批以这种方式理解世界的人——相信自己对视觉环境有着无限的指挥力，相信自己的手指轻轻一划就能迎来新的体验，从而克服一切陈旧的体验。这段视频的标题是"杂志是一台没法用的 iPad"（A magazine is an iPad that does not work），视频下面的评论则提问说，"能不能解释一下，你为什么要给 1 岁的孩子玩 iPad ？"

iPad 使养育工作变得更轻松。它们提供可以刷新的环境，让孩子看视频、玩游戏，所以对工作超负荷、得不到足够休息的父母来说，iPad 真是神物。但 iPad 也为孩子们设定了长大以后难以撼动的先例。"重启"中心的希拉里·凯什对这个主题有很好的见解。她不是老古板，但她亲眼见证了过度使用电子设备带来的恶果。"两岁以前，孩子们都不应该接触屏幕。"她说。凯什认为，婴儿的互动应该是直接的、社会的、亲身实践的、具体的。人生的最初两年，为孩子4岁、7岁、12岁怎样跟世界互动确立了标准。凯什说："要到小学，差不多7岁的时候，才能允许孩子被动地看电视，因为这时学校会向他们介绍互动媒体，比如iPad和智能手机。"她还建议把孩子们每天对着屏幕的时间限制在两小时内，哪怕到了青春期也应如此。"这很难，"她承认，"但至关重要。孩子们需要睡眠和身体活动，需要家庭时间，需要有时间运用自己的想象力。"如果他们迷失在屏幕世界，这一切就不会发生。

美国儿科学会（AAP）认同凯什的看法。儿科学会在一份网络报告中建议："两岁以下的婴儿应避免电视及其他娱乐媒体。在这些最初的岁月，儿童的大脑迅速发育，幼儿跟人而非屏幕互动学得最快。"这些或许都是实话，可如果屏幕无处不在，克制就成了难题。即便是在2006年（距离苹果推出首款iPad还有4年），恺撒家庭基金会就发现，43%的两岁以下的孩子每天看电视，85%的孩子每个星期至少看一次。61%的两岁以下的孩子每天都会在屏幕前打发点时间。2014年，一家名为"从0岁到3岁"（Zero to Three）的组织报告说，38%的两岁以下的孩子使用移动设备（2012年仅为10%）。到4岁时，80%的孩子使用过移动设备。

"从0岁到3岁"所用的方法比儿科学会更为温和，它承认孩子不可避免地会有一定时间用来接触屏幕。"从0岁到3岁"并不建议直接禁止屏幕，而是认为可分配特定的屏幕时间。报告如下所说。

> 有相当充分的研究结果表明，儿童健康发育的最重要因素是积极的亲子关系，它以温暖、关爱的互动为特点，家长和其他照料人士敏锐地对孩子的行为线索做出响应，提供适龄互动，鼓励孩子的好奇心和学习。

儿科学会显然同意：它关于婴儿媒体使用情况的陈述以"幼儿跟人而非屏幕互动学得最快"一语结束。两者的区别在于，"从0岁到3岁"认为只要家长参与在内，孩子就能够和屏幕建立起健康的互动。它并未全面禁止屏幕，而是列出了健康屏幕使用时间的 3 大特点。

第一，父母应该鼓励孩子把自己在屏幕世界里看到的东西与自己在现实世界的体验联系起来。如果一款应用程序要求孩子按颜色整理木块，父母可以让孩子和自己一起洗衣服时，说出衣服的颜色。如果一款应用程序里出现木块和球，那么孩子事后应该去拿真正的木块和球玩耍。任何体验都不应局限于旨在模仿现实的虚拟世界里。这种从屏幕到现实的桥接叫作"学习迁移"（transfer of learning），它能改善学习的原因有二：①它要孩子重复自己学到的东西，②鼓励他们对所学知识进行归纳概括，跳出单一环境。如果屏幕上的狗与街上的狗相同，孩子就能学习到：狗能在多种环境下存在。

第二，积极参与比被动观看要好。一款需要孩子采取行动、记住信息、做出决定、跟父母沟通的应用程序，比孩子只能被动吸收其内容的电视节目要好。节奏缓慢的节目，比如《芝麻街》（Sesame Street），鼓励孩子的参与和投入，因此比节奏快的节目，如《海绵宝宝》（SpongeBob SquarePants，不是为 5 岁以下的孩子设计的）更好。在一项研究中，看了 9 分钟《海绵宝宝》（而不是慢节奏的幼教动画片）的 4 岁孩子，很难记住新信息，事后在抵挡诱惑时也更纠结。因此，电视应当尽量少在背景中出现，电视时间也应和其余的时间分开。

第三，用在屏幕前的时间应始终关注应用软件的内容，而非技术本身。正在看故事展开的孩子应该解释自己认为接下来会发生些什么；指出、认出屏幕上的人物；慢慢地往前推进，不要疲于奔命地操作技术。以屏幕为载体的故事应尽量模仿读书的体验。

让青少年"可持续"地使用数字技术

和幼儿一样，青少年也容易上瘾。"重启"网瘾中心使用了节食和环境可持续发展的比喻来介绍年龄较大的孩子怎样与屏幕互动，应该保持怎样的互动频率。凯什告诉我，她不喜欢用"上瘾"这个词，因为它暗示了与疾病相关的一切不利牵绊。相反，"重启"中心采用环境保护运动的语言。其主页声明，"重启"是"一家数字技术可持续发展中心"，教会人们怎样过可持续发展的生活。该中心是一家"休假地"，而非医疗机构。凯什告诉我，"要彻底回避技术是不可能的，所以，我们的目标不是教客户使用冷火鸡法。我们教人们怎样解决问题，这并不是一种传统的治疗方式。"凯什解释说，解决问题很关键，因为治疗计划只有45天。在那之后，男孩们就要靠自己了。

"重启"的治疗计划分3个阶段。在第一阶段，患者不可使用任何技术。他们通常要经历持续3个星期的排毒。"有些人很抵触，但其他人都接受这个过程。"凯什说，"到第一阶段结束的时候，我们往往能够判断哪些人从治疗中受了益，大多数人都可以。"在第一阶段的剩余部分（又一轮3～4个星期），男孩们继续住在治疗中心。他们要学习不少人都缺乏的基本生活技能，比如煮鸡蛋、打扫厕所、整理床铺，以及最重要的一点，管理个人情绪。（一个男孩告诉我，来到"重启"之后，他下了好几局象棋，但往往以他把棋盘愤怒地扔在地上告终。）他们还学习运动，拥抱自然，这是"重启"中心哲学的重要一环：如果你要剥夺他们生活里的一个主要组成部分，就必须用另一些能调动他们、让他们能脱离技术的东西来替代。和凯什一起创办"重启"中心的科赛特·蕾告诉我，她丈夫指导了几次大自然徒步活动。"重启"中心坐落在森林里，不过男孩们也会到附近的雷尼尔山（Mount Rainier）远足。他们每天在中心的健身房训练，许多人的身材变得更健硕了。凯什引用了一项独立研究，指出78%～85%的男孩在第一阶段都有所改善。

在第二阶段，正在恢复的患者转入类似匿名戒酒会（Alcoholics Anonymous）管理的那种中途宿舍（halfway houses）。患者在宿舍里学习应用在"重启"中心所学技能。他们申请工作或志愿职位，或是就读大学课程。这些宿舍按严格的规定管理运营，患者得到来自"重启"中心的支持，定期到中心进行门诊复查。我问凯什这套计划是否成功，她告诉我是的，但无法提供确切的数字。"重启"中心规模很小，而每个孩子问题的性质又略有不同，所以很难测定复发率。目前，有一名研究生正跟凯什和蕾合作，执行更严格的测量方案。

第三个也是最后一个阶段，从患者们准备重返无人监督的生活开始。许多人留在华盛顿州附近，离中心不远，这样每隔几个星期或几个月就能到中心来复诊。由于他们来自全美各地，还有人甚至是海外来的，如果他们避开了从前令自己上瘾的人和地方，受老习惯诱惑的概率会更低。（还记得越战老兵从越南回国后就戒掉了海洛因毒瘾的故事吧？）艾萨克·韦斯伯格吃足了苦头才发现了这一点：第一次离开中心回家之后，他没抵挡住诱惑玩了"魔兽世界"。第二次离开中心之后，他决定留在附近，目前他住的地方离中心只有很短的车程。

家长应该如何做

大多数青少年不需要住进"重启"这样的机构，但父母们仍然担心孩子与游戏和社交媒体的互动。我在第 1 章提到的心理学家凯瑟琳·斯坦纳 – 阿黛尔采访了数千名青少年及其父母，以求设计出一套基本的养育原则来。[5] 她解释说，如果家长"惊慌、抓狂和摸不着头脑"，孩子们的反应也不会好。

惊慌的表现是僵化、苛刻以求。因为父母越来越担心，他们的要求也随之提升。"你肯定会毁了自己上大学的前途"或者"你绝对不能再带这个朋友来家里"，这一类的说法必然会让孩子疏远。孩子们带着问题来找家长，疯狂的家长却反应过度。斯坦纳 – 阿黛尔讲述了一个 12 岁的女孩接到朋友写来的一封伤心的电子邮件。"她没法像这样谈论事情，因为她妈妈凡事都会主动加戏。'她会说，太可怕了！然后就开始唠叨，我不光要应付朋友，还要应付我抓狂的老妈。'"很明显，女孩的妈妈很在乎孩子，她希望孩子感觉好些，但她升级事态的本能反应让问题变得更严重了。另外，摸不着头脑的家长很值得同情。他们要么不理解孩子所过的生活，要么觉得事情的局面不可控制。"摸不着头脑的家长太过努力地"想跟孩子交朋友，斯坦纳 – 阿黛尔说，"他漏掉了线索，只注意到一些肤浅的事情，却未能跟孩子就人生价值、期待和结果展开有意义的谈话。"

与惊慌、抓狂和摸不着头脑的父母相对的是"平易近人、镇定、知情而现实"的家长。他们明白，社交媒体是现实世界的一部分。有时，孩子们会心烦意乱，但反应过度会加剧问题。这些父母花时间了解孩子们怎样与社交网络平台互动。他们向孩子们提出一些无关是非评判的问题，并自己去研究。他们会设定边界，借助"重启"中心宣传的技术，创造可持续发展的关系。全家人常常进行有意义的线下对话，在一天的某个时刻，家里所有人聚在一起，不上网。抽象来看，上述理想状态里有一些是显而易见的事情，可人激动起来不见得总能做到。斯坦纳-阿黛尔的口头禅"平易近人、镇定、知情而现实"，在紧张局面出现的时候是十分有用的经验性原则。

陶教授的训练营

到目前为止，美国政府选择不插手干预孩子和行为上瘾的关系。美国没有国家支持的治疗机构，这或许是因为需要精神科帮助的上瘾孩子毕竟相对比例较低。东亚对行为上瘾的反应，尤其是中国和韩国，比美国迈的步子更大，探索性更强。[6] 2013 年，两名以色列电影人发行了一部名叫《网瘾》（*Web Junkie*）的纪录片。希拉·梅达利亚（Hilla Medalia）和莎什·什拉姆（Shosh Shlam）用了 4 个月时间，采访了北京一家网瘾治疗机构的医生、患者和家长。几年前，中国成为第一个宣布网络上瘾是临床疾病的国家，并将之列为青少年人口的"第一大公共卫生威胁"。

中国有 400 多家治疗中心，按该国网络上瘾的定义，超过 2400 万的青少年都是网络瘾君子。梅达利亚和什拉姆参观了其中一家位于北京军区总医院的大兴训练基地，并采访了中国网瘾治疗第一人陶然教授。陶教授是一个说话轻言细语的精神科医生，可无疑却激起了治疗中心患者们的恨意。大部分患者是被骗到治疗中心的，要非自愿地住上三四个月的院。他们被迫服用药物，哪怕北京冬天温度骤降，也要到室外接受踢正步行军的军事操练。孩子们的父母有不少当着摄像机哭起来，他们说把儿子（也有少数是女儿）送来是因为觉得没有别的选择了。在纪录片一开始，陶教授就解释了这个问题，也解释了自己在治疗中心担任主任扮演的是什么样的角色。

> 网络上瘾是中国青少年当中的一个文化问题。它比任何其他问题都更严峻。从精神科医生的角度讲，我的工作是判定它是否属于疾病。我们注意到，这些孩子偏爱虚拟现实。他们认为现实世界不如虚拟世界好。我们的研究表明，上瘾者每天要上网 6 个小时以上，而且并非出于学习或工作目的……一些孩子被游戏钓上了钩，认为自己去上个厕所都会影响游戏表现。所以他们穿纸尿裤。他们和海洛因瘾君子一样，迫切期待每一天都玩。这就是为什么他们叫游戏"电子海洛因"的原因。

后来，陶教授表示问题是结构性的：它不是一种疾病，它的根源出在社会上。他在治疗中心一个压抑的小房间里见到了一群家长。"这些孩子们最大的一个问题是孤独。孤独。你们知道他们感到孤独吗？"他带着一个似乎更适合舞台的奇怪回音麦克风说。一位家长回答："我想，这是因为他们是家里的独子吧。我们这些当家长的没能跟孩子交上朋友。我们只要求他们努力学习。他们的压力、忧虑、痛苦——这些东西，我们什么都看不到。我们只关心他们的学业。"陶教授同意，"那么，他们要到哪里去寻找朋友？上网。虚拟世界里有各种各样的影音奇迹，有你在别处找不到的对现实世界的模拟。它成为他们最好的朋友。"很明显，陶教授对网络上瘾的性质自相矛盾。一方面，他强迫患者服用精神药物，另一方面又暗示它完全不是疾病。如果一个社会里充斥着数百万学业过重又孤独的孩子，他们怎么可能不转而向无尽的陪伴和逃避源头求助呢？这似乎是他们面对不满做出的理性反应。他们除了上网什么也不做，不是因为他们患上了疾病，而是因为这个数字世界明显比自己身体寄居的现实世界更美好。

青少年自己很清楚这一点。躲开了在相对原始世界里长大的成年人，他们成熟得很。一群十几岁的男孩在中心讨论自己的上瘾问题，就像是在攀比自己的雄性气质。一个人说他连着玩了两个月的电子游戏，没有退出——把整个暑假都投进去了。另一个男孩说，他玩了 300 天，除了短暂地吃饭睡觉上厕所，完全不消停。第三个孩子说陶教授对网瘾的定义是"胡说八道"。在他看来，每天上网 6 个小时很正常。"如果你按这套网瘾定义来看，80% 的中国人都有。"第四个孩子说，"我们大多数人都不觉得自己有网瘾。它不是真正的疾病。这是一个社会现象。"男孩们尽量把问题说得轻松些，但很明显，网络上瘾是中国面临的一个不断发展的重大问题。

网瘾认知行为治疗

西方对待行为上瘾的态度跟陶教授一样散乱。《精神障碍诊断与统计手册》现在承认赌博是一种真正的行为上瘾，而 2013 年发行的手册第 5 版（DSM-5）几乎未将过度使用互联网收录在内。如今，以"网络上瘾"为主题的学术论文有 200 多篇，所以美国精神病学会在手册的附录里简略地提了一下。同时，DSM-5 省略了运动、智能手机和工作等其他行为上瘾，因为它们尚未引起足够的学术关注。不过，在和行为上瘾治疗专家探讨时我发现，这些上瘾体验并未因为手册没提就不是真的。就算美国精神病学会不认为它们是疾病或失调，它们仍然影响了成千上万人的生活。又或许，完全不应该把它们看成是临床疾病，行为瘾君子们只是回应自己所居住世界的种种约束（就像数百万中国青少年向互联网求助来应对孤独一样）。

和陶教授的医学模式（要吃药，要接受精神治疗）相比，"重启"中心主要是把行为上瘾视为结构性问题：修复受感染者生活的结构，就修复了问题。治疗课程是"重启"治疗计划的一小部分——远少于生活训练和情绪应对技能等。但美国也不是所有的治疗机构都一样。有一家医院治疗行为上瘾，就跟西方医学治疗药物上瘾差不多。2013 年，宾夕法尼亚州布拉德福德地区医疗中心在推出了为期 10 天的网瘾治疗方案。创立该方案的心理学家金伯利·扬从 20 世纪 90 年代中期就对网瘾产生了兴趣。[7]"1994 年或者 1995 年，我的一个朋友对我说，她丈夫一个星期泡在美国在线的聊天室里 40～60 个小时。"扬说，"当时上网费用很高，每小时 2.95 美元，所以这个习惯给家人造成了经济负担。我很好奇，人真的会对网络上瘾吗？"扬设计了网络上瘾诊断问卷（Internet Addiction Diagnostic Questionnaire），贴到了网上。就像赌博和酒精上瘾问卷一样，网瘾问卷询问受试者以下 8 句陈述是否适合形容自己的情况。"如果认为 5 句或 5 句以上陈述都适合，那就是'上瘾'。"扬说。

第二天，数十人通过电子邮件告诉她说自己很担心。他们不少人的量表得分都在 5 分以上。接下来的 4 年时间，扬完善并验证了问卷，增加了 12 个新项目，并重新取名为"网瘾测试 20 题"。（我在本书第 1 章中便收录了测试中的一些问题。）

在两件事的推动下，扬接待的网络瘾君子越来越多：一件事发生在 2007 年，苹果推出了手机；接着是 2010 年，它推出了 iPad。"互联网转到移动端之后，我对网瘾的关注爆发了。"扬告诉我。上瘾环境不再仅限于家里：如今它无处不在。到 2010 年，扬意识到，必须要设立一家专门的治疗中心了。2006 年一项早已过时的研究表明，美国有 1/8 的人网络上瘾，但扬相信这个数字高得多——而且还在往上涨。她设法在布拉德福德医院安排了 16 张病床，作为急性网瘾治疗中心。她跟"重启"的凯什谈过，但扬更倾向于采用一种不同的、更密集的方法。患者的住院治疗周期不是 45 天，而是 10 天。她说："大多数人没时间跟我们待 10 天以上。"其中许多人看过其他医生，可惜没用，所以他们找到这里时满心绝望。他们将经历三天的快速解毒，接着用 7 天展开针对性的认知行为治疗。扬的方法，也叫作"网瘾认知行为治疗"（Cognitive Behavioral Therapy for Internet Addiction），借鉴自曾成功治疗了其他冲动性障碍的技术。她的许多病人并不认为自己有问题，所以她必须教他们承认自己真的是上瘾了。接着，她教他们重塑一些导致其过度上网的有害想法——比方说，离开网络就没法结交朋友的观念。网瘾认知行为治疗还鼓励患者重新投入线下世界，因为许多患者此前已经放弃了线下世界，投入到看似更宽容的网络世界里。

2013 年，扬发表了一篇论文，介绍了网瘾行为认知疗法对 128 名网络瘾君子的作用。她在 12 个疗程后立即测量了患者的进展，接着在治疗之后的 1 个月、3 个月和 6 个月又分别做了测量。结果令人鼓舞：治疗结束后，扬的患者减少了上网时间，管理个人时间的能力提高了，也不太容易体验过度上网的恶果了。6 个月之后，部分治疗好处开始减弱，但模式仍类似：行为认知疗法似乎仍在发挥作用，至少对这一人数有限的样本来说是这样。

从改变动机开始

类似"重启"、金伯利·扬的"网瘾行为认知疗法"和陶教授的军区训练营等项目，都是应对最严重行为上瘾病例的孤注一掷式尝试——而且仅限于网络和游戏上瘾。它们并不完美，但早期的证据表明，它们能带来小幅到中等的益处。可面对其余数百万没有准备好或者不能住院的人（数百万运动得太频繁、工作时间远超所需、情不自禁地在网上花太多钱的人），我们应该怎么做呢？答案不是用药物治疗这些中等形式的上瘾，而是从社会层面和更狭义的日常个人生活层面改变我们的生活结构。一开始就预防人们上瘾，远比纠正现有不良习惯更容易，所以这些改变不应到了成年才开始，而是从小孩子就得开始。家长总是在教孩子怎么吃饭、什么时候睡觉、怎样跟他人互动，但不教会孩子们怎样跟技术互动，每天多长时间为益，这样的家庭教育就不够完整。

和匿名戒酒会一样，许多临床方案都要求禁绝：你要彻底放弃上瘾行为，否则就永远无法撼动瘾头。但对许多现代行为来说，禁绝是不可能的，故此必须采取不同的干预方法。匿名戒酒会暗示瘾君子无力克服自己的瘾，动机性面谈（motivational interviewing）则建立在这样的理念之上：如果人既有内在动机，也感到自己获得了成功的力量，那就有更大的可能把目标坚持下去。辅导师首先会提出开放式问题，鼓励客户思考自己是否希望改变上瘾行为。这种方法激进的地方在于，客户是可以认为自己完全不希望改变个人行为的。

纽约市动机与变革中心（Center for Motivation and Change）共同创办人兼临床主任凯莉·威尔肯斯（Carrie Wilkens）对整个过程做了解释。[8] "动机性面谈的关键在于把上瘾行为的代价和好处都摆到桌面上来。我们都知道上瘾有多么可怕，但它也有好处，后者往往是整个谜团里最有意义的一部分。剖析行为的好处很棒，因为这样一来，你才能理解行为满足了什么样的潜在需求。"

比方说，如果一名 16 岁的姑娘每天刷新自己的 Instagram 帐号几十次，她可能会说，这么做的好处是让自己感到跟朋友有联系。她每天发布三四次照片，强迫性地觉得必须刷新，看看自己的帖子是否吸引来了 "赞"。治疗这种瘾的关键在于，确保她以其他方式产生联系感，就算没有 "赞"，她也能感受到对自己的肯定。跟这个姑娘进行的典型对话或许要从一种名叫 "动机量度尺" 的东西入手。

> 按 0～10 分来看，如果 0 代表你一点儿也不打算改变自己的行为，10 代表你全力以赴地想要试试看，你现在是多少分？

基本干预里的这第一个问题要探索的是姑娘对它做出了怎样的响应。分数为什么这么高（或者低）呢？这让她有机会表达自己的改变意愿。如果响应度低，她可能会说自己没必要改变行为；如果响应度高，她兴许会承认，频繁使用 Instagram 让她不开心。从这里开始，临床医生可以询问一系列开放式问题。

> 使用 Instagram 给你带来的好处是什么？
> 你希望事情有些什么不同呢？
> 使用 Instagram 对你的幸福有些什么影响？
> 你觉得自己可以做得更好吗？

采用动机性面谈的辅导师要接受严谨的培训，但普遍而言，这种方法对家长，甚至对尝试改变自己行为的成年人都有很多好处。它在性质上不做判断，故此瘾君子采取戒备防御姿态的可能性比较小。让我们来看看下面的开场白。

> 我来这儿不是要向你传教，告诉你"应该"做些什么；我怎么会知道呢，这是你的生活，又不是我的！我相信人都明白什么东西对自己最好。
>
> 我没有什么议程，只有一个目标：想看看你是否会考虑到自己的健康，做些行为上的改变，如果你愿意，我能不能帮上忙。
>
> 你觉得怎么样？

传统上，辅导师使用这种方法来治疗药物滥用，但威尔肯斯说，它对行为上瘾同样管用。至少有一项研究证实了她的信念。它管用是因为它激励人们改变，并在整个过程中赋予人主人翁意识。当事人想要改变，不是因为上当受骗，也不是因为承受了来自他人的压力；他们是自己主动选择了改变。这种辅导方法还暗含着如下认识：不同的人受不同的动机驱使来克服自己的成瘾问题。对于一些人来说，上瘾妨碍了生产力；对另一些人来说，它妨碍了健康；还有一些人认为它妨碍了建立圆满的社交关系。动机性面谈解释了动机，促使上瘾人士做出改变。

动机研究领域的一项主导理论解释了这一技术的有效性：这就是自我决定理论（Self-Determination Theory）。[9]自我决定理论认为，人天生具有主动性，尤其是在行为激活了三大人类核心需求之一的时候：感觉能支配自己生活的需求（自主）；和家人及朋友构建稳固社会关系的需求（关联）；在应对外部环境感到有效（也即学习新技能、克服挑战的胜任感）的需求。虽然上瘾行为旨在舒缓心理不适，但往往也会让上述这些需求受挫。动机性面谈把挫败感暴露出来；如果有人问你，过度使用Instagram对你的幸福造成了怎样的影响，你会看出它损害了你的生产力，破坏了你的人际关系，甚或两者兼而有之。这非但不会让人在面对自己的上瘾问题时感到无力，反而让其觉得既有动机，也有能力去变得更好。

　　自我决定理论诞生于 20 世纪 80 年代中期。当时华尔街的挥霍无度达到了顶峰，企业认为员工看到丰厚的薪水和奢侈的福利会做出最佳响应。自我决定理论认为，这些补偿形式（也叫作外在奖励）不能长期维持动机。员工需要的是内在奖励：在一家自己尊重的公司，从事一份自认为胜任、能发挥效力的工作。有时，外在奖励会适得其反，因为它们剥夺了人的真正内在动机。在一项实验中，学生们本来很享受地解着一连串的题目，结果，研究人员却开始给他们支付报酬了。一旦支付报酬，学生们就觉得解题一点儿也不好玩了。之后出现继续解题的机会时，他们选择了其他活动。自我决定理论揭示了正确设置环境的重要性（不管是想促进一种行为，还是打消一种行为）。了解环境里的不同特点（如财务刺激和实际障碍）怎样塑造动机，这是关键。精心设计的环境鼓励良好的习惯和健康的行为；错误的环境则会带来过度使用，极端情况下甚至会导致上瘾行为。

第 11 章

改变习惯和行为构建

在美国，政治和宗教是相辅相成的。[1]保守的州大多宗教风气浓厚，偏自由派的州往往更加世俗。前者包括密西西比州、亚拉巴马州、路易斯安那州、南卡罗来纳州和阿肯色州。这 5 个南方州全都位于"圣经地带"，即福音派新教（在社会上偏保守）的中心。相比之下，马萨诸塞州、佛蒙特州、康涅狄格州、俄勒冈州和新罕布什尔州相对自由和世俗化。这两种州在很多层面上都有极大不同，最突出的是它们对待性的态度。保守的、宗教氛围浓厚的州倾向于支持传统性观念，打击对性的开放及享乐主义态度（在自由派的世俗州，对后一种态度的接受度更强）。

在公共场合当众谴责性行为带来的后果之一是性表达转入了地下。例如在保守的州，青少年更可能进行无保护性行为——即便控制了收入、教育、流产服务等差异条件后仍是如此。宗教压抑和性冲动不相匹配——甚至似乎夸大了冲动。对心理学家来说这并不奇怪，他们几十年前就知道，压抑不管用。通过纯粹的意志力来克服上瘾几乎是不可能的。1939 年，西格蒙德·弗洛伊德第一个提出，强烈反对某一观念的人，在潜意识上会受该观念的吸引；他的两名弟子西摩·费什巴赫（Seymour Feshbach）和罗伯特·辛格（Robert Singer）证明他是正确的。[2]

20 世纪 50 年代末，费什巴赫和辛格在宾夕法尼亚大学出任教授。当时的实验道德规范比较松散，于是他们设计了一项令人不快的实验，使用电击。心理学系的男学生一个接一个地观看一段短片，内容是一名男子在解决身体和精神谜题。一名研究助理将一片小电极绑在每名学生的脚踝上，他们观看视频时，电极会放出 8 次冲击。助理解释说，这些电击会越来越强，学生们感到害怕是正常的。他鼓励一半的学生把恐惧表达出来，"意识并承认你的感受"。他又告诉另一半学生压抑恐惧，"在思想上关闭你的情绪反应，不要去想它们……忘掉你的感受……"。视频结束时，学生们要回答短片中所见到的男子是否害怕。正如弗洛伊德 20 年前所预见，要求压制自己恐惧的学生认为短片里的人是害怕的。他们把自己压抑的情绪投射到了周围的世界里。相反，得到鼓励表达自己恐惧的学生，大多并不认为短片中男子害怕。通过表达恐惧，他们从对恐惧的惦念中得到了自由，而这种惦念自始至终都折磨着那些压抑恐惧的人。

你大概以为，在偏自由的东北和西北诸州，人们在互联网上消费色情内容的时间更多，但一如弗洛伊德多年前的预料，情况恰恰相反。来自持传统性观念的保守州的人，订阅网络色情服务的可能性更大。根据加拿大两位心理学家的观点，保守宗教州的人更频繁地搜索色情相关词汇。当卡拉·麦克因尼斯（Cara MacInnis）和戈登·霍森（Gordon Hodson）收集谷歌趋势数据，检验美国各州的搜索行为时，发现宗教信仰和网络色情内容搜索存在强烈相关性，保守主义和色情相关搜索亦然。用麦克因尼斯和霍森自己的话来说："以宗教为特点的强烈政治右倾人士，虽然以对外当众反对性自由为特色，但相对而言，却受到性内容更强烈的潜在吸引。"

使用意志力的人会最先失败

公共和私人行为之间的差距，与"人无法戒除上瘾习惯是因为缺乏意志力"这个神话是相矛盾的。事实上，被迫拿出意志力的人会最先失败。一开始就避免诱惑的人往往表现更好。这就是为什么海洛因上瘾的越战老兵们一回到美国，彻底摆脱吸毒环境后就痊愈了，这也是为什么构建环境、远离诱惑如此重要。南加利福尼亚大学心理学家温迪·伍德（Wendy Wood）专门研究习惯，按她的说法，"意志力……是看着美味的巧克力饼干又拒绝它们。[3] 而良好的习惯，是一开始就让你身边没有这些美味的巧克力饼干。"禁绝加意志力这套简单的组合拳根本不管用。芝加哥大学的戴先炽和埃雷特·费什巴哈（Ayelet Fishbach）在一项研究里，请大学生戒用 3 天 Facebook。[4] 每一天，学生们都更迫切地想念 Facebook，推测自己更喜欢它，并说自己会更频繁地使用它。（而使用其他社交媒体网站作为替代品的学生则并未出现这样的效应，但这仅仅是因为他们找到了另一种方式来满足相同的社会网络需求。）

要了解为什么禁绝不管用，请试试以下这个简单的练习：在接下来的 30 秒，请不要去想巧克力冰激凌。每当你的意识之眼召唤出这种受禁止的甜食，你就摇摇食指。如果你像我一样（以及几乎所有人），你至少会摇一两次手指。问题来自这个任务的设计：除非你反复把自己的想法与不准去想的念头做比较，要不然你怎么会知道自己有没有想巧克力冰激凌呢？为了知道自己前一秒是否想到了巧克力冰激凌，你必须要去想巧克力冰激凌。现在，把巧克力冰激凌换成购物、换成检查电子邮件、换成浏览 Facebook、换成玩电子游戏或者任何你想要压抑的不良习惯，你都会看到这个问题。

20 世纪 80 年代末，心理学家丹·韦格纳（Dan Wegner）第一个描述了这道难题。[5] 韦格纳认为，这个问题出在抑制缺乏焦点。你知道要避免什么，但你不知道怎么去应对自己的思想。韦格纳让人们不准去想白熊，一旦想到白熊，就摇铃铛——结果铃铛响个不停。之后，他告诉人们，想红色的大众汽车或许会有帮助，于是铃铛响起的次数减少了一半。光有抑制不起作用，但是抑制和分心相配合，效果很好。此外，过了一阵，韦格纳允许人们想白熊，那些曾努力压抑想法的人，满脑子都是白熊的形象。因为他们只想得起这个来。与此同时，那些可以分心去想红色汽车的人，只是偶尔才想到白熊——但他们脑

袋里还有其他许多的想法。一如弗洛伊德的预料，禁绝不光短期内没用；长期
而言还会走火。

用好习惯代替坏习惯

故此，克服上瘾行为的关键是用别的东西代替它们。[6]这就是尼古丁口香糖背后的逻辑——它充当了吸烟与戒烟之间的桥梁。吸烟者想到香烟的一点，就是嘴唇之间叼着香烟带来的安抚感，这是尼古丁即将到来的信号。戒烟之后，这种感觉还将继续在一段时间里带来安抚感（所以，要是你看到有人的圆珠笔头有咀嚼痕迹，就知道这人刚开始戒烟）。尼古丁口香糖是一道有效的桥梁，部分原因在于它提供了少量的尼古丁，另一部分原因则在于它在嘴里充当了一种分心之物。

如果你正在尝试克服行为上瘾，分心同样能发挥作用——甚至效果更好，因为你不会因为药物戒断反应而受挫。以咬指甲为例。好几百万人都有咬指甲的习惯，其中不少人试过各种纠正办法，可惜都没坚持下去。有些人涂指甲油，还有人赌咒发誓要靠意志力戒掉这个习惯。这两种方法存在一个共同的问题：它们没有提供替代行为。你可能不会去咬指甲，因为短期内，它们味道可怕；但这样一来，你就强迫自己压抑咬指甲的冲动。我们知道，压抑不起作用，所以一旦停止涂指甲，你就会重新咬指甲，甚至比从前更频繁。一些人的冲动非常强烈，哪怕涂了指甲油也会咬，并在可怕的味道和满足冲动带来的欣慰感之间形成奇怪的正向关联。

对比来看，分心的效果很好。有些人在手边放着减压球、钥匙链或小拼图，每当出现咬指甲的冲动，他们的手就有其他地方可以去了。作家查尔斯·都希格（Charles Duhigg）在《习惯的力量》（*The Power of Habit*）介绍了这种改变习惯的形式，并称之为黄金法则。根据黄金法则，习惯由 3 个部分构成：线索（任何能促使行为的东西）；惯例（行为本身）；奖励（训练大脑在将来重复该习惯

的回报）。克服不良习惯或上瘾的最佳方法是，在改变惯例的同时保留线索和奖励，即只用分心之事来改变原有行为。对爱咬指甲的人来说，线索或许是在开始咬指甲之前刚发生的一些小烦恼：不经意地寻找粗糙的指甲尖，通过咀嚼获得安抚。这时候，人可以用把玩减压球的新惯例来代替咀嚼。最后，因为奖励有可能是咬指甲带来的完成感，这些从前爱咬指甲的人或许会挤压 10 次减压球。故此，提示和奖励保持不变，但惯例从咬指甲变成了挤压减压球 10 次。

　　一家名为"陪伴"的创新机构似乎理解了用好习惯代替坏习惯的价值所在。[7] 该机构在官方网站上解释说："我们要赶在趋势兴起之前思考。"智能手机上瘾的兴起，就是趋势之一。2014 年，"陪伴"推出了一款名为"现实主义"的产品。按照宣传口号，"现实主义"这款产品是"为人类谋取福利的智能设备"，是为了治疗智能手机上瘾而设计的。该产品是个漂亮的塑料壳，样子就跟没有屏幕的智能手机一样。在某种意义上，这绝妙地讽刺了智能手机令我们脱离当下的现象。拿出"现实主义"，你看到的不是屏幕，而是透过屏幕大小的框架，去看实际出现在你眼前的东西。第一次碰到这台设备，很多人恰恰就做出了这样的反应。在产品网站的宣传视频中，一个人说："智能设备妨碍了我跟妻子、孩子和朋友的关系。"另一位女性说："吃甜点的时候，我们不需要 Instagram。有了它，没有人在乎我们的芝士蛋糕了。"

　　然而在更深的层面上，"现实主义"之于智能手机瘾君子，就相当于尼古丁口香糖之于老烟枪，减压球之于爱咬指甲的人。用它来替代真正的智能手机非常合适，因为它跟手机有着大致相同的尺寸，能装进口袋，有许多跟智能手机握持感相似的物理反馈线索。"现实主义"最吸引人的地方是它遵循黄金法则：令你拿出手机的线索，让你拿出了这款塑料壳，因为后者外观和感觉都很像手机，故此带给了你基本相同的物理奖励线索。线索和奖励保持不变，但在智能手机里迷失自我的惯例，被更好的选项给替代了。

　　虽然黄金法则是一条有益的指引，但不同的上瘾需要不同的习惯去覆盖。对午餐时间情不自禁检查邮件的人适合的做法，不见得适合"魔兽世界"瘾君子。关键是要找出是什么令最初的上瘾带来了奖励感。[8] 有时，同一种上瘾行为是由完全不同的需求所驱动的。艾萨克·韦斯伯格反思自己的"魔兽世界"上瘾，他认为与其他玩家的互动，安抚了自己的孤独感。故此，韦斯伯格重新建立起一种充满活力的社交生活，接受了一份能让他接触有意义人际关系的新工作，长期而言克服了上瘾。韦斯伯格是个很有天赋的运动员，所以让他着迷上心的并不是"魔兽世界粉碎敌人"这一方面。

另一些"魔兽世界"瘾君子，尤其是来自贫寒工薪背景的玩家，受一些奇幻元素的吸引，这些元素能让他们"旅行"到本来永远也看不见的新地方。还有一些人在学校被人欺负，对他们而言，上瘾满足了复仇需求，或是满足了"靠体格占上风"的需求。（这些动机有不少在心理上并不健康；故此，去看治疗师，找出根本原因，也很有意义。）不同的潜在动机，意味着不同的解决方案。一旦你理解为什么每个瘾君子一玩就是几个小时，就能够提出一种满足其潜在动机的新惯例。挨欺负的玩家或许能从格斗训练里获益；没办法去远方的人不妨读一读异国气息浓厚的书籍或观看纪录片；孤独的玩家培养新的社交纽带更适合。哪怕解决办法也不容易，但第一步还是要理解上瘾为什么会带来奖励，在此过程中，它妨碍了哪些心理需求。

加速新习惯的形成

建立新习惯很困难。我们对此很清楚——因为每年 1 月，人们都会拿出和上一年相同的决心。根据一项研究，大约一半的美国人会做新年期许：大多是减肥、多运动、戒烟一类。大约有 3/4 的人能在 1 月里坚持下去，但到了 6 月，差不多一半的人都失败了。等到了 12 月，大多数人又回到了原点，做出和前一年同样的期许。[9]

培养新习惯的主要挑战在于，不坚持几个星期甚至几个月，习惯不会成为常规。在这一脆弱的早期阶段，你必须保持警惕，保护你所取得的进展。这很难办，因为有些人形成习惯就需要花更长时间。这里没有什么神奇的数字。几年前，英国的 4 位心理学家跟踪了真实生活中人们形成习惯的情况。他们要一群大学生花 12 个星期，培养一项新习惯，成功者可获 30 英镑。在第一次会面时，每一名学生都选择了新的健康饮食、饮酒或运动行为，可遵循每日提示进行。例如，有些人选择午饭时吃苹果；另一些人选择吃饭前一小时内跑步 15 分钟。学生们每天执行相同行为，连续 84 天；每天打卡以报告自己是否完成了该行为，完成的自觉度怎样。

平均而言，66 天后，学生们形成了习惯。不过这个平均值掩盖了不同人之间的波动性。有个学生只用了 18 天就巩固了习惯，而另一名学生，按研究作者们的估计，需要 254 天。这些习惯的要求并不高，也并不是为了克服原有不良习惯而设计的，所以这个数字比瘾君子戒除长期上瘾所需的时间要短。就算 66 天是个合理的估计，维持新习惯，取代固有的、能带来深刻回报的行为，仍需要很长的时间。

有一种微妙的心理杠杆似乎能加速习惯的形成：这就是你形容自己行为所使用的语言。假设说你正努力避免使用 Facebook。每当你受到诱惑，你可以对自己说："我不能用 Facebook。"也可以说："我不用 Facebook。"两者听起来大同小异，其实不然。"我不能"摆脱了你的控制，把控制该行为的责任交到了外部主体（天知道那是谁）的手里。这让你失去力量。你成了一段无形关系里的弱势者，被迫去做自己不想做的事情，而且许多人都像孩子一样，越是不准做的事，越是想做。相比之下，"我不"则是个鼓劲的说法，说明是"你"不做这件事。它带给了你力量，并暗示：你就是那种原则上不用 Facebook 的人。

消费者行为研究员凡妮莎·帕特里克（Vanessa Patrick）和亨里克·哈格特魏德特（Henrik Hagtvedt）运用这一技术做了一项实验，向我们揭示了措辞微妙差异带来的效果。[10] 他们请一群妇女想一个有意义的长期健康目标，比如每星期运动 3 次或吃更健康的食物。研究人员解释说，在追求更健康生活之路上会碰到挑战，可以用"自言自语"的方式来应对诱惑。比方说，碰到辛苦工作了一整天还要运动的情况，他们要一群女性对自己说："我不能错过运动。"要另一组受试者说："我从不错过运动。"过了 10 天，妇女们回到实验室，报告进度。说"我不能"的女性，只有 10% 坚持了目标；而说"我不"的女性，80% 都坚持下来。后者所用的语言赋予了她们力量，而不是暗示有超出控制的外部力量在钳制她们。这项研究只跟踪了 10 天的行为，所以很难说这是个有力的结论。合适的措辞似乎有所帮助，但断瘾显然比面对放弃诱惑时说一句"我不"更复杂。

构建远离诱惑的环境

就算有益的新习惯覆盖了有害的旧习惯，前者也可能会变得上瘾。美国内战期间的老兵罗伯特·彭伯顿的情况就是这样，他试图用可卡因治疗吗啡成瘾，最终失败。长期来看，断瘾的目标是要没有习惯的牵绊，而不是用一种习惯取代另一种习惯。分心固然有好处，但却是个短期解决办法，很难彻底消除上瘾本身。治疗拼图里的缺失环节是重新设计环境，让诱惑尽量少靠近。这就是所谓"行为构建"技术背后的理念。[11]

就在这一刻，你跟自己的手机相隔有多远？你不动脚就能够到它吗？另外，你睡觉的时候，伸手就能够着自己的手机吗？如果你跟不少人一样，这或许是你第一次考虑这些问题，而且回答里准有一两个"能"。手机放在哪儿，那看起来是件无关痛痒的小事（就是那种你在繁忙的生活中压根儿不会去想的事情），但它生动地说明了行为构建的力量。和设计楼房的建筑师一样，你自己有意无意地设计着身边的空间。如果手机就放在身边，那么你就有很大可能一整天都随时去拿它。更糟糕的是，如果你把手机放在床边，干扰自己睡眠的可能性也就更大了。"重启"中心的科赛特·蕾（我在本书之前的部分提到过，她喜欢 20 世纪 90 年代笨重的电子游戏"神秘岛"）对此再清楚不过了。"我会'故意'忘带手机，"我拜访"重启"时蕾这样说，"我上班必须要用智能手机，可我会把铃声关掉。"此前，我花了好几个月才联系上蕾，最终是靠拨打"重启"中心的办公室电话找到人的。她向我表示歉意，说这是她解决手机上瘾的唯一办法。

　　行为构建体系承认，你无法彻底避开诱惑。你不可能彻底放弃使用手机，但你可以以"减少使用频率"为目标。你没法彻底不检查电子邮件，但生活应该有所划分，好让你不必随时随地刷新电邮账号。既要有上班使用技术的时间，也要有不受干扰地度假、社交的时间。驱使我们上瘾的许多工具侵入性都很强，所以我们必须保持警惕。智能手机无所不在；如果你拥有可穿戴技术，那么在你清醒的时候，它不会离开你的身体（有时候，连你睡着了它也还在）。如果带着智能手机、平板电脑和笔记本电脑回家，你就随时能上网购物。睡觉时把智能手机放在身边"以防万一"也是个很诱人的做法，新近的研究表明，上床之后看一小会儿亮眼的屏幕，就会严重干扰人深度睡眠的能力。这些设备的设计用意就是随时都放在我们身边（这是它们的重大卖点之一），所以它们渗透生活里"技术"和"非技术"时段的界限非常容易。

　　故此，行为构建的头一条原则非常简单：任何放在你身边的东西都比离得远的东西对你的精神生活有着更大的影响。身边包围着诱惑，你就会受到诱惑；把诱惑放到手拿不到的地方，你会发现无形的意志力储备。"离得近"是非常有力的影响因素，甚至能推动你去跟哪个陌生人结交。

　　第二次世界大战结束之后，大学入学人数创下纪录，校方竭力应对。[12] 和许多大学一样，麻省理工学院为退伍军人和他们的小家兴建了一系列住房。其中一处新开发区叫作"西门以西"（Westgate West），兼任了 20 世纪最伟大的 3 位心理学家的研究实验室，日后还将重塑我们对行为构建的认识方式。

　　20 世纪 40 年代后期，心理学家利昂·费斯汀格（Leon Festinger）、斯坦利·沙赫特（Stanley Schachter）和社会学家库特·巴克（Kurt Back）开始对友谊怎样建立产生兴趣。为什么有些陌生人能建立起持久的友谊，另一些却连基本的寒暄客套都能躲就躲呢？包括西格蒙德·弗洛伊德在内的一些专家解释说，友谊的形成可以追溯到婴儿阶段，孩子们在此阶段形成的价值观、信仰和态度日后将把他们扭结在一起，或是让他们彼此疏远。但费斯汀格、沙赫特和巴克想寻找另一种理论。

他们认为，物理空间是友谊形成的关键；"友谊很可能建立在人离家回家、途经邻里时发生的短暂被动接触的基础上。"在他们看来，与其说是有着类似态度的人成了朋友，倒不如说是经常碰到彼此的人成了朋友，并随着时间的推移形成了类似的态度。

费斯汀格和两位同事等学生搬到"西门以西"几个月之后访问了他们，请他们列出自己 3 个最亲密的朋友。结果有趣极了，并且和价值观、信仰、态度没什么关系。42% 的人回答说是自己的近邻，故此，7 号公寓的住户很可能和6 号、8 号公寓的住户变成朋友；而把 9 号和 10 号公寓住户列为朋友的人就少得多了。更叫人吃惊的是，1 号和 5 号的幸运住户竟然最受欢迎，但这不是因为他们碰巧更有趣、更友善，而是因为他们恰好住在楼梯口，楼上的邻居无奈要借用楼梯上二楼。这些偶然互动当然也会产生矛盾，但与 2 号、3 号和 4 号公寓孤立的住户相比，1 号和 5 号公寓的居民有更大的机会遇到一两个类似的灵魂。

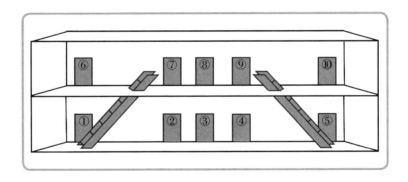

一如我们倾向于和身边的陌生人结交，我们也会受到任何近距离范围内诱惑的吸引。行为成瘾的许多补救措施都涉及在用户和行为触发因素之间创建心理或物理距离。一家名为 Heldergroen 的荷兰设计工作室，每天晚上 6点就自动把办公家具升到天花板上。办公桌椅和计算机跟粗硬的钢缆相连，通过一套强力马达驱动的皮带轮系统绞起来。6 点之后，办公空间就变成了瑜伽工作室或舞池——做其他任何能在空地板上做的活动也行。德国汽车制造商戴姆勒也有一套类似的电子邮件管理政策。该公司的 10 万名员工在休假期间，可把收到的邮件设置为自动删除。所谓的"假期邮件助理"自动向发件人发去解释，说明邮件并未送达，并提出，如果邮件所属事务紧急，可联系戴姆勒的另一位员工。员工休假回来之后看到的收件箱，就跟几个星期离开时一个样子。

　　如果你把电子邮件设置为自动删除，又或者你的办公室到了钟点就消失，你其实就是在承认：你受到诱惑检查电子邮件或是加班工作的时候，你成了另外一个人。你此刻或许是个成年人，但这个将来版本的你，更像是小孩子。从未来幼稚自我手里夺回控制权的最好办法，就是趁着你仍然是个成年人时采取行动——设计一个世界，哄逗甚至强迫未来的自我去做正确的事情。有一种闹钟，名叫 SnuzNLuz，漂亮地阐释了这一设想。SnuzNLuz 跟你的银行账户无线连接。每当你按下"再睡会儿"按钮，它就自动扣除一笔预设金额，捐给你痛恨的机构。比方说你支持民主党，按下"再睡会儿"键，你就会向共和党捐赠 10 美元。借助这些赠款，当前的自我便控制了将来的自我。

借助负面反馈的力量

　　SnuzNLuz 承诺，一旦你行为不当，必定承受痛苦（而不是在你做正确的事情之后奖励你，带来愉悦），从而通过小小的惩戒来塑造你的行为。[13] 这是一个明智的选择。奖励比惩戒更有趣，但如果你想改变习惯，小小的惩戒或不变更为有效。这是个遍布心理学的古老想法：我们对损失和负面事件的敏感度，远远高于对胜利和积极事件的敏感度。为了让你感受一下这是怎么运作的，假设你正在参加游戏节目，主持人给了你一次博彩的机会。他拿出一枚硬币，告诉你如果硬币落下时是图案面，你赢 1 万美元，可要是出现字，你得给他 1 万美元。你会玩这个游戏吗？答应的人很少，哪怕它很公平——比赌场的大部分博彩（赢率偏向庄家）要公平。但损失 1 万美元的前景，比赢取 1 万美元的前景更让人望而却步。你的意识受损失的吸引，它关注损失带来的潜在痛苦，远远多于获胜带来的潜在喜悦。损失包罗万象，我们会竭尽全力地避免它们。（我已经问了几百个人是否会玩这个理论游戏，只有 1%～2% 的人说愿意。要想让一半的人玩，潜在奖励必须比潜在损失大两倍半以上。）

创业家曼尼什·塞西（Maneesh Sethi）设计了一种名为"巴甫洛克"[⊖]的产品，借助负面反馈的力量来打消糟糕的上瘾习惯。"人分两种，"塞西说，"一种人能想出很多设想，另一种人能执行这些设想。"塞西认为自己是有很多设想的人。"几年前，我请了一个姑娘，我一上 Facebook，她就扇我的耳光。"有一阵，这种做法效果很好，但塞西设计了一种更持久的解决办法，这就是"巴甫洛克"，它是一枚小型可穿戴腕带，每当佩戴者按不良习惯行事，它就发出负面反馈。这就是著名的"厌恶疗法"：把你想要改变的行为与令人不快或厌恶的感觉搭配起来。当你做了某件发誓不再做的事情，"巴甫洛克"可发出哔哔声或产生振动（这是最轻微的提醒），也可以给予中度的电击（这是干扰性最强的提醒）。用户可以手动管理负面反馈，也可以把设备与一款应用程序进行配对，按预设线索给出自动反馈。

我们聊完之后，塞西慷慨地送了一台"巴甫洛克"（零售价 500 美元）给我。我一打开盒子，就测试了电击功能。它强烈得叫我吃了一惊，我随即明白了经常用电击阻止不良习惯是怎么回事。据报道，英国企业家、维珍集团的老总理查德·布兰森（Richard Branson）试用该设备时，因为电击太过强烈，情急之下照着塞西的肚子上来了一拳。企业家兼作家蒂莫西·弗里斯（Tim othy Ferriss）、演员肯·邓（Ken Jeong）、商人戴蒙德·约翰（Daymond John）和国会议员乔·肯尼迪（Joe Kennedy）也都是它的用户。

"巴甫洛克"展现了一些萌芽潜力，但要判断它能否实现主流号召力还为时过早。（纽约市的一名精神科医生已经着手使用这款产品，但仍然算是实验性质。）正如 iPad 一代尚未进入成年，旨在减少行为上瘾的补救措施也不够成熟。

⊖　Pavlok，著名心理学家巴普洛夫（Pavlov）一名的变体。——译者注

在一定程度上，所有这些待议解决办法仍属探索，塞西和他的团队也一直在对"巴甫洛克"及其应用程序进行微调。不过，该产品在 Indiegogo 上发起的融资活动取得了巨大成功，筹措了近 30 万美元——比塞西发起该活动时想要筹集的金额多了 5 倍。

"巴甫洛克"成功的部分原因在于产品简单，网站上还有生动的用户推荐。以下是塞西在网页上对产品的介绍。

> 使用方式如下：
>
> 1. 下载应用程序，选择你想要戒掉的习惯。
>
> 2. 戴上"巴甫洛克"，听 5 分钟的训练音频。应用程序会自动触发"巴甫洛克"，你只要留心即可。
>
> 3. 当你实践坏习惯时，使用电击功能。"巴甫洛克"可通过 3 种方式触发：传感器与应用程序、遥控器、手动。手动方式与自动触发同样有效。
>
> 4. 有时候，你的习惯三四天似乎就能戒掉。你至少要维持坏习惯到第 5 天（并使用电击），如有必要，故意做也行。你坚持的时间越长，就越能一劳永逸地戒掉这个坏习惯。

塞西说，初期结果大有希望。使用冷火鸡法成功戒烟的吸烟人士仅为百分之几，但塞西报告说，完成"巴甫洛克"为期 5 天的训练之后，样本中 55% 的经常吸烟人士都戒了烟。其他行为也是如此。在该应用程序的介绍视频当中，纳吉娜说自己不再咬指甲，大卫不再磨牙，塔莎不再吃糖。贝基·沃里（Becky Worley）在为雅虎科技撰写的文章中解释说，"巴普洛克"的电击让自己不再过分频繁地上 Facebook。"巴甫洛克"对所有人的效果是不是跟贝基、纳吉娜、大卫和塔莎一样好，眼下要做出判断还太早，但该设备背后的科学是合理的。就算没有"巴甫洛克"，你也可以设计自己的环境，每当自己按照不良习惯做事时就施以轻微惩罚措施（即你自己不愿做、不愿意经历的不愉快任务）。

将提醒任务交给工具

"巴甫洛克"最大的一点优势就在于它帮你完成了棘手的工作。你不必记住要做正确的事，因为设备会在你忘掉时给你来上一记电击。但它也有一个缺点：你随时都可以不再使用它。真正令人不快的惩罚的确有效，但有些人或许会放弃使用一台让自己感觉不舒服的设备。对这些人来说，诀窍是要找到一种不让人反感的方法。

2008 年，我在普林斯顿大学修读博士学位，诺贝尔奖得主丹尼尔·卡尼曼（Daniel Kahneman）邀请我到他的办公室。"对我讲讲你所做的研究吧。"他说。我兴奋极了。卡尼曼和他的同事阿莫斯·特沃斯基（Amos Tversky）率先开创了判断和决策领域，40 年之后，我成了这个领域的年轻研究员。我对卡尼曼说，我想发明一种微型闹钟，随时跟踪每一个人，每当我们要做出重要决定时就发出响声。卡尼曼和特沃斯基用了数十年时间研究人做决定时的偷懒现象，所以卡尼曼很清楚我想要做什么。"这样说来，闹钟是要告诉人们保持密切关注？"他问，"你需要的东西，就相当于一块招牌，在恰当的时刻冲着人们的眼睛闪出几个大字，'现在要注意啊！'"

我至今还没把这样的闹钟发明出来，但一家叫作莫迪（MOTI）的公司正在对一款类似的设备（也叫"莫迪"）做试点研究。该公司的创始人凯拉·马修斯（Kayla Matheus）注意到，随着时间的推移，人们大多会放弃可穿戴技术。她在接受 Fast-CoExist 的采访时说："弃用率很高。光有数据还不够。我们是人类——我们不仅仅需要数据。"马修斯的这番说法来自她个人的经验。她的膝关节十字韧带曾经撕裂过，她非常努力地想坚持复健活动。许多人对健身跟踪器都有相同的经历——买了之后很快就扔到抽屉里了。健身跟踪器是被动设备：你必须主动使用它们，否则就没用。

马修斯设计"莫迪"的用意是让它巩固良好习惯，方式就和卡尼曼"现在要注意啊"的招牌思路一样。这是一款随时跟踪行为的简单小工具，但又有点儿像头小动物。"基本上，它能了解你的通常行为，"马修斯说，"如果你开始偏离常规，它就会弹出提醒。你不能轻易地把推送提醒关掉，它会伤心、会发怒。"设备正面有个小按钮，等你做了正确的事情，就按下它。对马修斯来说，正确的事就是完成康复训练；对其他人来说，可能是每天跑步，或是晚上 10 点之前关上智能手机和笔记本电脑，上床睡觉。"莫迪"会闪烁彩虹的颜色，发出一连串愉快的啾啾声；如果你把它放着不管，它会闪红光，发出不那么快活的叽喳声。与被动的应用程序不同，"莫迪"是主动显示的。你不能不理它——早期测试暗示，如果人与设备形成了纽带，就不会放弃它。马修斯的一位早期测试员想要每天喝足够多的水。"他总该坐在办公桌前不动，忘了喝水，"马修斯说，"因为'莫迪'是个物理对象，突然之间，它变成了环境线索。每当他在计算机上打字，眼睛正好会扫过'莫迪'，于是就被提醒到了。""莫迪"的测试员似乎对这款小设备产生了一种责任感——就好像如果自己做了错事，它会失望。

实际上，有些奖惩选择会影响到你关心的人，这也是一种非常有效地建立良好习惯的途径。有一种名为"别浪费钱"的激励技术就建立在这一设想之上。首先，你设定一个目标。假设说，你现在平均每天使用 3 小时的智能手机，而接下来的 4 个星期里，你希望每个星期把这个数字减少 15 分钟。到第 4 周结束的时候，你希望自己每天平均使用手机不超过 2 小时。每个星期，你把一笔钱（比方说 50 美元）放进信封。这笔钱的数目应该让你觉得足够有分量，但又不至于大到连续 4 个星期掏出来会让你感到拮据。你把信封封起来，地址写上一家轻佻的组织机构，或是一项你不支持的事业。（类似之前提到的 SnuzNLuz，让共和党人给民主党捐款，或是反过来。）操作手册上推荐可用的组织如下。

> 美国溜溜球协会
>
> 地址：I2106 Fruitwood Drive
>
> Riverview, FL 33569

法比奥国际粉丝俱乐部

地址：Donamamie E. White, President

37844 Mosswood Drive

Fremont, CA 94536

反过来说，如果你实现了每天的用量目标，就可以撕开信封，把钱用到亲朋好友身上。比如带朋友去吃午餐，给自己的儿子买个冰激凌，给伴侣买份礼物。把钱用到亲友身上，有两点好处：它能让言行负责，未能实现目标，会连带伤害别人；此外，这是一份无上的奖励，因为把钱花在别人身上，比花给你自己或偿付你自己的账单更让你感到快乐。

削弱心理迫切性

行为构建承认，你无法完全避免诱惑。许多解决办法不是采用禁绝及避免，而是旨在以工具的形式削弱上瘾体验的心理迫切性。网络开发员本杰明·格罗瑟（Benjamin Grosser）设计了一款这样的聪明工具。[14] 格罗瑟在自己的网站上解释说：

> Facebook 的界面里充满了数字。这些数字（或叫指标）测量并展现了我们的社会价值观及活动，统计好友、点赞、评论等的数目。而 Facebook Demetricator 这款网络浏览器插件可以将这些指标隐藏起来。你的焦点不再是自己拥有多少好友，他们给你的状态点了多少个赞，而是他们是什么人，他们说了些什么。好友计数消失了。"16 个赞"变成了"人们点了赞"。通过诸如此类的变化，Demetricator 邀请 Facebook 的用户尝试一下没有数字的系统，看看自己的体验是否会因为数字的消失而有所不同。通过这项工作，我希望扰乱这些指标带来的规范社会性，促成不依赖定量指标的网络社会。

有了 Demetricator，你就不可能总是检查自己有多少个好友、多少条评论和多少个赞了。以下截屏使用的是 Facebook 常规测量指标。

> **赞 · 评论 · 转发 · 12 小时前 · ❀**
> 👍 10 个赞
> 🖻 3 次转发
> 💬 查看所有 7 条评论

一切都用数字来测量，而且它会随时刷新。由于反馈会随着每一个新赞或每一条新评论而变化，你总有东西需要查看。对比经过格罗瑟 Demetricator 过滤后的反馈。

你知道人们给你的帖子点了赞，有过转发和评论，但因为数字消失了，你不会着迷于此。Demetricator 与 Fitbits 及苹果手表所做的完全相反。购买后一类设备时，我们选择在自己的生活里注入新的指标——测量自己走了多远、睡眠的深度如何、心跳是多快，等等。而在此前的数千年里，从来没有人测量过这些生理过程。

> **赞 · 评论 · 转发 · 最近 · ❀**
> 👍 赞
> 🖻 转发
> 💬 查看所有评论

格罗瑟的 Demetricator 则相对微妙。它削弱了 Facebook 让人上瘾的反馈线索，但并不彻底阻止你使用 Facebook。如果你认为这款软件的排除力度还不够大，那么 WasteNoTime 程序可算是一款下重手的选择。你可以把一些网站添加到 WasteNoTime 的屏蔽列表里，软件则会监控你在这些网站上花了多少时间。比方说，你可以把 Facebook、Twitter 和 YouTube 添加到屏蔽列表里。你可以彻底阻止浏览器访问部分程序，也可以对程序的使用情况施加限制。例如，你可以使用规则"上午 9 点至下午 5 点，我用于 Facebook 的时间不超过30 分钟"。你可以在工作时段和睡觉之前设定严格限制，而在休闲时段放宽限度。碰到紧急情况，有一些办法可绕开 WasteNoTime 的屏蔽，但因为它有着强大的阻碍力量，想把它卸载不用也是很困难的。

逆向拆解上瘾体验

聪明的行为建筑师会做两件事：他们设计出没有诱惑的环境，理解怎样削弱避无可避的诱惑。这个过程有点像拆掉计算机：通过对体验进行逆向工程，你了解到是什么使人上瘾，进而理解怎样去消除它的上瘾性。以在 Netflix "一看到底"的情况为例。你可能并不想放弃使用 Netflix，那么你该怎样对抗一口气看完全剧的诱惑呢？如果你理解了连看多集的结构，要避免落入这一陷阱就容易多了。[15] 以下是一套剧集里前后两集（加第 3 集开头）的基本结构。

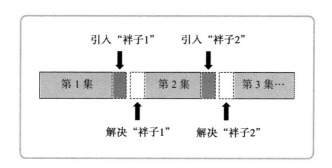

一集剧通常持续 42 分钟（广告大约占用 18 分钟）。第 1 集的最后几分钟专门用于设计、引入第 1 个"袢子"：有人遭到枪击，我们很想知道他是否还活着，或是杀手取下了面罩，但我们还没看到他的身份。接下来，第 2 集的前几分钟专门用于解决第 1 个"袢子"，这样，观众可进入第 2 集的正餐，并期待（你也猜得到）第 2 个"袢子"的到来，它将在第 2 集快要结束的时候出现。对于观众来说，这是鱼饵。假设说你喜欢这部剧集，如果你按照编剧铺好的结构走，那么就很难逃脱"一看到底"的命运。你可以怎么做呢？在"袢子"引入之前或解决之后就让它短路。有两种方法可以做到这一点。你并不从头到尾

地把 42 分钟的剧集看完，而是看完最初的 37 分钟，在"袢子"出现之前就关掉剧集。（至于"袢子"的出现有些什么迹象？常看剧集的人都明白，它会有些鬼鬼祟祟的征兆。）

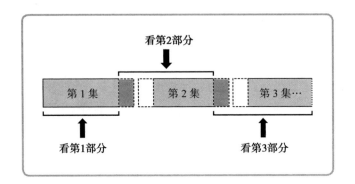

又或者，如果你拿不准自己能否在"袢子"出现之前停下来，你可以看到下一集的开头，等"袢子"解决了之后再停。这样的话，你是从前一集的第 5 分钟看到下一集的第 5 分钟。这种方法不会降低观看剧集的乐趣（你仍然能享受到"袢子"的悬念及解决）——但它的确可以降低你一口气看完整季的概率。

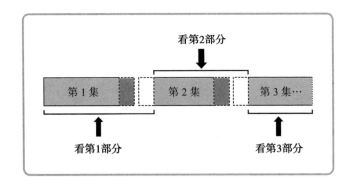

对我们大多数人来说，大部分时候，问题在于这些体验太新鲜了，我们不知道该从哪里着手。但只要你理解了"袢子"（或其他任何上瘾机制）的运作原理，就能找到规避的方法。有时候，最好的办法是观察专业人士。前文提到的贝内特·福迪对我说，不玩"魔兽世界"对他来说是个艰难而谨慎的决定。判断是否加入一项新游戏或活动的经典测试是这样：问自己，每天把一定量的时间投入该体验当中，你是否负担得起这样的代价。按照一种名为"规划谬误"的现象，哪怕这一天的时间都快不够用了，我们仍然会假设自己将来会有更多的时间。这就是为什么如果别人约你下个星期见，你往往会拒绝；可要是他约你在未来若干个月后见，你倒会毫无压力地答应下来。这么做是错的，因为你今天有多少闲暇时光，对你未来几个月能拥有的闲暇时光做了绝佳示范。如果担心"魔兽世界"会占据今明两天太多的时间，你应该同样担心它对你未来的两个月、一年或两年也有着类似的影响。这就是为什么福迪不碰"魔兽世界"的决定很正确，以及为什么对潜在上瘾的耗时体验说"不"是明智之举。

"魔兽世界"存在的一个问题是，它会吞没你的时间表。如果你的朋友在玩，你就必须玩，这样，远比玩游戏更紧迫的任务就落到一边去了。相比之下，按需观看和数字录像机的发明，意味着你可以把手边所有紧迫的事情都做完再看电视剧。数字录像机看似是神赐的礼物，实际上却是强大的上瘾动力。传统上，电视网会把自己投入最大、最优秀的节目保留给令人垂涎的黄金时段，虽然人们可以用录像机把节目录下来，但这个过程远比如今的数字录像机和按需点播更加烦琐。现在，你可以在观众人数下降到最低水平的凌晨2～6点找到一连串的重头戏。比方说，过去 10 年最热门的剧集《广告狂人》（*Mad Men*）会在半夜播放靠前的几季，好让新观众跟上最新季。于是，数万名从前错过了上船的观众能够决定自己要不要投入时间，从头到尾地观看这部剧。这些人里有不少都是典型的"连看到底"式观众，他们想要等到先行者做过筛选，再决定自己要不要看。他们并未彻底错过这部剧集，而是把追剧的时间用来做其他的事情了——等他们想要跟上节目的当前进度，再插进来一看到底。这里的解决方案不是放弃数字录像机，而是更谨慎地使用它。或许，你还可以试试贝内特·福迪的办法：如果现在会占用太多时间，那么把它录下来过一个星期或一个月再看，恐怕也不明智。

告诉自己，"你只看一两集，要是它不值得你花时间，就不要看剩下的部分"，这也很容易。在最近的一项研究中，Netflix 测量了每部剧集要用多久才能让观众上钩。针对每部剧集，Netflix 计算了要让 70% 的观众坚持看到第一季结束或之后需要多长时间。[16] 大多数剧集在试播集之后并不怎么让人上瘾，但有些剧集在第二、第三或第四集时能让绝大多数观众上瘾。

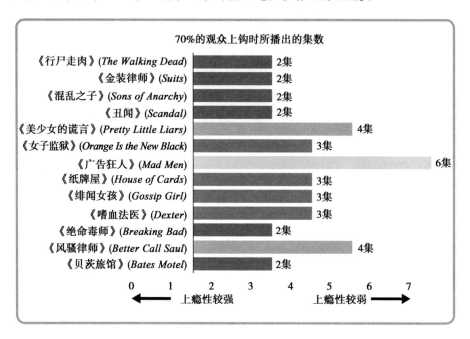

这给你留下了 3 种选择：彻底不看这部剧集；等你有宽松的几个小时之后再一口气连看；又或者，使用解"祥子"技术，拔掉每一集末尾留下悬念的毒牙。如果你明智地设计环境，就有更大机会避免有害的行为上瘾。

———

不是所有上瘾体验都不好。理论而言，驱动上瘾的"钩子"也可以用来促进更健康的饮食、经常性的运动、退休储蓄、慈善捐款和专注的学习。有时，问题不在于沉迷于错误的行为，而在于我们放弃了正确的行为。行为构建不仅是让你少做错事的工具，也是让你多做好事的工具。

让我们进入游戏化的世界吧。

第四部分

用行为上瘾做好事

第 12 章

游 戏 化

2009 年底，恒美广告公司瑞典斯德哥尔摩分公司（DDB Stockholm）为大众汽车发起了一场在线推广活动。[1]大众汽车正要推出一款新型环保汽车，旨在为驾驶增添更多趣味，于是恒美广告公司把推广活动称为"乐趣理论"。"乐趣可以让人们的行为变得更好。"一位高管解释说，一定的乐趣能推动驾驶员尝试新车。为了造成一定的社会口碑，恒美在斯德哥尔摩周边开展了一系列机灵的实验。每一场都将原本平淡无奇的行为变成了游戏。

第一项实验在斯德哥尔摩市中心的奥登普兰地铁站进行。乘客们离开车站时有两种选择：步行走上 24 级楼梯；或是静静地站上狭窄的自动扶梯。监控录像显示，乘客大多懒懒散散，宁肯密密麻麻地挤自动扶梯，也不愿走上空荡荡的楼梯。恒美解释说，这个问题出在楼梯没有趣味上。于是一天晚上，一队工人将楼梯换成电子钢琴。每一级楼梯就是钢琴的一个琴键，根据压力发出响亮的音调。第二天早上，乘客和通常一样，来到奥登普兰地铁站出口。起初，大多数人选择自动扶梯，也有少数人碰巧走上了楼梯，在离开地铁站时无意中奏响了简短的旋律。其他乘客注意到这种情况，楼梯很快就比自动扶梯更受欢迎。监控录像显示，"和正常情况比起来，选择楼梯的人多了 66%。"如果你把平凡的体验变成一场游戏，人们会蜂拥而至。

随着推广活动聚敛起人气，恒美陆续推出了其他实验。在一座很受欢迎的公园，一位电子专家创造了"全世界最深的垃圾桶"——这个垃圾桶可以发出回应，暗示每块垃圾猛烈下坠，一直落到了深深的地底。公园其他的垃圾桶每天能回收的垃圾，这个最深的垃圾桶则可引来两倍的垃圾。还有些地方，人们没有把城市里散布的回收垃圾桶用对，所以恒美把垃圾桶变成了街机游戏。游戏闪烁灯光，并在一块硕大的红色显示器上计分，奖励正确使用垃圾桶的人。该街区附近的垃圾桶原本每天只有两人用对；采用街机游戏垃圾桶之后，每天有 100 多人正确地使用了它。

这次推广活动大获成功。相关视频在 YouTube 上吸引了 3000 多万次点击，以及大量的网络口碑。2010 年，恒美在全世界最大的广告节上赢得了网络金狮奖大奖——被誉为"全世界最著名的病毒推广活动"。除了业内的好评，该推广活动还改变了人们的行为方式。有一段时间（虽然为期不长），斯德哥尔摩的市民们甚至变得更环保、更健康了。

让正确的事情更有趣

对待行为上瘾的方式有两种：消除它们，或者驾驭它们。消除是本书前面 11 章的主题，但一如恒美在斯德哥尔摩所做的事情，引导有害行为上瘾背后的驱动力量，使之为善，也是有可能的。让我们变成智能手机、平板电脑、电子游戏等设备奴隶的人类倾向，也能让我们去做好事，例如吃得更健康，做更多运动，工作得更有智慧，行事更慷慨，存更多的钱。诚然，行为上瘾和有益习惯之间存在细微的区别，牢记这一区别非常重要。同样的 Fitbit 手表，能让一些人锻炼上瘾，饮食失调，也能推动另一些人从沙发里站起身，运动一个小时。上瘾的杠杆是靠提高动机来发挥作用的，如果动机本来就很强，杠杆就有很大概率有损你的幸福。但如果你是个讨厌运动的"沙发土豆"，一定剂量的动机就大有帮助了。

有一项大范围的人类行为调查表明这里存在大幅的改进空间。[2] 全世界发达国家的人口中，60%的人超重或肥胖：美国为67%，新西兰为66%，挪威为65%，英国、德国和澳大利亚为61%。美国的毕业率在各个教育层面（从小学到4年制大学）上都有所下降。美国国家公共政策和高等教育中心预计，未来15年个人收入会下降。美国人只把3%的家庭收入储蓄起来；丹麦人、西班牙人、芬兰人、日本人和意大利人储蓄得更少。著名医学杂志《柳叶刀》(Lancet)上发表过一篇论文，预测世界发达国家中2000年之后的出生婴儿会活过100岁，比同一批人口的退休储蓄年限多出一二十年。2013~2015年，美国是全世界捐款最为慷慨的一两个国家之一，即便如此，美国人捐给慈善事业的款项也不到收入的2%。

几乎每个人都想改变至少一种行为。一些人想改变的是花钱太多、储蓄太少；另一些人则希望不再浪费1/9的工作时间检查电子邮件；还有些人希望不再吃得太多、运动太少。要实现改变，最明显的办法是付出努力，但人的意志力十分有限。恒美广告公司表明，如果正确的事情恰好也很有趣，人们就有更大可能去做正确的事情。2007年，有个计算机程序员名叫约翰·布林（John Breen），他在儿子努力学习美国大学入学考试词汇时产生了同样的直觉。[3] 布林设计了一套计算机程序，向儿子显示随机选择的单词，为每个单词从4个选项里选择最合适的定义。布林还运营着一个网站，为贫困世界的民众提供教育，于是他决定将两者结合起来。如果网站吸引到足够的流量，他可以向最高出价者出售横幅广告空间，用广告收入为有需要的人购买大米。FreeRice.com网站就这么诞生了。

布林允诺，人们每做出一次正确回答，就向食物慈善机构捐赠10粒大米。该网站于2007年10月7日上线，第一天筹集了830粒大米。FreeRice发展得十分迅速，两个月后，布林一天之内就筹集了3亿粒大米。2009年，他将该平台提供给联合国世界粮食计划署，2014 年，该网站筹集了数千亿粒大米——足以为 500 万成年人提供一天的粮食所需。

美国学生被迫为考试复习上千个单词，这是件辛苦活；然而，数以千计的 FreeRice 用户选择在每天的闲暇时间里做这件事。网站获得成功，因为布林设法把这件辛苦活变成了一款游戏。所有元素都具备：每个正确的答案可得 10 分（用米粒来表示），其功能类似于游戏得分。你可以跟踪自己连续报出了多少个正确答案，游戏会报告你最长的连续胜率。与此同时，游戏分为 60 个关卡，随着你一级一级地上升，词汇会变得愈发晦涩；而如果你犯错了，词汇晦涩度又会稍微下降一些。这样一来，游戏总是完美地处在太容易和太困难之间。布林还聪明地增加了图形，你可以直观地看到自己的进度：随着你达到 100 粒大米，一个小木碗逐渐填满；接着，100 粒大米会变成一团放在一边，小木碗又开始逐渐填。等到了 1000 粒大米，碗的旁边会出现更大的一堆米。一些用户组队一起玩——得分最高的团队和个人都会出现在每日排行榜上，你和队员们随时都可以停止、开始。FreeRice 看起来像是学习和赠予的组合，但究其实质，它以游戏引擎为动力。

游戏化促进健康

恒美为大众汽车所做的推广活动，布林为 FreeRice 所做的设计，叫作"游戏化"[4]：把非游戏体验变成游戏。2002 年，程序员尼克·佩林（Nick Pelling）创造了这个词。佩林意识到，游戏机制能提高一切体验的吸引力，但他为这一概念所做的商业推广非常费力，几乎停摆，直到 2010 年，谷歌和其他几家著名风险投资家让它重整旗鼓。游戏化的中心主题是，体验本身就应当是奖励。就算没有动力为食物慈善机构捐款，没有动力学习新单词，你也应该想要花时间玩 FreeRice。随着时间的推移，你会发现自己不由自主地在学习单词，捐赠大米——哪怕你并无此意。

　　游戏化研究员凯文·韦巴赫（Kevin Werbach）和丹·亨特（Dan Hunter）检验了100多个游戏化案例，确认了3个共同元素：分数、徽章和排行榜。PBL是第一款将这三者组合到一起的航空公司常旅客计划。早在游戏化问世之前的1972年，联合航空公司就推出了第一个航空公司忠诚计划，很快，其他航空公司也跟进推出了类似的计划。乘客每次搭乘飞机或购买机票，均按飞行里程数积累得分；如果他们一年内赚到了足够的分数，就会赢得徽章（金、银、白金等身份标识）；地位高的旅客排队时有单独的队列，能优先登上飞机，有时在飞机内还可享受特殊待遇），这些奖励发挥着明显的排行榜的作用。

　　游戏化是一种强大的商业工具，恰当地利用它，能带来更快乐、更健康、更明智的行为。这一理念由理查德·泰伦斯（Richard Talens）和布莱恩·王（Brian Wang）所倡导，2004年两人升入宾夕法尼亚大学就读，在此相遇相识。泰伦斯和王有两个共同点：他们都喜欢电子游戏，也都是健身狂。泰伦斯接受采访时回忆说："我跟他就是能在自助餐厅里把对方认出来那种人，因为我们都只吃西兰花和金枪鱼。我们对健身的态度差不多，因为在成长阶段，我们都胖得没了体形。我们也都在电子游戏的陪伴下长大，把健身看成游戏。"泰伦斯和王成了业余健身爱好者，2011年，他们推出了一个名叫"Fitocracy"的游戏化健身网站。2013年，Fitocracy拥有了100万用户；2015年，用户数达到200万。

　　每次锻炼后，Fitocracy都会奖励用户分数（锻炼越努力，分数越高）——等运动达到某个里程碑，则变为徽章。例如，跑步10公里，网站为你授予5公里勋章和10公里勋章，奖励1313分。去健身房，你会碰到两种人：喜欢独自运动的人和把健身变成社交活动的人。Fitocracy给你机会与其他用户互动，对两种人都产生了吸引力。你可以向对方"约战"，讨论你们近期的运动情况；你也可以把网站视为私人活动日志，鼓励自己跑得更远，举起更大的重量，但不跟其他任何人分享自己的进度。多样性也是重要的游戏化要素，Fitocracy允许你对自己最喜欢的运动项目设定任务和挑战，从而注入多样性。王和泰伦斯收集了几十个人的故事，大家在网站的帮助下减掉了45千克的体重；绝大多数人都坚持多年参加某个运动项目。

面对诱惑，许多成年人也抵挡不住，可想而知，要孩子去做正确的事情会有多费劲。成年人至少能在某些时候做出明智的决定，因为他们能够看到遥远的未来。相比之下，孩子却只做适合眼下的决定。他们没有长期时间观，所以巧克力蛋糕是没什么不利之处的诱惑。但孩子和成年人一样喜欢游戏，所以游戏化能赋予孩子一定的自控能力。以刷牙为例。在睡觉之前，孩子总有一些比刷牙好玩的事情想做。飞利浦 2015 年 8 月推出了一款游戏化的电动牙刷。牙刷的设计旨在鼓励孩子们刷牙整整两分钟。牙刷上自带小屏幕，内有一个名叫"亮亮"的角色。每刷一颗牙，孩子们就可获得分数，用来喂养"亮亮"。"亮亮"非常可爱，孩子们一刷牙就停不下来。在接受采访时，该公司的一名资深员工说："孩子们太喜欢这款游戏了，他们跟软件进行了许多互动，甚至不肯按时去睡觉。"所以，应用程序必须有所调整，让"亮亮"在刷完牙后疲倦地躺下。

纽约大学游戏中心主任弗兰克·兰茨告诉我，设计游戏很棘手。每一款让大众上钩的游戏背后，无不对应着数以千计没人玩的游戏。飞利浦公司的问题恰好相反，它得有意识地调整"亮亮"，好让它不那么让人上瘾。这类调整是游戏化平台的共同特征之一，因为事先很难预测哪些元素能驱动行为。2009 年，谷歌健康（Google Health）的前负责人亚当·博斯沃思（Adam Bosworth）推出了一款名为"Keas"的健康应用程序。起初，Keas 把重点放在数据上，游戏化的程度较低。按博斯沃思的设计，该应用为每一用户提供量体裁衣的高质量反馈。用户完成测试，输入锻炼和饮食情况，Keas 负责解释人们的选择怎样塑造了重要的健康结果。照博斯沃思的设想，如果用户不得不面对懒惰和贪吃造成的后果，一定会多动少吃。但闲置的数据报告不足以改变行为，于是 Keas 改变了方向。博斯沃斯向许多大企业宣传这款应用程序，鼓励员工组建竞争团队。良好的行为能为玩家赢得积分，新版本的 Keas 还整合了游戏等级和策略。博斯沃思希望保证应用程序里有大量测验，于是他的团队设计了大量测试，比他期待用户在标准的 12 天计划期间要完成的多得多。可他低估了人们的热情：许多用户用一个星期就把所有测验给做完了。

Keas 能发挥作用，一部分是因为它很简单。它非常依赖用户在 12 天计划开始和结束时完成的 4 项测验。问题分别是：

1. 你不抽烟吗？

2. 你每天吃 5 份以上的水果和蔬菜吗？

3. 你的体重是否健康（BMI 小于 25）？

4. 你经常锻炼吗（每次超过 45 分钟，每周 5 次）？

每回答一个"是"，用户可得 1 分：如果得分是 0 或 1，暗示用户的生活方式不健康，3 或 4 意味着健康。全世界最大制药研发企业辉瑞，几年前采用了该应用程序。在项目开始之前，该公司 35% 的员工在 Keas 里得分为 0 或 1——事后，这个数字下降到了 17%。与此同时，健康反馈（得 3 或 4 分）从 40% 上升到了 68%。

Keas 是一款以营利为目的的软件。辉瑞等公司的高管需付费试用该计划，但反过来说，员工们变得更健康，生产效率更高，更少请病假了，也减少了公司医疗预算的支出。类似的应用软件同样适用于非营利环境。一款名叫"健康实验室"（Health Lab）的应用改善了低收入社区儿童的健康，美国政府考虑用游戏来促进全国各地儿童的健康行为。

游戏化提高学习成绩

2009 年秋天，一所新学校在纽约市打开了大门。"学之远征"（Quest to Learn）迎来了 76 名一年级学生，其后，该学校每个新学年开始还会再增设一个新班级。[5] "学之远征"是几家组织聚在一起设计全新教育模式带来的结晶。他们认为，原来的模式远远不够完美。几个世纪以来，学校一直在和课堂里分心、欠缺学习动力、经常感到不愉快的孩子们角力。学校似乎从设计上就让人感到不愉快：它是生搬硬套的学习和填鸭式教育的结合体。如果真的有人想过"学习趣味"的话，那也是事后的反思，所以大多数孩子把上学看成是苦差事。

"学之远征"不一样。和恒美的大众汽车推广活动一样，这所学校建立在趣味之上。如果孩子们喜欢学校，他们肯定会更开心、更有活力。学校的创办人认为，注入乐趣的最好办法，就是把学习体验变成一场盛大的游戏。事实证明，学习很适合游戏化改编。每一个新的信息模块都可以像游戏那样从零认识开始，以充分理解结束。"学之远征"对每一个较大的学习模块（即"任务"）都采用相同的游戏化结构：在任务期内（比如 10 个星期），学生们要完成一连串的小任务，接着要打通头目关卡（推动他们把所学知识应用到新的背景里）。"头目关卡"概念经典游戏理论是：在搞定可怕的"头目"之前，玩家会先击败容易的对手，磨炼自身技能。"头目"起到了界碑的作用，即玩家完成了任务，可以升入下一级的信号。

有一桩任务叫"小斯医生"（Dr. Smallz），要求 6 或 7 年级的学生学习人体知识。"小斯"医生把自己缩小以拯救垂危的患者，可是呢，患者有健忘症。任务持续了 13 个星期，包含了 7 桩次级任务，学生们要达成如下几个目标：帮助"小斯医生"确定自己正待在患者身体的哪个地方，提醒他各个身体组织和系统的功能是什么，帮助他解开患者病情的医学之谜，并且根据学生们对人体解剖学的了解，帮他找一条路从患者身体里出来。到任务结束的时候，学生们学到了和其他学校教授的一样的科学信息，但整个过程变成了一场游戏。举例来说，在一项任务里，学生们要用拼图拼出细胞。随着研究细胞内部每一结构的信息，他们会获得新的一块拼图，从而朝着完成任务的目标更近了一步。还有一项任务，学生们通过玩"病毒攻击"棋盘游戏，学习免疫系统知识。这款游戏由 Institute of Play 公司设计，要孩子们产生白细胞、抗体和 T 细胞，杀死病毒。就跟学生们在课堂外玩的游戏一样，他们可以获得奖励，跟踪进度。

7 年级有个教学单元的内容是教学生们美国独立战争。学生们的任务是调解自然历史博物馆里几个鬼魂之间的分歧。每个鬼魂代表革命期间不同的人物：效忠派、独立党、地主、商人和奴隶。对独立战争期间发生的一些事情，鬼魂们达不成一致意见，所以学生们必须尽量多地收集信息，防止鬼魂吵闹，让整个博物馆的藏品免受破坏。学生们既学习到了美国独立战争的知识，也了解到事实真相非常复杂：不同的派别对同一事件存在不同的看法，怎样解决这些冲突。

"学之远征"的做法产生了效果。学校的数学小组连续 3 年在纽约市数学奥林匹克运动会上排名第一，学生们的成绩比采用纽约市标准化考试的普通学校高出约 50%。按照一套指标的测试，学生们在 8～10 年级的智力发展，相当于普通大学生在整个大学 4 年里的发展。学生和老师都很投入：学生的平均出勤率达 94%，教师的留任率达 90%。

游戏化教育听起来像是一种对孩子最有吸引力的方法，但它也适合年轻人。2011 年，罗切斯特理工大学互动游戏和媒体学院推出了一个名叫"按着玩"的项目。该项目通过引入自愿任务，激励学生。每名教授都会介绍这些任务，学生可以自由选择参与或不参与。不少任务是为整个班级或年级设计的，不仅仅针对一两名学生。举例来说，如果一年级 90% 的学生都通过了学院出名困难的入门课程，那么"不朽"任务就会给所有学生送上奖励。从过去的情况看，合格率低于 90%，但该项目的吸引力太大了，好几个大二、大三学生都跑到新生计算机实验室，指导新生通过课程。大二和大三的学生没资格享受任务奖励，但他们深为所动，主动参加。那一年，大一新生的通过率破了从前的纪录，第二年，大二和大三的学生继续提供帮助。这是游戏发挥了作用的标志：就算人们得不到外在奖励，也获得了内在的激励。我最喜欢的任务来自安迪·菲尔普斯（Andy Phelps）教授，他是这一项目的发起人之一。菲尔普斯的任务名叫"漫步魔多"，"魔多"是 J.R.R. 托尔金《指环王》（*Lord of the Rings*）里一个充满危险的黑暗之地。菲尔普斯说："我的办公室在魔多深处，开着黑色大门的那里就是……拿张名片。随时来找我……"学生们碰到教授时，甚至没有意识到自己是在学习——他们只觉得自己是在完成游戏里的一项任务。

游戏化提升工作效率

从安迪·菲尔普斯的追求到"学之远征"的任务，游戏化设计的用意都是在人们喜欢懒散的地方提高其生产力。在许多情况下，懒散是人的默认设定。社会心理学家苏珊·菲斯克（Susan Fiske）和谢利·泰勒（Shelley Taylor）形容人是"认知吝啬鬼"，认为我们就像吝啬鬼不肯花钱那样吝于思考。的确，只有必须依靠思考才能得出可接受结论的时候，人才会选择思考。从进化的角度来看，"吝啬鬼"的做法合乎情理，因为思考代价高昂。它妨碍了动物的行动，让动物容易受到天敌的伤害，未能做好准备抓住有限机会。这就是为什么我们会重度依赖心理捷径，惯用套路和经验法则，因为它们能让我们尽快理解复杂的世界。

这种惰性解释了为什么工作会打扮成游戏的样子。薪水（积分）随着资历（级别）上涨，进而带来晋升和新的头衔（徽章）。大多数职场和真正游戏之间的区别在于，工作这个游戏并不带给人内在的动力（所以没有薪水等外在奖励，人不会工作）；游戏则示范了雇主怎样摆脱金钱、名气和赞许等外在奖励。尼克·佩林在创造"游戏化"这个说法的时候解释说，如果玩游戏带来的乐趣成为奖励，这就是游戏化了。在某些情况下，游戏化也会很危险。运动瘾君子很容易全神贯注地投入到每天的运动中，或是积累一定步数（或里程数）的游戏里。他们忘记了运动主要是为了让自己变得更健康，反而在追求任意设定的健身目标过程中发展出与压力相关的伤痛。

除去个人健身，一些公司也对职场进行了游戏化设定，想要激励员工。2000 年，4 家科技企业家组建了 LiveOps 的远程呼叫中心。LiveOps 招募了大约 2 万名普通美国人进行电话营销，最近还帮必胜客、艺电（Electronic Arts）等大公司运营社交媒体平台。该公司会先筛选代理人，再将之接纳为员工，一旦接受，这些代理人可按自己的心意决定工作时间长短，哪怕短到 30 分钟也行。所有代理都配有座机电话、计算机、高速上网连接和头戴式耳机。一些使用 LiveOps 的公司会按分钟数付费（比方说每分钟通话时间 25 美分），另一些则按通电话的次数或销售情况付费。LiveOps 对没有固定时间安排的人很有吸引力——比如兼职人士、在家带孩子的人士，或是在稳定工作之外有余力的人士。

公司的灵活性是一项优势，但没有固定时间表的呼叫中心员工容易受动机低落的影响。为了对抗动机低谷，LiveOps 推出了一种游戏化仪表盘（dashboard）。每名工作人员的仪表板里包含了各种进度条，上面显示实现销售的电话百分比，达到特定销售里程碑的奖杯和徽章，处理并完成的单项挑战。仪表盘里还有排行榜，通告全公司的顶尖销售人员。按 LiveOps 的说法，这些游戏元素将服务评分提高了 10%，减少了 15% 的客户等待时间。销售转换率上升，员工报告说，对为公司工作产生了更积极的感觉。

其他组织依靠引入游戏化的奖励来发展。在亚拉巴马州的亨茨维尔，小罗德尼·史密斯（Rodney Smith, Jr.）看到有位 93 岁的老妇人正艰难地修剪着自家草坪。[6] 于是，他创建了一家组织，叫作"征募男士护理草坪"。该组织征募男青年（不少来自贫寒家庭）免费为人们修剪草坪。（该组织通过 GoFundMe 网站寻找好心人提供资金。）青年们本身有动力要做正确的事，但借鉴自武术的徽章制度也为他们提供了激励。"征募男士护理草坪"在自己的 Facebook 页面上解释说，颜色排位系统"跟跆拳道类似……在项目开始时，孩子们穿白衬衣。等他们修剪了 10 块草坪，将得到一件橙色衬衣；修剪 20 块草坪，得到绿色衬衣；30 块草坪得到蓝色衬衣；40 块是红色衬衣，50 块以上对应着黑色衬衣。"该组织成功在美国各地孵化出了不少新的分会，吸引了越来越多的网络追随者，并筹集到数万美元的赠款。

如果体验本身就很有趣，游戏化并无太大帮助；如果体验很无聊，游戏化的效果就很明显了。在职培训恐怕要算是工作中出了名无聊的事情。与此同时，培训又至关重要，因为没接受过良好培训的工人生产力较低，安全性较差。大量公司开始用游戏训练员工。例如，希尔顿花园酒店请到虚拟英雄（Virtual Heroes）游戏设计工作室开发一家虚拟培训酒店。游戏把团队成员放置在三维虚拟的希尔顿花园酒店里，让他们在一定的时间期限内为客人提供服务。员工的处理速度和回应得当性会被评分，并转换为满意度和忠诚度跟踪得分（Satisfaction and Loyalty Tracking，简称为 SALT）。在现实当中，酒店也是用 SALT 分数对员工进行评估的，因此虚拟游戏环境是绝妙的模拟。自从希尔顿获得成功之后，虚拟英雄工作室拉到了一大批大企业客户，包括美国陆军、探索频道、美国国土安全部、英国石油公司和基因泰克等。

这些游戏不光有趣，还很能调动人，提高了工作绩效和员工留职率。科罗拉多大学管理学教授特雷西·西兹曼（Traci Sitzmann）研究了在职培训中游戏的作用。她进行了大范围的对比，检验了 65 项比较游戏化培训和线下培训的研究所得结果。在近 7000 名培训学员中，她发现游戏化培训比线下培训效果好得多：使用电子游戏的学员留职率高 9%，记住的事实多 11%，在技能知识检测中得分高 14%。培训学员玩完游戏后信心和能力感要强 20%，因为他们有积极的实践经验做后盾，而不是被动接受指导。

游戏减少疼痛和心理创伤

上述让培训变得引人入胜、开心愉悦的游戏化特点，还可以用在医疗领域。[7]1996 年，在西雅图的华盛顿大学，一支研究小组得到政府资助，研究虚拟现实对疼痛耐受性的影响。烧伤病患每天清理伤口、更换包扎时都要被迫忍受可怕之极的疼痛。在一项研究中，86% 的烧伤患者形容疼痛水平"如受酷刑"，而且这还是他们注射了吗啡镇痛之后的感受。

实验室里有一些患者对催眠反应良好，于是研究人员设计了一款名叫"冰雪世界"（SnowWorld）的虚拟现实游戏。患者的许多疼痛其实都来自预期，故此"冰雪世界"这种能让人分心的游戏作用很大。研究人员在网站上如下所说。

> 虚拟现实为什么能减少疼痛呢？我们的逻辑如下：疼痛感知有很强的心理成分。相同的输入疼痛信号可以阐释为疼痛，也可以不这么阐释，这取决于患者是怎么想的。疼痛需要有意识的关注。虚拟现实的本质是用户进入计算机生成环境所产生的错觉。进入另一个世界，耗用了大量注意力资源，这样用来处理疼痛信号的关注就变少了。有意识注意就像聚光灯一

样。通常，它的聚光焦点放在疼痛和伤口护理上。而我们把聚光灯转移到虚拟世界里，对许多患者来说，置身于虚拟世界，他们不再以疼痛为关注焦点，而是把探索虚拟世界作为首要目标，伤口护理变成了一桩小小的不便，只是略有妨碍罢了。

"冰雪世界"是一款第一人称虚拟现实冒险游戏。玩家一边听着保罗·西蒙（Paul Simon）昂扬的歌曲，一边朝企鹅、乳齿象和雪人投掷雪球。这体验身临其境，一些烧伤病患形容玩这款"有趣"——这跟他们此前形容给伤口换包扎"如受酷刑"相去甚远。研究人员扫描患者大脑时发现，相较单独使用吗啡的情况，玩"冰雪世界"让疼痛区域活跃度较低。其他疼痛体验也适合采用类似的处理方式——研究人员指出，它能减少牙痛，儿童和成年人遭受的各类疼痛，甚至是 2001 年 9 月 11 日世贸中心恐怖袭击事件幸存者遭受的精神创伤。

之前在第 7 章里讨论过的"俄罗斯方块"，虽然我曾说它居心险恶地让人上瘾，但它同样有着和"冰雪世界"相同的部分治疗特点。许多亲眼见到他人死亡、受伤、受到威胁的人，长期受到心理创伤的折磨。他们所接触到的场景反反复复地循环播放，有时候终其一生都无法消除。治疗师掌握着治疗创伤后应激障碍（PTSD）的工具，但这些工具在创伤事件刚发生后使用没什么效果。标准的治疗方法用在事件发生后最初几个星期都不太管用，幸存者们一般会被迫熬到能治疗的时候。这让牛津大学的一支精神科医生团队感到奇怪：为什么要等到记忆凝固下来才着手治疗？

2009 年，该团队在艾米莉·霍尔姆斯（Emily Holmes）的领导下，测试了一种新颖的创伤后应激障碍干预措施。他们让一群成年人观看 12 分钟的视频，"包括 11 段人类做手术、致命交通事故和溺水等真实场面的画面剪辑"。这是研究人员对创伤所做的模拟，研究的参与者也确实受到了创伤。看视频之前，参与者报告说，感到平静和放松；看完视频之后，他们感到不安和忐忑。霍尔姆斯和团队强迫人们等待 30 分钟——模拟人进入急诊室之前可能出现的等待经历。此时，一半参与者玩 10 分钟的"俄罗斯方块"，另一半则静静地坐着。

　　参与者们在回家后的一个星期里写日记，记录自己的想法。每天，他们要叙述自己脑海里重放的视频场面。有人看到两车相撞，还有人记得人做外科手术的可怕情形。画面闪回对一部分人的影响更为强烈。观看悲惨视频之后静静坐着的人，在这个星期里平均经历了 6 次闪回；而玩"俄罗斯方块"的人平均经历的闪回次数少于 3 次。"俄罗斯方块"里的颜色、音乐和旋转方块，令最初的创伤记忆免于凝固。游戏吸收了原本要将可怕记忆转为长期记忆的精神关注度，可怕的记忆存储不完全，甚或完全不曾存储下来。到这个星期结束时，参与者回到实验室，幸运地玩到"俄罗斯方块"的人报告的精神创伤症状较少。研究人员解释说，游戏充当了"认知疫苗"。尽管视频在短期内让参与者遭受了创伤，但"俄罗斯方块"阻止它们转为长期创伤。

游戏化的潜在危险

　　游戏化广受欢迎，但也有一些唱反调的人。2013 年，一支大型研究团队在世界顶级科学期刊《自然》（*Nature*）杂志上发表了一篇探讨游戏的论文。论文称赞了一款名为"神经赛车手"（NeuroRacer）的游戏，它要玩家按屏幕提示按下按钮，操纵一辆汽车。作者们认为，这种多任务形式对于老年人的健康大有好处。如果老年人每星期玩"神经赛车手"3 次，每次 1 小时，其精神功能便不会衰退，而是保持锐利。相较于避免精神衰退的收益，玩 3 小时游戏算不上什么苛刻的要求。作者们让近 200 名成年人玩该游戏 1 个月的，之后测量了他们 6 个月的精神绩效。与完全没玩该游戏或玩同款游戏简单版本的老人比起来，玩多任务版游戏的老人在大量认知测试中都表现更佳。

　　这篇论文发表之后，出现了几家大脑训练软件公司。他们大肆宣传多任务游戏可改善各种各样的精神功能，赚到了数十亿美元的收入。但相关证据十分零散。一些研究人员重复了《自然》刊发论文的研究结果，但另一些人认为，大脑训练只能改善游戏绩效，长期而言（也就是最初的实验过去之后的数年或数十年里）并不能真正改善人的生活。2014 年，75 位科学家签署了一项声明，总结说"迄今为止没有可信的科学证据"证明大脑游戏能预防认知衰退。美国联邦贸易委员会似乎认同这一结论。2016 年 1 月，委员会对规模最大最成功的大脑训练公司 Lumos Labs 处以 200 万美元的罚款。按委员会的说法，Lumos 公司对旗下软件进行了"欺骗性宣传"。Lumos 的游戏有可能抵挡了认知衰退，但证据不足，Lumos 言过其实。

即便游戏化能发挥作用，一些批评人士还是认为应该放弃它。佐治亚理工学院的游戏设计师伊恩·博格斯特（Ian Bogost）领导了这场运动。2011 年，他在沃顿商学院举办的游戏化研讨会上做了讲演。讲演题为"游戏化是狗屎"（Gamification Is Bullshit）。博格斯特提出，游戏化"是顾问们发明的捕猎电子游戏这头凶残野兽并加以驯化的一种手段"。博格斯特批评游戏化破坏了"玩家"的幸福。至少，游戏化对博格斯特的幸福没什么好处，因为它推动的是一个别无选择只能追求的议程。这就是游戏设计的力量：一款精心设计的游戏会助长行为成瘾。

博格斯特用一款名叫"点奶牛"（Cow Clicker）的社交媒体游戏展示了游戏化的力量。[8] 他设计"点奶牛"是为了模仿"农场小镇"等类似游戏，后者已经连续好多个月占据 Facebook 的首页。"点奶牛"游戏的目标很简单：在关键时期点击奶牛，赢取虚拟货币"奶币"。"点奶牛"的本意是讽刺游戏化做派，结果却成了大热门。成千上万的用户下载了该游戏，一玩就是好几天。过了一阵儿，甚至有位计算机科学的教授以 10 万奶币的成绩登上了排行榜第一位。博格斯特为游戏升级了新功能，达到特定里程碑后会增加奖励（比如点击 10 万次后可获得金铃铛），还推出了"油裹牛"纪念 BP 公司石油泄漏事件。他声称，"点奶牛"的成功是意外惊喜，但它确实体现了其他许多游戏令人上瘾的特点，即前文韦巴赫和亨特两人所总结的分数、徽章、关卡。

在一定层面上，"点奶牛"没什么害处，只是单纯的好玩而已。但博格斯特提出了一个重要观点：不是所有事情都该变成游戏。就拿一个不喜欢吃饭的孩子为例吧。一种做法是把吃饭变成一场游戏——像投飞机那样把食物喂进他嘴里。在这一刻，这么做合理，但长期而言，孩子会把吃饭视为游戏。它沾染了游戏的特点：吃饭必须有趣、好玩、吸引人，否则就不值得去做。他没能因为食物有营养、能维持人的生命而培养起吃饭的动机，反而认为吃饭是游戏。

事实上，孩子是不是把吃饭视为游戏并不重要。他很快就会了解到吃饭的真正目的。但正如他用趣味取代了吃饭的真正动机，游戏化同样把其他体验变得失去了厚重感。奥登普兰地铁站的钢琴楼梯很有趣，但长期而言，它并没有促进健康行为。相反，强调运动的趣味性（而非健康和福祉作用），反倒有可能破坏了健康行为。钢琴楼梯这类可爱的游戏化手段很有魅力，但它们不大可能改变人们明天、下星期或下一年对待运动的态度。

事实上，游戏化的乐趣彻底改变了人们对体验的看法，还兴许会把重要的动机给排挤掉。20 世纪 90 年代末，经济学家尤里·格尼茨（Uri Gneezy）和阿尔多·拉切奇尼（Aldo Rustichini）想劝说 10 家以色列日托中心的家长接孩子别迟到。如果有人做错了事情，就用经济手段惩罚他，这是一种合理的做法，所以有些日托中心就开始对迟到的家长进行罚款。每到月底，家长会收到日托中心收罚金的账单——这么做是想劝他们下一个别迟到。可惜，这些罚款带来了事与愿违的效果。那些被日托中心处以罚款的家长，比没有采取此种举措的日托中心的家长更频繁地迟到。格尼茨和拉切奇尼解释说，问题出在罚款排挤掉了做正确之事的动机。家长会为迟到感到愧疚，可要是迟到罚点钱就行了，他们就不会再愧疚了。这样一来，他们会把迟到看成是和经济相关的决定。做正确事情（按时接孩子）的内在动机，被外在动机（交一笔费用就能迟到）排挤掉了。游戏化同样如此：一旦披上了"趣味"的外衣，人们就会以不同的方式去看待体验。运动健身不再是为了健康，而是为了好玩。一旦没了趣味，运动也就坚持不下去了。

———

游戏化是一种强大的工具，和所有强大的工具一样，它有好也有坏。一方面，它为平凡或不愉快的体验注入了喜悦感。它让患者免于疼痛，让学童免于无聊，让游戏玩家有了为贫困者捐赠的由头。游戏化能为这世界带来更多的善意结果，具有价值。对传统医疗、教育和慈善捐赠来说，它是一套有益的替代方案，因为从很多方面来看，这些事情并不看重人的动机是什么。但另一方面，伊恩·博格斯特很明智地阐释了游戏化的潜在危险。"农场小镇"和"金·卡戴珊：好莱坞"等游戏的设计目的就是利用人类的动机来牟取经济利益。它们借助游戏化，给玩家挖了不利的坑，让后者困在了对游戏欲罢不能的迷网当中。但一如我在本书开始就提到，技术本身无所谓好坏。游戏化同样如此。剥开它的风行一时和华丽名字，游戏化的核心无非是设计体验的有效途径。游戏很擅长发挥缓解痛苦，用欢乐代替无聊，结合趣味与慷慨的作用。

不上瘾，我们能做到

发达国家里有半数人口都对某样东西上了瘾，在我看来，对大多数人而言，这里的"东西"指的是一种行为。我们沉迷于自己的手机、电子邮件、电子游戏、电视、工作、购物、运动，以及其他各种各样因为技术迅速发展、产品设计越发成熟而存在的体验。这些体验，公元 2000 年之前少有存在，但到 2030 年，我们这有望看到一份全新的、跟如今的名单几无重叠的新清单。我们如今只知道，沉浸式上瘾体验的数量正在加速上涨，所以我们需要理解人们一开始是怎样出现行为上瘾的，为什么、什么时候会行为上瘾，最终又怎样避开它们。在这一频谱的最上方，我们的健康、幸福和福祉都取决于它；而在频谱的最下方，它事关我们用眼睛好好地观察彼此，建立真正情感联系的能力。

———

每当成年人回首过去，常常感觉世界的变化太大了。什么都发展得比以前更快；我们以前更爱聊天；从前是个更简单的时代，等等。尽管我们觉察到事情在过去有了改变，但我们又总爱认为，它们以后会停止改变；我们和我们现在所过的生活，将持续永远。这叫作"历史终结"错觉，产生这种错觉的一部分原因在于，看出 10 年前到今天之间出现了什么样的真正变化，比想象 10 年后事情会有多大不同要容易得多。[1] 这种错觉在一定程度上有些许抚慰作用，因为它让我们感觉自己已经完成了自我的塑造，生活会停留在现在这一刻，永远也不变。但与此同时，它妨碍了我们为即将到来的变化做准备。

行为上瘾同样如此，如今的它看起来仿佛已经达到顶峰。10 年前，有谁能想象 Facebook 会吸引 15 亿用户呢？而这些用户里还有不少人说自己希望减少在该网站上所花的时间？有谁能想象，Instagram 每天更新 6000 万张新照片，数百万用户会花上好几个小时上传并点赞？又有谁能想象，2000 多万人会在手腕上戴着小型设备，记录并监控自己走的每一步？

这些都是相当可观的统计数据，但它们只是漫长攀升过程里初期定位点。行为上瘾仍处于起步阶段，我们很可能至今仍处在大本营，离最高峰还很遥远。真正的沉浸式体验，比如虚拟现实设备，尚未成为主力。10 年之内，等所有人都拥有一副虚拟现实眼镜的时候，我们怎么才能把自己拴在现实世界里？如果说人际关系因为智能手机和平板电脑就受到了损害，那么等到沉浸式虚拟现实体验的大潮涨上来，它们又如何抵挡得住？ Facebook 还不到 10 岁，Instagram 更只有它一半的年纪。未来 10 年将涌现大量的新平台，会让 Facebook 和 Instagram 看起来像是古代玩意儿。它们仍将吸引大量用户群（问世抢得先机是很有好处的），但说不定，跟最新一代的替代产品比起来，它们的浸入式力量小得可怜。当然，我们不知道 10 年后的世界到底会是什么样的，但回首过去的 10 年，没有理由相信历史会在今天终结，Facebook、Instagram、Fitbit 和"魔兽世界"导致的行为上瘾就此达到顶峰。

那么，出路在哪里呢？我们不可能放弃技术，也不应该放弃。一些技术进步推动行为上瘾，但它们也充满了神奇色彩，让生活变得更丰富。只要在工程设计上保持谨慎，它们便不会令人上瘾。创造一种让人觉得不可或缺但又不上瘾的产品或体验，是做得到的。例如，工作场所可以在晚上6点就关闭，与此同时，工作电邮账户在午夜到次日凌晨5点之间禁用。游戏可以跟书的章节一样，自带暂停点。社交媒体平台可以"去指标化"，取消数字反馈，不再充当恶性社会攀比、长期目标设定的载体。孩子们可以在成年人的监督之下慢慢接触屏幕，而不是一股脑地塞过去。我们对上瘾体验的态度，在很大程度上来自文化，如果我们的文化能保留一些不工作、不玩游戏、不使用屏幕的关机时间，我们和孩子都能更轻松地抵挡行为上瘾的诱惑。在这些屏蔽了技术的空间里，我们直接跟彼此沟通，不再依靠设备；这些实体社交纽带的粘合力，比屏幕的粘合力更能让我们感到丰富和幸福。

致　谢

　　我要向企鹅出版社、Inkwell Management 和 Broadside PR 三家公司的团队表示巨大的感谢。在企鹅出版社，尤其是我那聪明又耐心的编辑 Ann Godoff，他提炼了本书的观点，让它更强烈，又整理了本书的内容，让它更紧凑，在这两方面，我差得太多了。还要感谢企鹅出版社的 Will Heyward、Juliana Kiyan、Sara Hutson、Matt Boyd、Caitlin O'Shaughnessy 和 Casey Rausch。　在 Inkwell，我要特别感谢我眼光敏锐的好心经纪人 Richard Pine，他做了经纪人应该做的一切：提出设想、善解人意、宣传高手，此外还是我的朋友。我还要感谢 Inkwell 的 Eliza Rothstein 和 Alexis Hurley。感谢 Broadside 的整个团队，以及 Whitney Peeling。

　　谢谢以下诸君读了本书的初稿，分享了意见，耐心回答了我的问题：Nicole Airey、Dean Alter、Jenny Alter、Ian Alter、Sara Alter、Chloe Angyal、Gary Aston Jones、Nicole Avena、Jessica Barson、Kent Berridge、Michael Brough、Oliver Burkeman、Hilarie Cash、Ben Caunt、Rameet Chawla、John Disterhoft、Andy Doan、Natasha Dow Schüll、David Epstein、Bennett Foddy、Allen Frances、Claire Gillan、Malcolm Gladwell、David Goldhill、Adam Grant、Melanie Green、Mark Griffiths、Hal Hershfield、Jason Hirschel、Kevin Holesh、Margot Lacey、Frank Lantz、Andrew Lawrence、Tom Meyvis、Stanton Peele、

Jeff Peretz、Ryan Petrie、Sam Polk、Co-sette Rae、Aryeh Routtenberg、Adam Saltsman、Katherine Sch-reiber、Maneesh Sethi、Eesha Sharma、Leslie Sim、Anni Sternisko、Abby Sussman、Maia Szalavitz、Isaac Vaisberg、Carrie Wilkens、Bob Wurtz 和 Kimberly Young。

2014 年底，我向自己在纽约大学斯特恩商学院的学生们表述了本书的前提。谢谢以下朋友们的帮助，他们把好玩的故事发送给我，还给我讲了上瘾技术的例子，尤其是 Griffin Carlborg、Caterina Cestarelli、Gizem Ceylan、Arianna Chang、Jane Chyun、Sanhita Dutta Gupta、Elina Hur、Allega Ingerson、Nishant Jain、Chakshu Madhok、Danielle Nir、Michelle See、Yash Seksaria、Yu Sheng、Jenna Steckel、Sonya Shah、Lindsay Stecklein、Anne-Sophie Svoboda、Madhumitha Venkataraman 和 Amy Zhu。

我要始终感谢妻子 Sara、儿子 Sam、我父母 Ian 和 Jenny、岳父母 Suzy 和 Mike，还有我哥哥 Dean。

注　释

楔子　令人上瘾的时代

1. 见 John D. Sutter and Doug Gross, "Apple Unveils the 'Magical' iPad," CNN, January 28, 2010, www.cnn.com/2010/TECH/01/27/apple.tablet/. 本次活动的视频：Every-SteveJobsVideo, "Steve Jobs Introduces Original iPad—Apple Special Event," December 30, 2013.

2. 这一部分来自技术专家的观点节选自 Nick Bilton, "Steve Jobs Was a Low-Tech Parent," *New York Times,* September 11, 2014, www.nytimes.com/2014/09/11/fashion/steve-jobs-apple-was-a-low-tech-parent.html.

3. 这些观点来自对以下人士的采访：游戏设计师 Bennett Foddy 和 Frank Lantz；锻炼上瘾专家 Leslie Sim 和 Katherine Schreiber，以及"重启"网络上瘾治疗中心创办人 Cosette Rae。

4. 这些引文出自 Natasha Singer, "Can't Put Down Your Device? That's by Design," *New York Times*, December 5, 2015, www.nytimes.com/2015/12/06/technology/personaltech/cant-put-down-your-device-thats-by-design.html.

5. 技术的辅助怎样加速了行为上瘾，更多信息请参考：Art Markman, "How to Disrupt our Brain's Distraction Habit," Inc .com, May 25, 2016, www.inc.com/art-markman/the-real-reason-technology-destroys-your-attention-span-is-timing.html.

6. 出于本书的目的，对行为上瘾、强迫症和痴迷，我采用了自己的定义，它们借鉴自若干来源，尤其是以下这本收集了来自若干专家对行为上瘾研究的学术操作手册：Kenneth Paul Rosenberg and Laura Curtiss Feder, eds., *Behavioral Addictions: Criteria, Evidence, and Treatment* (Elsevier Academic Press: London, 2014)。我还借鉴了 Aviel

Goodman, "Addiction: Definitions and Implications," *British Journal of Addiction* no. 85 (1990): 1403-8. 在一定程度上，我采用了来自以下手册的定义：American Psychiatric Association, *Diagnostic and Statistical Manual of Mental Disorders*, 5th ed. (American Psychiatric Publishing: Washington, DC, 2013).

　　7. 这些临床心理学家答应接受我的采访，条件是我不得透露他们的名字。他们担心患者会从本书所属的匿名案例中认出自己来。

　　8. John Patrick Pullen, "I Finally Tried Virtual Reality and It Brought Me to Tears," *Time,* January 8, 2016, www.time.com/4172998/virtual-reality-oculus-rift-htc-vive-ces/.

第 1 章　行为上瘾的兴起

　　1. "时刻"网站的网址：inthemoment.io/; Holesh's blog: inthemoment.io/blog. 其他一些介绍霍尔什及其应用软件的文章包括：Conor Dougherty, "Addicted to Your Phone? There's Help for That," *New York Times*, July 11, 2015, www.nytimes.com/2015/07/12/sunday-review/addicted-to-your-phone-theres-help-for-that.html; Seth Fiegerman, "'You've Been on Your Phone for I60 Minutes Today,'" Mashable, August 14, 2014, mashable.com/2014/08/19/mobile-addiction/; Sarah Perez, "A New App Called Moment Shows You How Addicted You Are to Your iPhone," TechCrunch, June 27, 2014, techcrunch.com/2014/06/27/a-new-app-called-moment-shows-you-how-addicted -you-are-to-your-iphone/; Jiaxi Lu, "This App Tells You How Much Time You Are Spending, or Wasting, on Your Smartphone," *Washington Post*, August 21, 2014, www.washing tonpost.com/news/technology/wp/2014/08/21/this-app-tells-you-how-much-time-you-are-spending-or-wasting-on-your-smartphone/.

　　2. 有关这一主题的研究包括：ALS. King and others, "Nomophobia: Dependency on Virtual Environments or Social Phobia?," *Computers in Human Behaviors* 29, no. 1 (January 2013): 140-44; A. L. S. King, A. M. Valenga, and A. E. Nardi, "Nomo-phobia: The Mobile Phone in Panic Disorder with Agoraphobia: Reducing Phobias or Worsening of Dependence?," *Cognitive and Behavioral Neurology* 23, no. 1 (2010): 52—54; James A. Roberts, Luc Honore Petnji Yaya, and Chris Manolis, "The Invisible Addiction: Cell-Phone Activities and Addiction Among Male and Female College Students," *Journal of Behavioral Addictions* 3, no. 4 (December 2014): 254—65; Andrew Lepp, Jacob E. Barkley, and Aryn C. Karpinski, "The Relationship between Cell Phone Use, Academic Performance, Anxiety, and Satisfaction with Life in College Students," *Computers in Human Behavior* 31 (February 2014) 34—50; Shari P. Walsh, Katherine M. White, Ross McD. , Young, "Needing to

Connect: The Effect of Self and Others on Young People's Involvement with Their Mobile Phones," *Australian Journal of Psychology* 62, no. 4 (2010): 194—203.

3. Andrew K. Przybylski and Netta Weinstein, "Can You Connect with Me Now? How the Presence of Mobile Communication Technology Influences Face-to-Face Conversation Quality," *Journal of Social and Personal Relationships* 30, no. 3 (May 2013): 237—46.

4. Colin Lecher, " GameSci: What Is (Scientifically!) the Most Addictive Game Ever?, " *Popular Science*, March 27, 2013, www.popsci.com/gadgets/article/2013-03/ gamesci-what-scientifically-most-addictive-game-ever; WoWaholics Anonymous discussion board, www.reddit.com/r/nowow/; WoW Addiction Test, www.helloquizzy.com/tests/the-new-and-improved-world-of-warcraft-addiction-test.

5. Ana Douglas, " Here Are the 10 Highest Grossing Video Games Ever, " Business Insider, June 13, 2012, www.businessinsider.com/here-are-the-top-10-highest-grossing-video-games-of-all-time-2012-6; Samit Sarkar, " Blizzard Reaches 100M Lifetime World of Warcraft Accounts, " Polygon, January 28, 2014, www.polygon.com/2014/1/28/5354856/ world-of-warcraft-100m-accounts-lifetime.

6. Jeremy Reimer, " Doctor Claims 40 Percent of World of Warcraft Players Are Addicted, " *Ars Technica*, August 9, 2006, arstechnica.com/uncategorized/2006/08/7459/.

7. 相关信息见 www.netaddictionrecovery.com/.

8. Jerome Kagan, " The Distribution of Attention in Infancy, " in *Perception and Its Disorders*, eds. D. A. Hamburg, K. H. Pribram, and A. J. Stunkard, (Williams and Wilkins Company: Baltimore, MD, 1970), 214—37.

9. R. J. Vallerand and others, " Les passions de l'ame: On Obsessive and Harmonious Passion," *Journal of Personality and Social Psychology* 83 (2003):756—67.

10. Allen Frances 的更多观点可参考：Allen Frances, " Do We All Have Behavioral Addictions?, " *Huffington Post*, March 28, 2012, www.huffingtonpost.com/allen-frances/ behavioral-addiction_b_1215967.html.

11. Steve Sussman, Nadra Lisha, and Mark D. Griffiths, " Prevalence of the Addictions: A Problem of the Majority or the Minority?, " *Evaluation and the Health Professions* 34 (2011):3—56.

12. 统计数据出自 Susan M. Snyder, Wen Li, Jennifer E. O'Brien, and Matthew O. Howard, " The Effect of U.S. University Students' Problematic Internet Use on Family Relationships: A Mixed-methods Investigation, " *Plos One*, December 11, 2015, journals.plos.org/plosone/ article?id=10.1371/journal.pone.0144005.

13. 以下是从《网瘾测试 20 题》里选出来的 5 道题：完整的测试题在此：netaddiction. com/Internetaddiction-test/.

14. 所有的统计数据都包含在 Rosenberg and Feder, Behavioral Addictions. 见 Aaron Smith, " U.S. Smartphone Use in 2015," PewResearchCenter, April 1, 2015, www. pewInternet.org/2015/04/01/us-smartphone-use-in-2015/; Ericsson Consumer Lab, "TV and Media 2015: The Empowered TV and Media Consumer's Influence," September 2015.

15. Kelly Wallace, " Half of Teens Think They're Addicted to their Smartphones, " CNN, May 3, 2016, www.cnn.com/2016/05/03/health/teens-cell-phone-addiction-parents/index.html.

16. Kleiner Perkins Caulfield & Byers, " Internet Trends Report 2016," SlideShare, May 26, 2015, www.slideshare.net/kleinerperkins/internet-trends-v1/14-14Internet_Usage_Engagement_Growth_Solid11.

17. Microsoft Canada, Consumer Insights, *Attention Spans*, Spring 2015, advertising. microsoft.com/en/WWDocs/User/display/cl/researchreport/31966/en/microsoft-attention-spans-research-report.pdf. 微软并未得出肯定结论，说社交媒体有损注意力。有可能，这类使用社交媒体的人整体而言注意力就较差。但考虑到这篇报告的其他发现，两者的相关性令人担忧。

18. Etymology of " addiction ": Oxford English Dictionary, 1989, www.oup.com; see also Mark Peters, " The Word We're Addicted To," CNN, March 23, 2010, www.cnn. com/2011/LIVING/03/23/addicted.to.addiction/.

19. Justin R. Garcia and others, " Associations Between Dopamine D4 Receptor Gene Variation with Both Infidelity and Sexual Promiscuity," *Plos One*, 2010, journals.plos. org/plosone/article?id=10.1371/journal.pone.0014162; 还可见 B. P. Zietsch and others, " Genetics and Environmental Influences on Risky Sexual Behaviour and Its Relationship with Personality," *Behavioral Genetics* 40, no. 1 (2010): 12—21; David Cesarini and others, " Genetic Variation in Financial Decision-making," *The Journal of Finance* 65, no. 5 (October 2010): 1725—54; David Cesarini and others, " Genetic Variation in Preferences for Giving and Risk Taking," *Quarterly Journal of Economics* 124, no. 2(2009):809—42; Songfa Zhong and others, " The Heritability of Attitude Toward Economic Risk," *Twin Research and Human Genetics* 12, no. 1(2009):103-7.

20. 如可参见 Tammy Saah, " The Evolutionary Origins and Significance of Drug Addiction," *Harm Reduction Journal* 2, no 8(2005), harmreduction journal.biomedcentral. com/articles/10.1186/1477-7517-2-8.

21. 上 瘾 的 历 史 来 自：Jonathan Wynne-Jones, " Stone Age Man Took Drugs, Say Scientists, " *Telegraph*, October 19, 2008, www.telegraph.co.uk/news/newstopics/howa-boutthat/3225729/Stone-Age-man-took-drugs-say-scientists.html; Marc-Antoine Crocq, " Historical and Cultural Aspects of Man's Relationship with Addictive Drugs, " *Dialogues in Clinical Neuroscience* 9, no. 4 (2007): 355—61; Tammy Saah, " The Evolutionary Origins and Significance of Drug Addiction, " *Harm Reduction Journal* 2, no. 8 (2005) harm reductionjournal.biomedcentral.com/articles/10.1186/1477-7517-2-8; Nguyên Xuân Hiên, Betel-Chewing in Vietnam: Its Past and Current Importance, " *Anthropos* 101 (2006): 499—516; Hilary Whiteman, " Nothing to Smile About: Asia's Deadly Addiction to Betel Nuts, " CNN, November 5, 2013, www.cnn.com/2013/11/04/world/asia/myanmar-betelnut-cancer.

22. David F. Musto, " America's First Cocaine Epidemic, " *The Wilson Quarterly* 13, no.3 (Summer 1989):59—64; Curtis Marez, *Drug Wars: The Political Economy of Narcotics* (Minneapolis: University of Minnesota Press, 2004); Robert Christison, " Observations on the Effects of the Leaves of Erythroxylon Coca, " *British Medical Journal* 1 (April 29, 1876):527—31.

23. Freud and " Über Coca " 的 概述 可参考："Über Coca, by Sigmund Freud," scicurious, May 28, 2008, scicurious.wordpress.com/2008/05/28/uber-coca-bysigmund-freud/; Sigmund Freud, " Über Coca " classics revisited, *Journal of Substance Abuse and Treatment* 1 (1984), 206—17; Howard Markel, *An Anatomy of Addiction: Sigmund Freud, William Halsted, and the Miracle Drug, Cocaine* (New York: Vintage 2012).

24. On Pemberton and Coca-Cola: Bruce S. Schoenberg, " Coke's the One: The Centennial of the ' Ideal Brain Tonic ' That Became a Symbol of America, " *Southern Medical Journal* 81, no. 1 (1988): 69—74; M. M. King, "Dr. John S. Pemberton: Originator of Coca-Cola,"*Pharmacy in History* 29, no. 2 (1987):85—89; Guy R. Hasegawa, "Pharmacy in the American Civil War, " *American Journal of Health-System Pharmacy* 57, no. 5 (2000):457—89; Richard Gardiner, " The Civil War Origin of Coca-Cola in Columbus, Georgia," *Muscogiana: Journal of the Muscogee Genealogical Society* 23 (2012):21—24; Dominic Streatfeild, *Cocaine: An Unauthorized Biography* (London: Macmillan, 2003); Richard DavenportHines, *The Pursuit of Oblivion: A Global History of Narcotics* (New York: Norton, 2004).

25. Catherine Steiner-Adair, *The Big Disconnect: Protecting Childhood and Family Relationships in the Digital Age* (New York: Harper, 2013).

26. Chen Yu and Linda B. Smith. "The Social Origins of Sustained Attention in One-year-old Human Infants," *Current Biology* 26, no. 9 (May 9, 2016):1235—40.

27. Indiana University, "Infant Attention Span Suffers When Parents' Eyes Wander During Playtime: Eye-tracking Study First to Suggest Connection between Caregiver Focus and Key Cognitive Development Indicator in Infants," ScienceDaily, April 28, 2016, www.sciencedaily.com/releases/2016/04/160428131954.htm.

28. Nancy Jo Sales, *American Girls: Social Media and the Secret Lives of Teenagers* (New York: Knopf, 2016).

29. Jessica Contrera. "13, Right Now," *Washington Post*, May 25, 2016, www.washingtonpost.com/sf/style/wp/2016/05/25/2016/05/25/13-right-now-this-is-what-its-like-to-grow-up-in-the-age-of-likes-lols-and-longing/.

30. 本节大部分信息来自 Flappy Bird 最初的下载页面，但如今的网上已经看不到了。其他参考资料包括：John Boudreau and Aaron Clark, "Flappy Bird Creator Dong Nguyen Offers Swing Copters Game," Bloomberg Technology, August 22, 2014, www.bloomberg.com/news/articles/2014-08-22/flappy-bird-creator-dong-nguyen-offers-swing-coptersgame; Laura Stampler, "Flappy Bird Creator Says 'It's Gone Forever'," *Time*, February 11, 2014, http://time.com/6217/flappy-bird-app-dong-nguyen-addictive/; James Hookway, "Flappy Bird Creator Pulled Game Because It Was 'Too Addictive,'" *Wall Street Journal*, February 11, 2014, www.wsj.com/articles/SB10001424052702303874504579376323271110900; Lananh Nguyen, "Flappy Bird Creator Dong Nguyen Says App 'Gone Forever' Because It Was "An Addictive Product,'" *Forbes*, February 11, 2014, www.forbes.com/sites/lananh guyen/2014/02/11/exclusive-flappy-bird-creator-dong-nguyen-says-app-gone-forever-because-it-was-an-addictive-product/.

31. Kathryn Yung and others, "Internet Addiction Disorder and Problematic Use of Google Glass in Patient Treated at a Residential Substance Abuse Treatment Program," *Addictive Behaviors* 41 (2015):58—60; James Eng, "Google Glass Addiction? Doctors Report First Case of Disorder," NBC News, October 14, 2014, www.nbcnews.com/tech/Internet/google-glass-addiction-doctors-report-first-case-disorder-n225801.

第 2 章　我们所有人的心瘾

1. Jason Massad, "Vietnam Veteran Recalls Firefights, Boredom and Beer," *Reporter Newspapers*, November 4, 2010, www.reporternewspapers.net/2010/11/04/vietnam-veteran-recalls-firefights-boredom-beer/.

2. 越战期间金三角地区海洛因贸易和尼克松回应的内容，来自 Alfred W. McCoy, Cathleen B. Read, and Leonard P. Adams II, *The Politics of Heroin in Southeast Asia* (New York: Harper and Row, 1972); Tim O'Brien, *The Things They Carried* (New York: Houghton Mifflin Harcourt, 1990); Liz Ronk, "The War Within: Portraits of Vietnam War Veterans Fighting Heroin Addiction, *Time*, January 20, 2014, time.com/3878718/vietnam-veterans-heroin-addiction-treatmentphotos/; Aimee Groth, " This Vietnam Study about Heroin Reveals the Most Important Thing about Kicking Addictions, " Business Insider, January 3, 2012, www.businessinsider.com/vietnam-study-addictions-2012-1; Dirk Hanson, " Heroin in Vietnam: The Robins Study, " Addiction Inbox, July 24, 2010, addiction-dirkh.blogspot.com/2010/07/heroin-in-viet-nam-robins-study.html; Jeremy Kuzmarov, *The Myth of the Addicted Army: Vietnam and the Modern War on Drugs* (Amherst, MA: University of Massachusetts Press, 2009); Alix Spiegel, " What Vietnam Taught Us about Breaking Bad Habits, " NPR, January 2, 2012, www.npr.org/sections/health-shots/2012/01/02/144431794/what-vietnam-taught-usabout-breaking-bad-habits; Alexander Cockburn and Jeffrey St. Clair, *Whiteout: The CIA, Drugs, and the Press,* (New York: Verso, 1997).

3. David Nutt, Leslie A. King, William Saulsbury, and Colin Blakemore, "Development of a Rational Scale to Assess the Harm of Drugs of Potential Misuse," *Lancet* 369, no. 9566 (March 2007):1047—53.

4. Peter Brush, " Higher and Higher: American Drug Use in Vietnam, " *Vietnam Magazine,* December 2002, nintharticle.com/vietnam-drug-usage.htm; Alfred W. McCoy, Cathleen B. Read, and Leonard P. Adams II, *The Politics of Heroin in Southeast Asia* (New York: Harper and Row, 1972).

5. Lee Robins 及其报告的内容：Lee N. Robins, " Vietnam Veterans' Rapid Recovery from Heroin Addiction: A Fluke or Normal Expectation?," *Addiction* 88, no. 8 (1993), 1041—54; Lee N. Robins, John E. Helzer, and Darlene H. Davis, " Narcotic Use in Southeast Asia and Afterward, " *Archives of General Psychiatry* 32, no. 8(1975): 955—961; Lee N. Robins and S. Slobodyan, " Post-Vietnam Heroin Use and Injection by Returning US Veterans: Clues to Preventing Injection Today, " *Addiction* 98, no. 8 (2003): 1053—60; Lee N. Robins, Darlene H. Davis, and Donald W. Goodwin, " Drug Use by U.S. Army Enlisted Men in Vietnam: A Follow-up on Their Return Home, " *American Journal of Epidemiology* 99, no. 4 (May 1974):235—49; Lee N. Robins, *The Vietnam Drug User Returns,* final report, Special Action Office Monograph, Series A, Number 2, May 1974, prhome.defense.gov/Portals/52/Documents/RFM/Readiness/DDRP/docs/35%20Final%20Report.%20The%20Vietnam%20drug%20user%20returns.pdf; Lee N. Robins,

John E. Helzer, Michie Hesselbrock, and Eric Wish, "Vietnam Veterans Three Years after Vietnam: How Our Study Changed Our View of Heroin," *American Journal on Addictions* 19, 203—11 (2010); Thomas H. Maugh II, "Lee N. Robins Dies at 87; Pioneer in Field of Psychiatric Epidemiology," *Los Angeles Times*, October 6, 2009, www.latimes.com/nation/la-me-lee-robins6-2009oct06-story.html.

6. Olds 和 Milner 的相关信息来自两个源头：对其学生们的采访，Bob Wurtz, Gary Aston-Jones, Aryeh Routtenberg, and John Disterhoft; 此外是若干书面资源：James Olds and Peter Milner, "Positive Reinforcement Produced by Electrical Stimulation of Septal Area and Other Regions of Rat Brain," *Journal of Comparative and Physiological Psychology* 47, no. 6 (December 1954): 419—27; James Olds, "Pleasure Centers in the Brain," *Scientific American* 195 (1956):105—16; James Olds and M. E. Olds, "Positive Reinforcement Produced by Stimulating Hypothalamus with Iproniazid and Other Compounds," *Science* 127, no. 3307 (May 16, 1958):1155—56; Robert H. Wurtz, *Autobiography*, n.d., www.sfn.org/~/media/SfN/Documents/TheHistoryofNeuroscience/Volume%207/c16.ashx; Richard F. Thompson, *James Olds: Biography* (National Academies Press, 1999) www.nap.edu/read/9681/chapter/16.

7. Vaisberg 的背景信息，包括他玩"魔兽世界"上瘾，在"重启"中心的经历，来自对他的两次采访。

第 3 章　行为上瘾的生物学机制

1. Anne-Marie Chang, Daniel Aeschbach, Jeanne F. Duffy, and Charles A. Czeisler, "Evening Use of Light-emitting eReaders Negatively Affects Sleep, Circadian Timing, and Next-morning Alertness," *Proceedings of the National Academy of Sciences* 112, no. 4 (2015):1232—37; Brittany Wood, Mark S. Rea, Barbara Plitnick, and Mariana G. Figueiro, "Light Level and Duration of Exposure Determine the Impact of Self-luminous Tablets on Melatonin Suppression," *Applied Ergonomics* 44, no. 2 (March 2013) 237—40. Apple recently introduced a function called Night Shift into its screen-based devices, which changes the color of the screen through the day to reduce blue light before bedtime: www.apple.com/ios/preview/. More on this: Margaret Rhodes, "Amazon and Apple Want to Save Your Sleep by Tweaking Screen Colors," *Wired*, January 1, 2016, www.wired.com/2016/01/amazon-and-apple-want-to-improve-your-sleep-by-tweaking-screen-colors/; TechCrunch, "Arianna Huffington on Technology Addiction and the Sleep Revolution," January 20, 2016, techcrunch.com/video/arianna-huffington-on-politicsand-her-new-book-the-sleep-revolution/519432319/.

2. K. M. O'Craven and N. Kanwisher, "Mental Imagery of Faces and Places Activates Corresponding Stimulus-Specific Brain Regions," *Journal of Cognitive Neuroscience* 12, no. 6 (2000):1013—23; Nancy Kanwisher, Josh McDermott, and Marvin M. Chun, "The Fusiform Face Area: A Module in Human Extrastriate Cortex Specialized for Face Perception," *Journal of Neuroscience* 17, no. 11 (June 1, 1997): 4302—311.

3. 本章的大部分内容，来自对上瘾和生理心理学家研究人员及专家的采访：Claire Gillan, Nicole Avena, Jessica Barson, Kent Berridge, Andrew Lawrence, Stanton Peele, and Maia Szalavitz.

4. Maia Szalavitz, "Most of Us Still Don't Get It: Addiction Is a Learning Disorder," *Pacific Standard*, August 4, 2014, www.psmag.com/health-and-behavior/us-still-dont-get-addiction-learning-disorder-87431；还可见 Maia Szalavitz, "How the War on Drugs Is Hurting Chronic Pain Patients," Vice, July 16, 2015, www.vice.com/read/how-the-war-on-drugs-is-hurting-chronic-pain-patients-716; Maia Szalavitz, "Curbing Pain Prescriptions Won't Reduce Overdoses. More Drug Treatment Will," *Guardian*. March 26, 2016, www.theguardian.com/commentisfree/2016/mar/29/prescription-drug-abuse-addiction-treatment-painkiller.

5. Arthur Aron and others, "Reward, Motivation, and Emotion Systems Associated with Early-Stage Intense Romantic Love," *Journal of Neurophysiology* 94, no. 1 (July 1, 2005), 327-37; see also: Helen Fisher, "Love Is Like Cocaine," *Nautilus*, February 4, 2016, nautil.us/issue/33/attraction/love-is-like-cocaine. 还可见 Richard A. Friedman, "I Heart Unpredictable Love," *New York Times*, November 2, 2012, www.nytimes.com/2012/11/04/opinion/sunday/i-heart-unpredictable-love.html; Helen Fisher, Arthur Aron, and Lucy L. Brown, "Romantic Love: An fMRI Study of a Neural Mechanism for Mate Choice," *Journal of Comparative Neurology* 493 (2005):58—62.

6. Peele 的相关信息来自对他的采访和三本书：Stanton Peele and Archie Brodsky, *Love and Addiction* (New York: Taplinger, 1975); Stanton Peele, *The Meaning of Addiction: An Unconventional View* (Lexington, MA: Lexington Books, 1985); Stanton Peele and Archie Brodsky, with Mary Arnold, *The Truth about Addiction and Recovery: The Life Process Program for Outgrowing Destructive Habits* (New York: Fireside, 1991).

7. Isaac Marks, "Behavioural (Non-chemical) Addictions," *British Journal of Psychiatry* 85, no. 11 (November 1990):1389—94.

8. American Psychiatric Association, *Diagnostic and Statistical Manual of Mental Disorders* (5th ed.), Washington, DC: American Psychiatric Publishing, 2013).

9. Rylander 和"庞丁"的相关信息，来自对 Andrew Lawrence 和 Kent Berridge 的采访；亦可见 Andrew D. Lawrence, Andrew H. Evans, and Andrew J. Lees, "Compulsive Use of Dopamine Replacement in Parkinson's Disease: Reward Systems Gone Awry?, " *Lancet: Neurology* 2, no. 10 (October 2003):595—604; A. H. Evans and others, "Punding in Parkinson's Disease: Its Relation to the Dopamine Dysregulation Syndrome, " *Movement Disorders* 19, no. 4 (April 2004):397—405; Gösta Rylander, "Psychoses and the Punding and Choreiform Syndromes in Addiction to Central Stimulant Drugs, " *Psychiatria, Neurologia, and Neurochirurgia* 75, no. 3 (May—June 1972): 203—12; H. H. Fernandez and J. H. Friedman, "Punding on L-Dopa," *Movement Disorders* 14, no. 5 (September 1999): 836—38; Kent C. Berridge, Isabel L. Venier, and Terry E. Robinson, "Taste reactivity analysis of 6-Hydroxydopamine-Induced Aphasia: Implications for Arousal and Anhedonia Hypotheses of Dopamine Function, " *Behavioral Neuroscience* 103, no. 1 (February 1989):36—45. Berridge 和 Lawrence 各自发表过数十篇论述大脑和上瘾的论文，更多内容可参见：Berridge: lsa.umich.edu/psych/research&labs/berridge/Publications.htm; Lawrence: psych.cf.ac.uk/contactsandpeople/academics/lawrence.php#publications.

10. Connolly 讨论帕金森病及自己对 Conan O'Brien 进行的治疗，视频见：teamcoco.com/video/billy-connolly-hobbit-hater.

11. Xianchi Dai, Ping Dong, Jayson S. Jia, "When Does Playing Hard to Get Increase Romantic Attraction?, " *Journal of Experimental Psychology: General* 143, no. 2 (April 2014):521—26.

第 4 章　诱人的目标

1. J. W. Dunne, G. J. Hankey, and R. H. Edis, "Parkinsonism: Upturned Walking Stick as an Aid to Locomotion," *Archives of Physical Medicine and Rehabilitation* 68, no. 6 (June 1987):380—81.

2. Eric J. Allen, Patricia M. Dechow, Devin G. Pope, and George Wu, "Reference-Dependent Preferences: Evidence from Marathon Runners, " *NBER Working Paper* No. 20343, July 2014, www.nber.org/papers/w20343.

3. Rob Bagchi, "50 Stunning Olympic Moments, No. 2: Bob Beamon's Great Leap Forward, " *Guardian*, November 23, 2011, www.theguardian.com/sport/blog/2011/nov/23/50-stunning-olympic-bob-beamon.

4. 纪录片 *Big Bucks*：*The Press Your Luck Scandal* (James P. Taylor Jr. [director], Game Show Network, 2003) 里讨论了 Larson 的故事；他的故事还可见 Alan Bellows,

"Who Wants to Be a Thousandaire?," Damn Interesting, September 12, 2011, www. damninteresting.com/who-wants-to-be-a-thousandaire/; *This American Life*, "Million Dollar Idea," NPR, July 16, 2010, www.thisamericanlife.org/radio-archives/episode/412/ million-dollar-idea.

5. 这些搜索是在 Google's Ngram Viewer 上进行的：books.google.com/ngrams.

6. Thomas Jackson, Ray Dawson, and Darren Wilson, "Reducing the Effect of Email Interruptions on Employees, *International Journal of Information Management* 23, no. 1 (February 2003):55—65.

7. 电子邮件在工作中扮演角色的信息来自：Gloria J. Mark, Stephen Voida, and Armand V. Cardello, "'A Pace Not Dictated by Electrons: An Empirical Study of Work Without Email," *Proceedings of the SIGCHI Conference on Human Factors in Computer Systems* (2012):555—64; Megan Garber, "The Latest 'Ordinary Thing That Will Probably Kill You'? Email," *The Atlantic*, May 4, 2012, www.theatlantic.com/technology/archive/2012/05/the-latest-ordinary-thing-that-will-probably-kill-you-email/256742/; Joe Pinsker, "Inbox Zero vs. Inbox 5,000: A Unified Theory," *The Atlantic*, May 27, 2015, www.theatlantic.com/ technology/archive/2015/05/why-some-people-cant-stand-having-unread-emails/394031/; Stephen R. Barley, Debra E. Myerson, and Stine Grodal, "E-mail as a Source and Symbol of Stress," *Organization Science* 22, no. 4(July–August 2011):887—906; Mary Czerwinski, Eric Horvitz, and Susan Wilhite, "A Diary Study of Task Switching and Interruptions," *Proceedings of the Special Interest Group on Computer–Human Interaction Conference on Human Factors in Computer Systems* (2004):175—82; Laura A. Dabbish and Robert E. Kraut, "Email Overload at Work: An Analysis of Factors Associated with Email Strain," *Proceedings of the Association for Computing Machinery Conference on Computer Supported Cooperative Work & Social Computing*(2011):431—40; Chuck Klosterman, "My Zombie, Myself: Why Modern Life Feels Rather Undead," *New York Times*, December 3, 2010, www.nytimes.com/2010/12/05/arts/television/05zombies.html; Karen Renaud, Judith Ramsay, and Mario Hair, "'You've Got E-Mail!'...Shall I Deal with It Now? Electronic Mail from the Recipient's Perspective," *International Journal of Human–Computer Interaction* 21, no. 3 (2006):313—32.

8. 两人的信息来自采访，以及 Schreiber 的书：Katherine Schreiber, *The Truth about Exercise Addiction* (New York: Rowman & Littlefield Publishers, 2015).

9. 连续奔跑协会网站：www.runeveryday.com/；活跃跑步者名单：www.runeveryday. com/lists/USRSA-Active-List.html；也可见 Katherine Dempsey, "The People Who Can't

Not Run," *The Atlantic*, June 4, 2014, www.theatlantic.com/health/archive/2014/06/streakers-in-sneakers/371347/; Kevin Helliker, "These Streakers Resolve to Run Every Day of the Year," *Wall Street Journal*, January 1, 2015, www.wsj.com/articles/these-streakers-resolve-to-run-every-day-of-the-year-1419986806.

10. Oliver Burkeman, "Want to Succeed? You Need Systems, Not Goals," Guardian, November 7, 2014, www.theguardian.com/lifeandstyle/2014/nov/07/systems-better-than-goals-oliver-burkeman. 也可见 Scott Adams, *How to Fail at Everything and Still Win Big: Kind of the Story of My Life* (New York: Portfolio, 2014).

11 Polk 的背景来自对他的采访和他自己写的文章：Sam Polk, "For the Love of Money," *New York Times*, January 14, 2014, www.nytimes.com/2014/01/19/opinion/sunday/for-the-love-of-money.html.

第 5 章　不可抗拒的积极反馈

1. Turner Benelux, "A Dramatic Surprise on a Quiet Square," YouTube, April 11, 2012, www.youtube.com/watch?v=316AzLYfAzw; see also: Laura Stampler, "How TNT Made the Biggest Viral Ad of the Year—in Belgium," Business Insider, May 15, 2012, www.businessinsider.com/how-a-belgian-agency-made-one-of-the-most-viral-videos-of-this-year-2012-5; Anthony Wing Kosner). "'Push to Add Drama' Video: Belgian TNT Advert Shows Virality of Manipulated Gestures," *Forbes*, April 12, 2012, www.forbes.com/sites/anthonykosner/2012/04/12/push-to-add-drama-video-belgian-tnt-advert-showsvirality-of-manipulated-gestures/#85072544803b.

2. 存档的"The Button" subreddit 在 2016 年 5 月仍然在线：https://www.reddit.com/r/thebutton; 更多内容见 Reddit's blog: www.redditblog.com/2015/06/the-button-has-ended.html; see also, for example, Julianne Pepitone, "Reddit Explains the Mystery Behind 'The Button,'" NBC, June 9, 2015, www.nbcnews.com/tech/Internet/reddit-button-n357841; Alex Hern, "Reddit's Mysterious Button Experiment is Over," *Guardian*, June 8, 2015, www.theguardian.com/technology/2015/jun/08/reddits-mysterious-button-experiment-is-over; Rich McCormick, "How Reddit's Mysterious April Fools' Button Inspired Religions and Cults," The Verge, June 9, 2015, www.theverge.com/2015/6/9/8749897/reddit-april-fools-the-button-experiment-end.

3. Michael D. Zeiler, "Fixed-Interval Behavior: Effects of Percentage Reinforcement," *Journal of the Experimental Analysis of Behavior* 17, no. 2 (March 1972): 177—89. See also, Michael D. Zeiler, "Fixed and Variable Schedules of Response-Independent Reinforcement," *Journal of the*

Experimental Analysis of Behavior 11, no. 4 (July 1968):405—14.

4. 如可见 Jason Kincaid, "Facebook Activates 'Like' Button; Friend Feed Tires of Sincere Flattery," TechCrunch, February 9, 2009, techcrunch.com/2009/02/09/facebook-activates-like-button-friendfeed-tires-of-sincere-flattery/; M. G. Siegler, "Facebook: We'll Serve 1 Billion Likes on the Web in Just 24 Hours," TechCrunch, April 21, 2010, techcrunch.com/2010/04/21/facebook-like-button/; Erick Schonfeld, "Zuckerberg: 'We Are Building a Web Where the Default Is Social,'" TechCrunch, April 21, 2010, techcrunch.com/2010/04/21/zuckerbergs-buildin-web-default-social/.

5. 更多有关 Chawla 和 Lovematically app 的信息，在该平台的主页：fueled.com/lovematically/. 数十家媒体报告过 Lovematically 的短暂兴衰，如可见：Brendan O'Connor, "Lovematically: The Social Experiment That Instagram Shut Down after Two Hours," The Daily Dot, February 17, 2014, www.dailydot.com/technology/lovematically-auto-like-instagram-shut-down/; Jeff Bercovici, "Instagram App Lovematically Highlights, and Hijacks, the Power of the 'Like,'" *Forbes*, February 14, 2014, www.forbes.com/sites/jeffbercovici/2014/02/14/instagram-app-lovematically-highlights-and-hijacks-the-power-of-the-like/#329d9c1b64b6; Lance Ulanoff, "Why I Flooded Instagram with Likes," Mashable, February 14, 2014, mashable.com/2014/02/14/lovematically-instagram/.

6. Sign of the Zodiac 的网站在这里（但务必要先安排出几个小时空闲来）：www.freeslots.co.uk/sign-of-the-zodiac/index.htm.

7. Schüll's terrific book: Natasha Dow Schüll, *Addiction by Design: Machine Gambling in Las Vegas* (Princeton, NJ: Princeton University Press, 2013).

8. Mike Dixon and others, "Losses Disguised As Wins in Modern Multi-Line Video Slot Machines," *Addiction* 105, no. 10 (October 2010): 1819—24.

9. Foddy 的游戏存档见：www.foddy.net/.

10. 可见 Joe White, "Freemium App Candy Crush Saga Earns a Record- Breaking $633,000 Each Day," AppAdvice. July 9, 2013, appadvice.com/appnn/2013/07/freemium-app-candy-crush-saga-earns-a-record-breaking-633000-eachday; Andrew Webster, "Half a Billion People Have Installed 'Candy Crush Saga,'" The Verge, November 5, 2013, www.theverge.com/2013/11/15/5107794/candy-crush-saga-500-million-downloads; Victoria Woollaston, "Candy Crush Saga Soars above Angry Birds to Become World's Most Popular Game," *Daily Mail* Online, May 14, 2013, www.dailymail.co.uk/sciencetech/article-2324228/Candy-Crush-Saga-overtakes-Angry-Birds-WORLDS-popular-game.html; Mark Walton, "Humanity Weeps As Candy Crush Saga Comes Preinstalled with Windows 10," Ars Technica. May 15, 2015,

arstechnica.com/gaming/2015/05/humanity-weeps-as-candy-crush-saga-comes-pre-installed-with-windows-10/; Michael Harper, "Candy Crush Particularly Addictive—and Expensive—for Women," Redorbit, October 21, 2013, www.redorbit.com/news/technology/1112980142/candy-crush-addictive-for-women-102113/; Hayden Manders, "Candy Crush Saga Is Virtual Crack to Women," Refinery29, October 17, 2013, www.refinery29.com/2013/10/55594/candy-crush-addiction.

11. Michael M. Barrus and Catharine A. Winstanley, "Dopamine D3 Receptors Modulate the Ability of Win-Paired Cues to Increase Risky Choice in a Rat Gambling Task," *Journal of Neuroscience* 36, no. 3 (January 2016): 785-94; K. G. Orphanides, "Scientists Built a 'Rat Casino' and It Made Rodents Riskier Gamblers," wired.co.uk, January 21, 2016, www.wired.co.uk/news/archive/2016-01/21/rat-casino-light-sound-gambling-risk; video of Barrus and Winstanley describing their results: ubbpublicaffairs, "UBC 'Rat Casino' Providing Insight into Gambling Addiction," YouTube, January 18, 2016, www.youtube.com/watch?v=6PxGnk62wGA.

12. 虚拟现实和 Oculus 的信息：Sophie Curtis, "Oculus VR: The $2bn Virtual Reality Company That Is Revolutionising Gaming," *Telegraph*, March 26, 2014, www.telegraph.co.uk/technology/video-games/video-game-news/10723562/Oculus-VR-the-2bn-virtual-reality-company-that-is-revolutionising-aming.html; Mark Zuckerberg's Facebook announcement about the company's acquisition of Oculus VR: www.facebook.com/zuck/posts/10101319050523971; Jeff Grubb, "Oculus Founder: Rift VR Headset Is 'Fancy Wine'; Google Cardboard Is 'Muddy Water,'" VentureBeat, December 24, 2015, venturebeat.com/2015/12/24/oculus-founder-rift-vr-headset-is-fancy-wine-google-cardboard-is-muddy-water/; Stuart Dredge, "Three Really Real Questions about the Future of Virtual Reality," *Guardian*, www.theguardian.com/technology/2016/jan/07/virtual-reality-future-oculus-rift-vr.

13. The Bill Simmons Podcast, "Ep. 95: Billionaire Investor Chris Sacca," The Ringer, April 28, 2016, soundcloud.com/the-bill-simmons-podcast/ep-95-billionaire-investor-chris-sacca.

14. Emily Balcetis, and David Dunning, "See What You Want to See: Motivational Influences on Visual Perception," *Journal of Personality and Social Psychology* 91, (2006): 612—25.

15. Rich Moore (director), *The Simpsons*, "Homer's Night Out," 20th Century Fox Television, Episode 10, March 25, 1990.

第 6 章　毫不费力的进步

1. Miyamoto 和 Super Mario Bros. 的背景信息见：Wikia page for Super Mario Bros.: nintendo.wikia.com/wiki/Super_Mario_Bros.; Gus Turner, "Playing 'Super Mario Bros.' Can Teach You How to Design the Perfect Video Game," Complex, June 5, 2014, www.complex.com/Pop-Culture/2014/06/Playing-Super-Mario-Bros-Teaches-You-How-To-Design-The-Perfect-Video-Game; video explainingthe features that make Super Mario Bros. so compelling: Extra Credits, "Design Club: Super Mario Bros: Level 1-1—How Super Mario Mastered Level Design," YouTube, June 5, 2014, www.youtube.com/watch?v=ZH2wGpEZVgE; NPR Staff, "Q&A: Shigeru Miyamoto on the Origins of Nintendo's Famous Characters," NPR: All Tech Considered, June 19, 2015, www.npr.org/sections/alltechconsidered/2015/06/19/415568892/q-a-shigeru-miyamoto-on-the-origins-of-nintendos-famous-characters.

2. Dollar Auction Game 的背景：Martin Shubik, "The Dollar Auction Game: A Paradox in Noncooperative Behavior and Escalation," *Journal of Conflict Resolution* 15, no. 1 (March 1971):109—11.

3. Scathing Consumer Reports 对这些网站的评价：www.consumerreports.org/cro/2011/12/with-penny-auctions-you-can-spend-a-bundle-but-still-leave-empty-handed/index.htm.

4. Miyamoto 论述自己的游戏设计理念见：Chris Johnston and Gamespot Staff, "Miyamoto Talks Dolphin at Space World," *Gamespot*, April 27, 2000, www.gamespot.com/articles/miyamoto-talks-dolphin-at-space-world-and14599/1100-2460819/.

5. Background on Adam Saltsman from an interview; also from Adam Saltsman, "Contrivance and Extortion: In-App Purchases & Microtransactions," Gamasutra October 18, 2011, www.gamasutra.com/blogs/AdamSaltsman/20111018/8685/Contrivance_and_Extortion_InApp_Purchases_Microtransactions.php.

6. H. Popkin, "Kim Kardashian and Her In-App Purchases Must Be Stopped!," Readwrite, July 24, 2014, readwrite.com/2014/07/24/free-mobile-games-in-app-purchases-addiction-predatory/ (page discontinued); Maya Kosoff, "Kim Kardashian's Mobile Game Won't Make Nearly As Much Money As Analysts Predicted," *Business Insider*, January 13, 2015, www.businessinsider.com/kim-kardashian-hollywood-mobile-game-wont-make-200-million-2015-1; Milo Yiannopoulos, "I Am Powerless to Resist the Kim Kardashian App—So I Had to Uninstall It," Business Insider, July 25, 2014, www.businessinsider.com/kim-kardashian-app-addicting-2014-7; Tracie Egan Morrissey, "Oh God, I Spent $494.04 Playing the Kim Kardashian Hollywood App," Jezebel, July 1, 2014, http://jezebel.com/oh-

god-i-spent-494-04-playing-the-kim-kardashian-holl-1597154346.

7. Adam Alter, David Berri, Griffin Edwards, and Heather Kappes, "Hardship Inoculation Improves Performance but Dampens Motivation," unpublished manuscript (2016).

8. Nick Yee 在斯坦福以社会科学和游戏为重点，完成博士学位；他认为新手好运是游戏里重复行为的最主要驱动因素之一：www.nickyee.com/ 以及 www.nickyee.com/hub/addiction/attraction.html.

9. Simon Parkin, "Don't Stop: The Game That Conquered Smartphones," *New Yorker*, June 7, 2013, www.newyorker.com/tech/elements/dont-stop-the-game-that-conquered-smartphones.

10. Dan Fletcher, "The 50 Worst Inventions—No. 9: FarmVille," Time, May 27, 2010, content.time.com/time/specials/packages/article/0,28804,1991915_1991909_1991768,00.html.

11. 更多相关信息可见：netaddiction.com/.

第 7 章　逐渐升级的挑战

1. Timothy D. Wilson and others, "Just Think: The Challenges of the Disengaged Mind," *Science* 345, no. 6192 (July 2014):75—77.

2. 帕基特诺夫和"俄罗斯方块"的信息：Jeffrey Goldsmith, "This Is Your Brain on Tetris," *Wired*, May 1, 1994, archive.wired.com/wired/archive/2.05/tetris.html; Laurence Dodds, "The Healing Power of Tetris Has Its Dark Side," *Telegraph,* July 7, 2015, www.telegraph.co.uk/technology/video-games/11722064/The-healing-power-of-Tetris-has-its-dark-side.html; Guinness World Records, "First Videogame to Improve Brain Functioning and Efficiency: Tetris," n.d., www.guinnessworldrecords.com/world-records/first-video-game-to-improve-brain-functioning-and-efficiency; Richard J. Haier and others, "Regional Glucose Metabolic Changes after Learning a Complex Visuospatial/Motor Task: A Positron Emission Tomographic Study," *Brain Research* 570, nos. 1—2 (January 1992):134—143; Mark Yates, "What Are the Benefits of Tetris?," BBC, September 3, 2009, news.bbc.co.uk/2/hi/uk_news/magazine/8233850.stm; 相关纪录片见 OBZURV, "Tetris! The Story of the Most Popular Video Game," YouTube, June 3, 2015, www.youtube.com/watch?v=8yeSnoYHmPc; Robert Stickgold and others, "Replaying the Game: Hypnagogic Images in Normals and Amnesics," *Science* 290, no. 5490 (October 2000):350—53; Emily A. Holmes, Ella L. James, Thomas Coode-Bate, and Catherine Deeprose, "Can Playing the Computer Game 'Tetris' Reduce the Build-Up of Flashbacks for Trauma? A Proposal from Cognitive Science." *Plos One* 4, January 7,

2009e4153.

3. Michael I. Norton, Daniel Mochon, and Dan Ariely, "The 'IKEA Effect': When Labor Leads to Love," *Journal of Consumer Psychology* 22, no. 3 (July 2012): 453—60; see also: Dan Ariely, Emir Kamenica, and Dražen Prelec, "Man's Search for Meaning: The Case of Legos," *Journal of Economic Behavior and Organization* 67 (2008):671—77.

4. Vygotsky 和 Csikszentmihalyi 的相关信息：L. S. Vygotsky, *Mind in Society: Development of Higher Psychological Processes* (Cambridge, MA: Harvard University Press, 1978); Mihaly Csikszentmihalyi, *Flow: The Psychology of Optimal Experience* (New York: Harper & Row, 1990); Fausto Massimini, Mihaly Csikszentmihalyi, and Massimo Carli, "The Monitoring of Optimal Experience: A Tool for Psychiatric Rehabilitation," *Journal of Nervous and Mental Disease* 175, no. 9 (September 1987): 545—9.

5. IGN Staff, "PC Retroview: Myst," *IGN*, August 1, 2000, www.ign.com/articles/2000/08/01/pc-retroview-myst.

6. 这部分的信息来自对 Bennett Foddy 的一次采访，以及如下出处：J. C. Fletcher, "Terry Cavanagh Goes Inside Super Hexagon," Engadget, September 9, 2012, www.engadget.com/2012/09/21/terry-cavanagh-goes-inside-super-hexagon; video of Terry Cavanagh completing the impossibly quick final level of Super Hexagon at a gaming conference: Fantastic Arcade, "Terry Cavanagh Completes Hyper Hexagonest Mode in Super Hexagon on Stage (78:32)," YouTube, September 21, 2012, www.youtube.com/watch?v=JJ96olZr8DE.

7. In 2015, two marketing professors published a paper about near wins: Monica Wadhwa, and JeeHye Christine Kim, "Can a Near Win Kindle Motivation? The Impact of Nearly Winning on Motivation for Unrelated Rewards," *Psychological Science* 26 (2015):701—8; 也可见 Gyözö Kurucz and Attila Körmendi, "Can We Perceive Near Miss? An Empirical Study," *Journal of Gambling Studies* 28, no. 1 (February 2011): 105—11.

8. 请注意，调整怎样展现输的方式，这是合法的，故此，差一点儿就赢了和明明白白的输，是同样合乎法律的。

9. Paco Underhill, *Why We Buy: The Science of Shopping* (New York: Simon and Schuster, 1999).

10. 如可见 J. Etkin, "The Hidden Cost of Personal Quantification," (*Journal of Consumer Research*, forthcoming).

11. 有关过度工作和过劳死的信息，见 Daniel S. Hamermesh, and Elena Stancanelli, "Long Workweeks and Strange Hours," *Industrial and Labor Relations Review* (forthcoming); Christopher K. Hsee, Jiao Zhang, Cindy F. Cai, and Shirley Zhang, "Overearning," *Psychological Science* 24

(2013):852—59; Lauren F. Friedman, "Here's Why People Work Like Crazy, Even When They Have Everything They Need," Business Insider, July 10, 2014, www.businessinsider.com/why-people-work-too-much-2014-7; International Labour Organization, "Case Study: Karoshi: Death from Overwork," *International Labour Relations,* April 23, 2013, www.ilo.org/safework/info/publications/WCMS_211571/lang-en/index.htm ; China Post News Staff, "Overwork Confirmed to Be Cause of Nanya Engineer's Death," *China Post*, October 15, 2011, www.chinapost.com.tw/taiwan/national/national-news/2011/03/15/294686/Overwork-confirmed.htm.

12. Dražen Prelec and Duncan Simester, "Always Leave Home Without It: A Further Investigation of the Credit-Card Effect on Willingness to Pay, *Marketing Letters* 12, no. 1 (2001):5—12; see also: Dražen Prelec and George Loewenstein, "The Red and the Black: Mental Accounting of Savings and Debt," *Marketing Science* 17, no. 1 (1998): 4—28.

第 8 章　未完成的紧张感

1. 对电影《偷天换日》结尾的反应，可见 Internet Movie Database：www.imdb.com/title/tt0064505/reviews.

2. 布尔玛·蔡格尼克及其非凡成就的信息可见：A. V. Zeigarnik, "Bluma Zeigarnik: A Memoir," *Gestalt Theory* 29, no. 3 (December 8, 2007): 256—68; Bluma Zeigarnik, "On Finished and Unfinished Tasks," in *A Source Book of Gestalt Psychology,* W. D. Ellis, ed., (New York: Harcourt, Brace, and Company, 1938), 300—14; Colleen M. Seifert, and Andrea L. Patalano, "Memory for Incomplete Tasks: A Re-Examination of the Zeigarnik Effect," in *Proceedings of the Thirteenth Annual Conference of the Cognitive Science Society* (Mahwah, NJ: Erlbaum, 1991), 114—19.

3. Dan Charnas, "The Song That Never Ends: Why Earth, Wind & Fire's 'September' Sustains," NPR, September 19, 2014, www.npr.org/2014/09/19/349621429/the-song-that-never-ends-why-earth-wind-fires-september-sustains; interview with Verdine White about the melody and popularity of "September" at Songfacts: www.songfacts.com/blog/interviews/verdine_white_of_earth_wind_fire/.

4.《连环》和《制造杀人犯》两剧的情况见：Louise Kiernan, "'Serial' Podcast Producers Talk Storytelling, Structure and If They Know Whodunnit," Nieman Storyboard, October 30, 2014, http://niemanstoryboard.org/stories/serial-podcast-producers-talk-storytelling-structure-and-if-they-know-whodunnit/; Jeff Labrecque, "'Serial' Podcast Makes Thursdays a Must-Listen Event," *Entertainment Weekly*, October 30, 2014, www.

ew.com/article/2014/10/30/serial-podcast-thursdays; Josephine Yurcaba, "This American Crime: Sarah Koenig on Her Hit Podcast 'Serial,'" *Rolling Stone*, October 24, 2014, www. rollingstone.com/culture/features/sarah-koenig-on-serial-20141024; Maria Elena Fernandez, "'Serial': The Highly Addictive Spinoff Podcast of 'This American Life,'" NBC News, October 30, 2014, www.nbcnews.com/pop-culture/viral/serial-highly-addictive-spinoff-podcast-american-life-n235751; John Boone, "The 13 Stages of Being Addicted to 'Serial,'" ET Online, November 12, 2014, www.etonline.com/news/153862_the_13_stages_of_being_addicted_to_serial/; Yoni Heisler, "'Making a Murderer' Is the Most Addictive Show Netflix Has Ever Released," Yahoo Tech, January 14, 2016, www.yahoo.com/tech/making-murderer-most-addictive-show-netflix-ever-released-143343536.html.

5. James Greenberg, "This Magic Moment," Directors Guild of America, Spring 2015, www.dga.org/Craft/DGAQ/All-Articles/1502-Spring-2015/Shot-to-Remember-The-Sopranos.aspx; Alan Sepinwall, "David Chase Speaks!," NJ.com, June 11, 2007, blog.nj.com/alltv/2007/06/david_chase_speaks.html; Maureen Ryan, "Are You Kidding Me? That Was the Ending of 'The Sopranos'?," *Chicago Tribune*, June 10, 2007, featuresblogs .chicagotribune. com/entertainment_tv/2007/06/are_you_kidding.html.

6. Gregory S. Berns, Samuel M. McClure, Giuseppe Pagnoni, and P. Read Montague, "Predictability Modulates Human Brain Response to Reward," *Journal of Neuroscience* 21, no. 8 (April 2001):2793—98. 也可见 Gregory S. Berns, *Satisfaction: The Science of Finding True Fulfillment*(New York: Henry Holt & Co., 2005).

7. Tara Parker-Pope, "This Is Your Brain at the Mall: Why Shopping Makes You Feel So Good," *Wall Street Journal*, December 6, 2005, online.wsj.com/ad/article/cigna/SB113382650575214543.html; Amanda M. Fairbanks, "Gilt Addicts Anonymous: The Daily Online Flash Sale Fixation, Huffington Post, December 22, 2011, www.huffingtonpost. com/2011/12/22/gilt-shopping-addiction_n_1164035.html; Elaheh Nozari, "Inside the Facebook Group for People Addicted to QVC," The Kernel, January 31, 2016, kernelmag.dailydot.com/issue-sections/headline-story/15703/qvc-shopping-addiction-facebook-group/; Darleen Meier's blog entries: darlingdarleen.com/2010/12/gilt-addic/, darlingdarleen.com/2010/10/gi/; message board posts by Cassandra, another Gilt addict: forum.purseblog.com/general-shopping/woes-of-a-gilt- addict-should-i-ban-658398.html.

8. Eric J. Johnson and Daniel Goldstein, "Do Defaults Save Lives?," *Science,* 302, no. 5649 (November 2003): 1338—39.

9. Netflix 对"一看到底"的研究：Kelly West, "Unsurprising: Netflix Survey Indicates

People Like to Binge-Watch TV, " CinemaBlend, 2014, www.cinemablend.com/television/Unsurprising-Netflix-Survey-Indicates-People-Like-Binge-Watch-TV-61045.html.

10. John Koblin. " Netflix Studied Your Binge-watching Habit. That Didn ' t Take Long, " *New York Times*, June 8, 2016, www.nytimes.com/2016/06/09/business/media/netflix-studied-your-binge-watching-habit-it-didnt-take-long.html; " Netflix & Binge: New Binge Scale Reveals TV Series We Devour and Those We Savor, " Netflix, June 8, 2016. media.netflix.com/en/press-releases/netflix-binge-new-binge-scale-reveals-tv-series-we-devour-and-those-we-savor-1.

第 9 章　令人痴迷的社会互动

1. Instagram 和 Hipstamatic 日后不同的财富走势：Shane Richmond, " Instagram, Hipstamatic, and the Mobile Technology Movement, " *Telegraph*, August 19, 2011, www.telegraph.co.uk/technology/news/8710979/Instagram-Hipstamaticand-the-mobile-photography-movement.html; Marty Yawnick, " Q&A: Hipstamatic: The Story Behind the Plastic App with the Golden Shutter, " Life in Lofi, January 7, 2010, lifeinlofi.com/2010/01/07/qa-hipstamatic-the-story-behind-the-plastic-app-with-the-golden-shutter/; Marty Yawnick, " News: Wausau City Pages Uncovers the Real Hipstamatic Backstory?, " Life in Lofi, December 23, 2010, lifeinlofi.com/2010/12/23/news-wausau-city-pages-uncovers-the-real-hipstamatic-backstory/; the (arguably fabricated) " history " of Hipstamatic and original Hipstamatic 100 camera: history.hipstamatic.com/; Libby Plummer, " Hipstamatic: Behind the Lens, " Pocket-lint, November 16, 2010, www.pocket-lint.com/news/106994-hipstamatic-iphone-app-android-interview. Damon Winter's photos that contributed to Instagram's early rise: James Estrin, " Finding the Right Tool to Tell a War Story, " *New York Times*, November 21, 2010, lens.blogs.nytimes.com/2010/11/21/finding-the-right-tool-to-tell-a-war-story/; Katherine Rushton, " Who's Getting Rich from Facebook's $1bn Instagram deal?, " *Telegraph*, April 10, 2012, www.telegraph.co.uk/technology/facebook/9195380/Whos-getting-rich-from-Facebooks-1bn-Instagram-deal.html; an excellent article on how Facebook's purchase of Instagram affected Hipstamatic's dejected founders: Nicole Carter and Andrew MacLean, " The Photo App Facebook Didn't Buy: Hipstamatic, " Inc.com, April 12, 2012, www.inc.com/nicole-carter-and-andrew-maclean/photo-app-facebook-didnt-buy-hipstamatic.html; Joanna Stern, " Facebook Buys Instagram for $1 Billion, " ABCNews.com, April 9, 2012, abcnews.go.com/blogs/technology/2012/04/facebook-buys-instagram-for-1- billion/.

2. David Dunning, *Self-Insight: Roadblocks and Detours on the Path to Knowing Thyself* (New York: Psychology Press, 2005); David Dunning, Judith A. Meyerowitz, and Amy D. Holzberg, "Ambiguity and Self-Evaluation: The Role of Idiosyncratic Trait Definitions in Self-Serving Assessments of Ability," *Journal of Personality and Social Psychology* 57, no. 6 (December 1989):1082—290.

3. Roy F. Baumeister, Ellen Bratslavsky, Catrin Finkenauer, and Kathleen D. Vohs, "Bad Is Stronger Than Good," *Review of General Psychology* 5, no. 4 (2001):323—70; Mark D. Pagel, William W. Erdly, and Joseph Becker, "Social Networks: We Get By with (and in Spite of) a Little Help from Our Friends," *Journal of Personality and Social Psychology* 53, no. 4 (October 1987):793—804; John F. Finch and others, "Positive and Negative Social Ties among Older Adults: Measurement Models and the Prediction of Psychological Distress and Well-Being," *American Journal of Community Psychology* 17, no. 5 (October 1989):585—605; Brenda Major and others, "Mixed Messages: Implications of Social Conflict and Social Support Within Close Relationships for Adjustment to a Stressful Life Event," *Journal of Personality and Social Psychology* 72, no. 6 (June 1997): 1349–63; Amiram D. Vinokur and Michelle van Ryn, "Social Support and Undermining in Close Relationships: Their Independent Effects on the Mental Health of Unemployed Persons," *Journal of Personality and Social Psychology* 65, no. 2 (1993):350—59; Hans Kreitler and Shulamith Kreitler, "Unhappy Memories of the 'Happy Past': Studies in Cognitive Dissonance," *British Journal of Psychology* 59, no. 2 (May 1968): 157—66; Mark R. Leary, Ellen S. Tambor, Sonja K. Terdal, and Deborah L. Downs, "Self-Esteem As an Interpersonal Monitor: The Sociometer Hypothesis," *Journal of Personality and Social Psychology* 68, no. 3 (1995):518—30.

4. Elle Hunt, "Essena O'Neill Quits Instagram Claiming Social Media 'Is Not Real Life,'" *Guardian*, November 3, 2015, www.theguardian.com/media/2015/nov/03/instagram-star-essena-oneill-quits-2d-life-to-reveal-true-story-behind-images; Megan McCluskey, "Instagram Star Essena O'Neill Breaks Her Silence on Quitting Social Media," *Time*, January 5, 2015, time.com/4167856/essena-oneill-breaks-silence-on-quitting-social-media/; O'Neill describes her perspective in this video: Essena O'Neill, "Essena O'Neill—Why I REALLY Am Quitting Social Media," YouTube, November 3, 2015, www.youtube.com/watch?v=gmAbwTQvWX8.

5. "火辣不火辣" 网站及其创办人: Alexia Tsotsis, "Facemash.com, Home of Zuckerberg's Facebook Predecessor, for Sale," *TechCrunch*, October 5, 2010, techcrunch.

com/2010/10/05/facemash-sale/; Alan Farnham, "Hot or Not's Co-Founders: Where Are They Now?," ABCNews.com, June 2, 2014, abcnews.go.com/Business/founders-hot-today/story?id=23901082; David Pescovitz, "Cool Alumni: HOTorNOT.com Founders James Hong and Jim Young," *Lab Notes*, October 1, 2004, coe.berkeley.edu/labnotes/1004/coolalum.html; Liz Gannes, "Hot or Not Creator James Hong Doesn't Care If He Strikes It Rich or Not with New App," Recode.net, November 21, 2014. recode.net/2014/11/21/james-hong-doesnt-want-to-be-a-billionaire-but-he-does-want-you-to-think-hes-relevant/.

6. Manitou2121 在"火辣不火辣"面孔融合图下面做了如下注释:"这些女性并不存在。每一张面孔,都是我用 30 来张真实面孔合成而来,我希望借此找出互联网上当前的好看标准。在热门的'火辣不火辣'网站上,人们用 10 分制给其他人的吸引力打分。基于数百甚至上千人评价的平均得分只用几天就能生成。我从该网站收集了一些照片,按评级对其进行分类,用 SquirlzMorph 软件对其进行多次变形融合。在 Face of Tomorrow 或 BeautyCheck 等项目里,受试人是要摆出特定姿势的,'火辣不火辣'网站上的照片与之不同,它们分辨率低,人物姿态、发型、配饰等各异,比较模糊,所以在进行变形融合的时候,我只取了 36 个控制点。从这些虚拟面孔中,我对'好看'得出了什么结论呢?首先,融合图往往比原图片要漂亮,因为经过平均算法之后,面孔更对称、皮肤更光滑了。然而,得分低的图片表明,胖会降低吸引力。高分图片大多有着小窄脸。至于还有什么差异,我希望各位自行探究,各位还可以用男性照片搞一个类似的项目。"commons.wikimedia.org/wiki/File:Hotornot_comparisons_manitou2121.jpg.

7. Marilynn B. Brewer, "The Social Self: On Being the Same and Different at the Same Time," *Personality and Social Psychology Bulletin* 17, no. 5 (October 1991): 475—82; Marilynn B. Brewer and Sonia Roccas, "Individual Values, Social Identity, and Optimal Distinctiveness," in *Individual Self, Relative Self, Collective Self,* C. Sedikides & M. Brewer, eds. (Philadelphia, PA: Psychology Press, 2001), 219—37.

8. 凯什关于面对面互动重要意义的诸多观点,可见 Thomas Lewis, Fari Amini, and Richard Lannon, *A General Theory of Love* (New York: Random House, 2001).

9. 安迪·多恩的观点及弱视症的背景:Andrew K. Przybylski, "Electronic Gaming and Psychosocial Adjustment," *Pediatrics*, 134, (2014): e716-e722; Colin Blakemore, and Grahame F. Cooper, "Development of the Brain Depends on the Visual Environment," *Nature* 228 (October 1970):477—78; Wilder Penfield and Lamar Roberts, *Speech and Brain-Mechanisms* (Princeton, NJ: Princeton University Press, 1959).

10. 此次研究的细节,可见 iKeepSafe 的网站:ikeep safe.org/be-a-pro/balance/too-much-time-online/.

第 10 章　让孩子远离行为上瘾

1. 2012 年夏令营实验和背景文献：Yalda T. Uhls and others, "Five Days at Outdoor Education Camp Without Screens Improves Preteen Skills with Nonverbal Emotion Cues," Computers in Human Behavior 39 (October 2014): 387—92; Sandra L. Hofferth, "Home Media and Children's Achievement and Behavior," *Child Development* 81, no. 5 (September–October 2010): 1598—1619; Internet World Stats: www.Internetworldstats. com/stats.htm; Victoria J. Rideout, Ulla G. Foehr, and Donald F. Roberts, *Generation M2: Media in the Lives of 8- to 18-Year-Olds* (Menlo Park: CA: Kaiser Family Foundation, 2010); Amanda Lenhart, Teens, Smartphones & Texting (Washingon, DC: Pew Research Center, 2010); Jay N. Giedd, "The Digital Revolution and Adolescent Brain Evolution," *Journal of Adolescent Health* 51, no. 2 (August 2012): 101—5; Stephen Nowicki and John Carton, "The Measurement of Emotional Intensity from Facial Expressions," *Journal of Social Psychology* 133, no. 5 (November 1993): 749—50; Stephen Nowicki, *Manual for the Receptive Tests of the DANVA2*. To find sample items from the DANVA test, including the adult test, see: psychology.emory.edu/labs/interpersonal/Adult/danva.swf.

2. 为这一章内容做准备的过程中，我阅读了数十篇儿童屏幕接触时间的报告。它们不光探讨了孩子是否应接触屏幕，还探讨了什么时候可以接触，接触多长时间合适，应以怎样的方式向孩子们介绍屏幕。这些报告和参考文献包括：Claire Lerner and Rachel Barr, "Screen Sense: Setting the Record Straight," 2014, www.zerotothree.org/ parenting-resources/screen-sense-settingthe-record-straight; in particular, see this exchange at the Huffington Post, which consisted of one column decrying screens, and two replies that challenged and clarified the original column: Cris Rowan, "10 Reasons Why Handheld Devices Should Be Banned for Children under 12," Huffington Post, March 6, 2014, m.huffpost.com/us/entry/10-reasons-whyhandheld-devices-should-be-banned_b_4899218. html, David Kleeman, "10 Reasons Why We Need Research Literacy, Not Scare Columns," Huffington Post, March 11, 2014, www.huffingtonpost.com/david-kleeman/10-reasons-why-we-need-re_b_4940987.html, Lisa Nielsen, "10 Points Where the Research Behind Banning Handheld Devices in Children Is Flawed," Huffington Post, March 24, 2014, www. huffingtonpost.com/lisa-nielsen/10-reasons-why-the-resear_b_5004413.html?1395687657; UserExperiencesWorks, "A Ma gazine Is an iPad That Does Not Work," YouTube, October 6, 2011, www.youtube.com/watch?v=aXV-yaFmQNk; American Academy of Pediatrics, "Media and Children," 2015, www.aap.org/en-us/advocacy-and-policy/aap-health-initiatives/pages/media-and-children.aspx; Lisa Guernsey, "Common-Sense, Science-Based

Advice on Toddler Screen Time, " Slate, November 13, 2014, www.slate.com/articles/ technology/future_tense/2014/11/zero_to_three_issues_common_sense_advice_on_toddler_ screen_time.html; Farhad Manjoo, " Go Ahead, a Little TV Won't Hurt Him, " Slate, October 12, 2011, www.slate.com/articles/technology/technology/2011/10/how_much_tv_ should_kids_watch_why_doctors_prohibitions_on_screen.html; Kaiser Foundation, " The Media Family: ElectronicMedia in the Lives of Infants, Toddlers, Preschoolers, and Their Parents, " 2006, kaiserfamilyfoundation.files.wordpress.com/2013/01/7500.pdf; Erika Hoff, "How Social Contexts Support and Shape Language Development, " *Developmental Review* 26, no. 1 (March 2006): 55–88; Nancy Darling and Laurence Steinberg, " Parenting Style As Context: An Integrative Model, " *Psychological Bulletin* 113, no. 3 (1993): 487—96; Annie Bernier, Stephanie M. Carlson, and Natasha Whipple, " From External Regulation to Self-Regulation: Early Parenting Precursors of Young Children's Executive Functioning, " *Child Development* 81, no. 1 (January 2010): 326—39; Susan H. Landry, Karen E. Smith, and Paul R. Swank, " The Importance of Parenting During Early Childhood for School- Age Development, " *Developmental Neuropsychology* 24, nos. 2–3 (2003):559—91; Sarah Roseberry, Kathy Hirsh-Pasek, and Roberta M. Golinkoff, " Skype Me! Socially Contingent Interactions Help Toddlers Learn Language, " *Child Development* 85, no. 3 (May–June 2014): 956—70; Angeline S. Lillard and Jennifer Peterson, " The Immediate Impact of Different Types of Television on Young Children's Executive Function, " Pediatrics 128, No. 4 (October 2011): 644–49; N. Brito, R. Barr, P. McIntyre, and G. Simcock, " Long- Term Transfer of Learning from Books and Video During Toddlerhood, " *Journal of Experimental Child Psychology* 111, no. 1 (January 2012): 108—19; Rachel Barr and Harlene Hayne, " Developmental Changes in Imitation from Television During Infancy, " *Child Development* 70, no. 5 (September–October 1999): 1067–81; Jane E. Brody, " Screen Addiction Is Taking a Toll on Children, " *New York Times*, July 6, 2015, well.blogs. nytimes.com/2015/07/06/screen-addiction-is-taking-a-toll-on-children/; Conor Dougherty, " Addicted to Your Phone? There's Help for That, " *New York Times*, July 11, 2015, www. nytimes.com/2015/07/12/sunday-review/addicted-to-your-phone-theres-help-for-that.html; Alejandrina Cristia and Amanda Seidl, " Parental Reports on Touch Screen Use in Early Childhood, " *Plos One* 10(6) (2015): e0128338, doi:10.1371/journal.pone.0128338; C. S. Green and D. Bavelier, " Exercising Your Brain: A Review of Human Brain Plasticity and Training-Induced Learning, " *Psychology and Aging* 23, no. 4 (December 2008):692—701; Kathy Hirsh-Pasek and others, " Putting Education in ' Educational' Apps: Lessons from the Science of Learning, *Psychological Science in the Public Interest* 16, no. 1 (2015):3—34; Deborah L. Linebarger, Rachel Barr, Matthew A. Lapierre, and Jessica T. Piotrowski, "Associations Between Parenting, Media Use, Cumulative Risk, and Children's Executive Functioning," *Journal of Developmental & Behavioral Pediatrics* 35, no. 6 (July–August 2014): 367—77; Jessi Hempel, "How about a Social Media Sabbatical? *Wired* Readers Weigh In," *Wired*, August 5, 2015, www.wired.com/2015/08/social-media-sabbatical-wired-readers-weigh/; "'Digital Amnesia' Leaves Us Vulnerable, Survey Suggests," CBC News, October 8, 2015, www.cbc.ca/news/technology/digital-amnesia-kaspersky-1.3262600 (link to the report available in the body of the article.)

3. David Denby, "Do Teens Read Seriously Anymore?," *New Yorker*, February 23, 2016, www.newyorker.com/culture/cultural-comment/books-smell-like-old-people-the-decline-of-teen-reading.

4. Sherry Turkle, *Reclaiming Conversation: The Power of Talk in a Digital Age* (New York: Penguin Press, 2015); Sherry Turkle, *Alone Together: Why We Expect More from Technology and Less from Each Other* (New York: Basic Books, 2011).

5. Catherine Steiner-Adair, *The Big Disconnect: Protecting Childhood and Family Relationships in the Digital Age* (New York: Harper, 2013).

6. 韩国治疗网瘾的方法: Shosh Shlam and Hilla Medalia, *Web Junkie*, 2013; 也可见 Whitney Mallett, "Behind 'Web Junkie,' a Documentary about China's Internet-Addicted Teens," *Motherboard*, January 27, 2014, motherboard.vice.com/blog/behind-web-junkie-a-documentary-about-chinas-Internet-addicted-teens.

7. Kimberly Young 及其网瘾测试: 测试可见 netaddiction.com/Internet-addiction-test; Kimberly S. Young, *Caught in the Net: How to Recognize Signs of Internet Addiction—and a Winning Strategy for Recovery* (John Wiley & Sons: New York, 1998); Kimberly S. Young, "Internet Addiction: The Emergence of a New Clinical Disorder," *CyberPsychology & Behavior* 1, no. 3 (1998): 237—44; Laura Widyanto and Mary McMurran, "The Psychometric Properties of the Internet Addiction Test," *CyberPsychology & Behavior* 7, no. 4 (2004): 443—50; Man Kit Chang and Sally Pui Man Law, "Factor Structure for Young's Internet Addiction Test: A Confirmatory Study," *Computers in Human Behavior* 24, no. 6 (September 2008):2597—2619; Yasser Khazaal and others, "French Validation of the Internet Addiction Test," *CyberPsychology & Behavior* 11, no. 6 (November 2008):703—6; Steven Sek-yum Ngai, "Exploring the Validity of the Internet Addiction Test for Students in Grades 5—9 in Hong Kong," *International Journal of Adolescence and*

Youth 13, no. 3 (January 2007): 221—37; Kimberly S. Young, "Treatment Outcomes Using CBT-IA with Internet-Addicted Patients," *Journal of Behavioral Addictions* 2, no. 4 (December 2013):209—15.

8. 动机性面谈和 Carrie Wilkens : Gabrielle Glaser, "A Different Path to Fighting Addiction," *New York Times*, July 3, 2014, www.nytimes.com/2014/07/06/nyregion/a-different-path-to-fighting-addiction.html; William R. Miller and Stephen Rollnick, *Motivational Interviewing: Helping People Change*, 3rd ed., (New York: Guilford Press, 2012); William R. Miller and Paula L. Wilbourne, "Mesa Grande: A Methodological Analysis of Clinical Trials of Treatments for Alcohol Use Disorders," *Addiction* 97, no. 3 (March 2002):265—77; Tracy O'Leary Tevyaw and Peter M. Monti, "Motivational Enhancement and Other Brief Interventions for Adolescent Substance Abuse: Foundations, Applications and Evaluations," *Addiction* 99 (December 2004): 63—75; C. Dunn, L. Deroo, and F. P. Rivara, "The Use of Brief Interventions Adapted from Motivational Interviewing Across Behavioral Domains: A Systematic Review," *Addiction* 96, no. 12 (December 2001): 1725—42; Craig S. Schwalbe, Hans Y. Oh, and Allen Zweben, "Sustaining Motivational Interviewing: A Meta-Analysis of Training Studies," *Addiction 109*, 1287—94; Kate Hall and others, "After 30 Years of Dissemination, Have We Achieved Sustained Practice Change in Motivational Interviewing?," *Addiction* (in press; a sample script is available here: careacttarget.org/sites/default/files/file-upload/resources/module5-handout1.pdf).

9. Edward L. Deci and Richard M. Ryan, eds., *Handbook of Self-Determination Research* (Rochester, NY: University of Rochester Press, 2002); Mark R. Lepper, David Greene, and Richard E. Nisbett, "Undermining Children's Intrinsic Interest with Extrinsic Reward: A Test of the 'Overjustification' Hypothesis," *Journal of Personality and Social Psychology* 28 (1973):129—37; Edward L. Deci, "Effects of Externally Mediated Rewards on Intrinsic Motivation," *Journal of Personality and Social Psychology* 18, no. 1 (April 1871):105—15; Richard M. Ryan, "Psychological Needs and the Facilitation of Integrative Processes, *Journal of Personality* 63, no. 3 (September 1995):397—427; Edward L. Deci, E. and Richard M. Ryan, "A Motivational Approach to Self: Integration in Personality," in *Nebraska Symposium on Motivation: Vol. 38. Perspectives on Motivation*, Richard A. Dienstbier, ed., (Lincoln, NE: University of Nebraska Press, 1991), 237—88; Edward L. Deci, and Richard M. Ryan, "Human Autonomy: The Basis for True Self-Esteem," in *Efficacy, Agency, and Self-Esteem,* Michael H. Kernis, ed., (New York: Springer, 1995); Roy F. Baumeister and Mark R. Leary, "The Need to Belong: Desire for Interpersonal

Attachments As a Fundamental Human Motivation," *Psychological Bulletin* 117, no. 3 (May 1995): 497—529.

第 11 章　改变习惯和行为构建

1. Joseph M. Strayhorn and Jillian C. Strayhorn, " Religiosity and Teen Birth Rate in the United States, " *Reproductive Health* 6, no. 14 (September 2009):1—7; Benjamin Edelman, " Red Light States: Who Buys Online Adult Entertainment?, " *Journal of Economic Perspectives* 23, no. 1 (Winter 2009):209—20; Anna Freud, *The Ego and the Mechanisms of Defense* (New York: Hogarth, 1936); Cara C. MacInnis and Gordon Hodson, " Do American States with More Religious or Conservative Populations Search More for Sexual Content on Google?, " *Archives of Sexual Behavior* 44 (2015):137—47.

2. 两位作者的大部分相关研究收录在本书当中：Seymour Feshbach and Robert D. Singer, *Television and Aggression: An Experimental Field Study* (San Franciso: Jossey-Bass, 1971)。

3. Alina Tugend, " Turning a New Year's Resolution into Action with the Facts," *New York Times*, January 9, 2015, www.nytimes.com/2015/01/10/your-money/some-facts-to-turn-your-new-years-resolutions-into-action.html.

4. Xianchi Dai and Ayelet Fishbach, " How Nonconsumption Shapes Desire," *Journal of Consumer Research* 41 (December 2014): 936—52.

5. Daniel M. Wegner, " Ironic Processes of Mental Control, " *Psychological Review* 101, no. 1 (1994):34—52; Daniel M. Wegner and David J. Schneider, " The White Bear Story, " *Psychological Inquiry* 14, nos. 3—4 (2003):326—29; Daniel M. Wegner, *White Bears and Other Unwanted Thoughts: Suppression, Obsession, and the Psychology of Mental Control* (New York: Viking, 1989); Daniel M. Wegner, David J. Schneider, Samuel R. Carter Ⅲ , and Teri L. White, " Paradoxical Effects of Thought Suppression," *Journal of Personality and Social Psychology* 53, no. 1 (1987):5—13.

6. 用替代物和分心物来改变习惯：Christos Kouimtsidis and others, *Cognitive-Behavioural Therapy in the Treatment of Addiction* (Chichester, UK: John Wiley & Sons, 2007); Charles Duhigg, " The Golden Rule of Habit Change, " PsychCentral, n.d., psychcentral.com/blog/archives/2012/07/17/the-golden-ruleof-habit-change; Charles Duhigg, *The Power of Habit: Why We Do What We Do in Life and Business* (New York: Random House, 2012); Melissa Dahl, " What If You Could Just ' Forget' to Bite Your Nails?, " *New York*, July 16, 2014, nymag.com/scienceofus/2014/07/what-if-you-could-forget-to-bite-your-nails.html.

7. Realism 设备的相关信息：www.realismsmartdevice.com/meet-realism; " Realism: An Alternative to Our Addiction to Smartphones," Untitled Magazine, December 18, 2014, untitled-magazine.com/realism-an-alternative-to-our-addiction-to-smartphones/#.VorirVLqWPv.

8. 理解真正动机的重要性：Paul Simpson, *Assessing and Treating Compulsive Internet Use* (Brentwood, TN: Cross Country Education, 2013); Kimberly Young and Cristiano Nabuco de Abreu, eds., *Internet Addiction: A Handbook and Guide to Evaluation and Treatment* (Hoboken, NJ: John Wiley & Sons, 2011).

9. 新年期许的统计数据、习惯的形成和持续性：www.statisticbrain.com/new-years-resolution-statistics; John C. Norcross, Marci S. Mrykalo, and Matthew D. Blagys, " *Auld Lang Syne*: Success Predictors, Change Processes, and Self-Reported Outcomes of New Year's Resolvers and Nonresolvers," *Journal of Clinical Psychology* 58, no. 4 (April 2002): 397—405; Jeremy Dean, *Making Habits, Breaking Habits: Why We Do Things, Why We Don't, and How to Make Any Change Stick* (Cambridge, MA: Da Capo Press, 2013); Phillippa Lally, Cornelia H. M. van Jaarsveld, Henry W. W. Potts, and Jane Wardle, " How Are Habits Formed: Modelling Habit Formation in the Real World," *European Journal of Social Psychology* 40, no. 6 (October 2010): 998–1009.

10. Vanessa M. Patrick and Henrik Hagtvedt, " ' I Don't' versus ' I Can't': When Empowered Refusal Motivates Goal-Directed Behavior," *Journal of Consumer Research* 39 (2011), 371–81.

11. "行为构建"一词出自：Richard H. Thaler and Cass R. Sunstein, *Nudge: Improving Decisions about Health, Wealth, and Happiness* (New Haven, CT: Yale University Press, 2008).

12. 本节内容节选自我为99u写的一篇文章：Adam L. Alter, " How to Build a Collaborative Office Space Like Pixar and Google," n.d., 99u.com/articles/16408/how-to-build-a-collaborative-office-space-like-pixar-and-google; Leon Festinger, Kurt W. Back, and Stanley Schacter, *Social Pressures in Informal Groups: A Study of Human Factors in Housing* (Stanford, CA: Stanford University Press, 1950).

13. 损失厌恶和动机的力量：Thomas C. Schelling, " Self Command in Practice, in Policy, and in a Theory of Rational Choice, *American Economic Review* 74, no. 2 (1984):1–11; Jan Kubanek, Lawrence H. Snyder, and Richard A. Abrams, " Reward and Punishment Act as Distinct Factors in Guiding Behavior," *Cognition* 139 (June 2015): 154–67; Ronald G. Fryer, Steven D. Levitt, John List, and Sally Sadoff, " Enhancing the Efficacy of Teacher Incentives Through Loss Aversion: A Field Experiment, " Working Paper 18237,

National Bureau of Economic Research, Cambridge, MA, 2012; Daniel Kahneman and Amos Tversky, "Prospect Theory: An Analysis of Decision under Risk," *Econometrica* 47, no. 2 (March 1979): 263—92. Don't Waste Your Money game: Paul Simpson, *Assessing and Treating Compulsive Internet Use* (Brentwood, TN: Cross Country Education, 2013). Relational spending: Elizabeth Dunn and Michael Norton, *Happy Money: The Science of Happier Spending* (New York: Simon & Schuster, 2013).

14. The Facebook Demetricator site: bengrosser.com/projects/facebookdemetricator/.

15. "连看到底" 以及克服祥子下的钩：Patrick Allan, "Overcome TV Show Binge-Watching with a Lesson in Plot," Lifehacker, September, 29, 2014, lifehacker.com/overcome-tv-show-binge-watching-with-a-lesson-in-plot-1640472646; 也可见 Michael Hsu, "How to Overcome a Binge-Watching Addiction," *Wall Street Journal*, September 26, 2014, www.wsj.com/articles/how-to-overcome-a-binge-watching-addiction-1411748602; this cliffhanger short-circuiting idea was originally inspired by Tom Meyvis, a colleague of mine at NYU, and Uri Simonsohn, a professor at the University of Pennsylvania's Wharton School of Business.

16. Jacob Kastrenakes, "Netflix Knows the Exact Episode of a TV Show That Gets You Hooked," The Verge, September 23, 2015, www.theverge.com/2015/9/23/9381509/netflix-hooked-tv-episode-analysis.

第 12 章　游戏化

1. 恒美公司 Fun Theory campaign 的网站：www.thefuntheory.com; Cannes Awards announcement: www.prnewswire.com/news-releases/ddbs-fun-theory-for-volkswagen-takes-home-cannes-cyber-grand-prix-97156119.html; video of the "Piano Stairs" experiment: Rolighetsteorin, "Piano Stairs: TheFunTheory.com," YouTube, October 7, 2009, www.youtube.com/watch?v=2lXh2n0aPyw.

2. 肥胖数据来自 World Obesity Federation: www.worldobesity.org/resources/obesity-data-repository; Kaare Christensen, Gabriele Doblhammer, Roland Rau, and James W. Vaupel, "Ageing Populations: The Challenges Ahead," *Lancet* 374, no. 9696 (October 2009):1196—1208; John Bound, Michael Lovenheim, and Sarah Turner, "Why Have College Completion Rates Declined? An Analysis of Changing Student Preparation and Collegiate Resources," *American Economic Journal: Applied Economics* 2, no. 3 (July 2010):129—57; Jeffrey Brainard and Andrea Fuller, "Graduation Rates Fall at One-Third of 4-Year Colleges," *Chronicle of Higher Education,* December 5, 2010, chronicle.com/article/Graduation-Rates-Fall-at/125614; World Bank savings data: data.worldbank.org/indicator/NY.GNS.ICTR.

ZS; OECD savings data: data.oecd.org/hha/household-savings-forecast.htm; WorldGiving Index from the Charities Aid Foundation: www.cafonline.org/about-us/publications;report by National Center for Public Policy and Higher Education suggesting that the income of workforce expected to decline: www.highereducation.org/reports/pa_decline.

3. On Breen and FreeRice: Michele Kelemen, "Net Game Boosts Vocabulary, Fights Hunger," NPR, December 17, 2007, www.npr.org/templates/story/story.php?storyId=17307572.

4. 游戏化的背景和实例：Kevin Werbach and Dan Hunter, *For the Win: How Game Thinking Can Revolutionize Your Business* (Philadelphia, PA: Wharton Digital Press, 2012), 168–72; Nick Pelling explains the history of the term: Nick Pelling, "The (Short) Prehistory of 'Gamificiation'...," Funding Startups (& other impossibilities), Nanodome, April 9, 2011, nanodome.wordpress.com/2011/08/09/the-short -prehistory-of-gamification/; Dave McGinn, "Can a Couple of Reformed Gamers Make You Addicted to Exercise?" *Globe and Mail*, published November 13, 2011, last updated September 6, 2012, www.theglobeandmail.com/life/health-and-fitness/fitness/can-a- couple-of-reformed-gamers-make-you-addicted-to-exercise/article4250755/; Fox Van Allen, "Sonicare Toothbrush App Proves Too Addicting for Kids," Techlicious, September 16, 2015, www.techlicious.com/blog/philips-sonicare-for-kids-electric-toothbrush-app-sparkly/; Kate Kaye, "Internet of Toothbrushes: Sonicare Pipes Data Back to Philips," AdvertisingAge, September 14, 2015, http://adage.com/article/datadriven-marketing/philips-connects-sonicare-kids-game-data-insights/300316.

5. 有关"学之远征"、认知奇嵩鬼和游戏化教育：Institute of Play, "Mission Pack: Dr. Smallz: Can You Save a Dying Patient's Life?" 2014, www.instituteofplay.org/wp-content/uploads/2014/08/IOP_DR_SMALLZ_MISSION_PACK_v2.pdf; statistics on Q2L: Quest to Learn, "Research: Quest Learning Model Linked to Significant Learning Gains," www.q2l.org/about/research; Rochester Institute of Technology, Just Press Play, RIT Interactive Games & Media, play.rit.edu/About; Traci Sitzmann, "A Metaanalytic Examination of the Instructional Effectiveness of Computer-Based Simulation Games," *Personnel Psychology* 64, (May 2011):489—528; Susan T. Fiske and Shelley E. Taylor, *Social Cognition Second Edition* (New York: McGraw-Hill, 1991); Dean Takahashi, "Study Says Playing Videos Games Can Help You Do Your Job Better," *New York Times,* December 1, 2010, www.nytimes.com/external/venturebeat/2010/12/01/01venturebeat-study-says-playing-videos-games-can-help-you-76563.html.

6. Yagana Shah, "Story of a 93-Year-Old and 2 Lawn Mowers Will Melt Your Heart,"

Huffington Post, April 28, 2016, www.huffingtonpost.com/entry/story-of-a-93-year-old-and-2-lawn-mowers-will-melt-your-heart_us_572261aae4b0b49df6aab03d; more on the badge T-shirt system at: Facebook, Raising Men Lawn Care Services Michigan, post, May 21, 2016, www.facebook.com/282676205411413/photos/a.282689732076727.1073741828.282676205411413/282689718743395/.

7. Emily A. Holmes, Ella L. James, Thomas Coode-Bate, and Catherine Deeprose, "Can Playing the Computer Game 'Tetris' Reduce the Build-Up of Flashbacks for Trauma? A Proposal from Cognitive Science" *Plos One* 4, January 7, 2009, DOI: 10.1371/journal.pone.0004153; "Post-Traumatic Stress Disorder (PTSD):The Management of PTSD in Adults and Children in Primary and Secondary Care," London National Institute for Health and Clinical Excellence, 2005, CG026; J. A. Anguera and others, "Video Game Training Enhances Cognitive Control in Older Adults," *Nature* 501 (September 2013):97—101; "Game Over? Federal Trade Commission Calls Brain-Training Claims Inflated," January 8, 2016, ALZforum, www.alzforum.org/news/communitynews/game-over-federal-trade-commission-calls-brain-training-claims-inflated; 请注意以下来自反对者的意见：Stanford Center on Longevity and the Max Planck Institute for Human Development, "A Consensus on the Brain Training Industry from the Scientific Community," October 20, 2014, longevity3.stanford.edu/blog/2014/10/15/theconsensus- on-the-brain-training-industry-from-the-scientific-community; 以下经典论文解释了为什么游戏化有可能剥夺人按对自己有益的方式做事的内在动机：Uri Gneezy and Aldo Rustichini, "A Fine Is a Price," *Journal of Legal Studies* 29 (January 2000):1—18.

8. 博格斯特和"点奶牛"：游戏的网站：cowclicker.com; 博格斯特自己对游戏的介绍：bogost.com/writing/blog/cow_clicker_1/; 还可见 Jason Tanz, "The Curse of Cow Clicker: How a Cheeky Satire Became a Hit Game," *Wired*, December 20, 2011, www.wired.com/2011/12/ff_cowclicker/all/1; 对博格斯特的采访：interview with Bogost: NPR, "Cow Clicker Founder: If You Can't Ruin It, Destroy It," November 18, 2011, www.npr.org/2011/11/18/142518949/cow-clicker-founder-if-you-cant-ruin-it-destroy-it.

尾声　不上瘾，我们能做到

1. Oliver Burkeman, "This Column Will Change Your Life: The Endof-History Illusion," *Guardian*, January 19, 2013, www.theguardian.com/lifeandstyle/2013/jan/19/change-your-life-end-history; Jordi Quoidbach, Daniel T. Gilbert, and Timothy D. Wilson, "The End of History Illusion," Science 339, no. 6115 (January 2013) 96—98.

正念冥想

《正念：此刻是一枝花》

作者：[美]乔恩·卡巴金 译者：王俊兰

本书是乔恩·卡巴金博士在科学研究多年后，对一般大众介绍如何在日常生活中运用正念，作为自我疗愈的方法和原则，深入浅出，真挚感人。本书对所有想重拾生命瞬息的人士、欲解除生活高压紧张的读者，皆深具参考价值。

《多舛的生命：正念疗愈帮你抚平压力、疼痛和创伤（原书第2版）》

作者：[美]乔恩·卡巴金 译者：童慧琦 高旭滨

本书是正念减压疗法创始人乔恩·卡巴金的经典著作。它详细阐述了八周正念减压课程的方方面面及其在健保、医学、心理学、神经科学等领域中的应用。正念既可以作为一种正式的心身练习，也可以作为一种觉醒的生活之道，让我们可以持续一生地学习、成长、疗愈和转化。

《穿越抑郁的正念之道》

作者：[美]马克·威廉姆斯 等 译者：童慧琦 张娜

正念认知疗法，融合了东方禅修冥想传统和现代认知疗法的精髓，不但简单易行，适合自助，而且其改善抑郁情绪的有效性也获得了科学证明。它不但是一种有效应对负面事件和情绪的全新方法，也会改变你看待眼前世界的方式，彻底焕新你的精神状态和生活面貌。

《十分钟冥想》

作者：[英]安迪·普迪科姆 译者：王俊兰 王彦又

比尔·盖茨的冥想入门书；《原则》作者瑞·达利欧推崇冥想；远读重洋孙思远、正念老师清流共同推荐；苹果、谷歌、英特尔均为员工提供冥想课程。

《五音静心：音乐正念帮你摆脱心理困扰》

作者：武麟

本书的音乐正念静心练习都是基于碎片化时间的练习，你可以随时随地进行。另外，本书特别附赠作者新近创作的"静心系列"专辑，以辅助读者进行静心练习。

更多>>> 　《正念癌症康复》 作者：[美]琳达·卡尔森 迈克尔·斯佩卡

抑郁&焦虑

《拥抱你的抑郁情绪：自我疗愈的九大正念技巧（原书第2版）》

作者：[美] 柯克·D.斯特罗萨尔 帕特里夏·J.罗宾逊 译者：徐守森 宗焱 祝卓宏 等

美国行为和认知疗法协会推荐图书
两位作者均为拥有近30年抑郁康复工作经验的国际知名专家

《走出抑郁症：一个抑郁症患者的成功自救》

作者：王宇

本书从曾经的患者及现在的心理咨询师两个身份与角度撰写，希望能够给绝望中的你一点希望，给无助的你一点力量，能做到这一点是我最大的欣慰。

《抑郁症（原书第2版）》

作者：[美] 阿伦·贝克 布拉德A.奥尔福德 译者：杨芳 等

40多年前，阿伦·贝克这本开创性的《抑郁症》第一版问世，首次从临床、心理学、理论和实证研究、治疗等各个角度，全面而深刻地总结了抑郁症。时隔40多年后本书首度更新再版，除了保留第一版中仍然适用的各种理论，更增强了关于认知障碍和认知治疗的内容。

《重塑大脑回路：如何借助神经科学走出抑郁症》

作者：[美] 亚历克斯·科布 译者：周涛

神经科学家亚历克斯·科布在本书中通俗易懂地讲解了大脑如何导致抑郁症，并提供了大量简单有效的生活实用方法，帮助受到抑郁困扰的读者改善情绪，重新找回生活的美好和活力。本书基于新近的神经科学研究，提供了许多简单的技巧，你可以每天"重新连接"自己的大脑，创建一种更快乐、更健康的良性循环。

《重新认识焦虑：从新情绪科学到焦虑治疗新方法》

作者：[美] 约瑟夫·勒杜 译者：张晶 刘睿哲

焦虑到底从何而来？是否有更好的心理疗法来缓解焦虑？世界知名脑科学家约瑟夫·勒杜带我们重新认识焦虑情绪。诺贝尔奖得主坎德尔推荐，荣获美国心理学会威廉·詹姆斯图书奖。

更多>>> 　《焦虑的智慧：担忧和侵入式思维如何帮助我们疗愈》 作者：[美] 谢丽尔·保罗
　　　　　《丘吉尔的黑狗：抑郁症以及人类深层心理现象的分析》 作者：[英] 安东尼·斯托尔
　　　　　《抑郁是因为我想太多吗：元认知疗法自助手册》 作者：[丹] 皮亚·卡列森